Clima
das regiões brasileiras
e **VARIABILIDADE**
climática

Iracema Fonseca de Albuquerque Cavalcanti
Nelson Jesuz Ferreira

ORGANIZADORES

Clima
das regiões brasileiras
e **VARIABILIDADE**
climática

© Copyright 2021 Oficina de Textos

Grafia atualizada conforme o Acordo Ortográfico da Língua Portuguesa de 1990, em vigor no Brasil desde 2009

Conselho editorial Arthur Pinto Chaves; Cylon Gonçalves da Silva; Doris C. C. K. Kowaltowski; José Galizia Tundisi; Luis Enrique Sánchez; Paulo Helene Rozely Ferreira dos Santos; Teresa Gallotti Florenzano

Capa e projeto gráfico Malu Vallim
Preparação de figuras e diagramação Victor Azevedo
Preparação de textos Natália Pinheiro
Revisão de textos Natália Pinheiro
Impressão e acabamento BMF gráfica e editora

Dados Internacionais de Catalogação na Publicação (CIP) Câmara Brasileira do Livro, SP, Brasil)

Cavalcanti, Iracema Fonseca de Albuquerque
Clima das regiões brasileiras e variabilidade climática / Iracema Fonseca de Albuquerque Cavalcanti, Nelson Jesus Ferreira. -- 1. ed. -- São Paulo : Oficina de Textos, 2021.

Bibliografia
ISBN 978-65-86235-24-1

1. Ciências naturais 2. Clima - Mudanças 3. Ecologia 4. Meteorologia I. Ferreira, Nelson Jesus. II. Título.

21-73339   CDD-304.2

Índices para catálogo sistemático:
1. Clima e meio ambiente : Ecologia 304.2

Aline Graziele Benitez - Bibliotecária - CRB-1/3129

Todos os direitos reservados à **Oficina de Textos**
Rua Cubatão, 798
CEP 04013-003   São Paulo   SP   Brasil
Fone: (11) 3085-7933
www.ofitexto.com.br
ofitexto@ofitexto.com.br

Prefácio

Este livro é destinado a estudantes de graduação, pós-graduação, professores e pesquisadores nas áreas de meteorologia, ciências atmosféricas, meio ambiente e áreas afins, interessados no conhecimento do clima do Brasil e os aspectos de variabilidade climática.

Os tópicos atualizados sobre climas do Brasil e sistemas meteorológicos que afetam o tempo na América do Sul, contidos no livro *Tempo e Clima no Brasil*, foram divididos em dois livros. Nesta obra, é apresentado o tema de clima nas regiões brasileiras e vários tópicos de variabilidade climática, atualizados com os novos conhecimentos publicados após a edição de 2009. Os capítulos constam do clima na Amazônia e nas regiões Nordeste, Sudeste, Centro-Oeste e Sul do Brasil. No tema de variabilidade climática são apresentadas as variabilidades intrassasonal, interanual, decenal a multidecenal, além da monção da América do Sul, as teleconexões e suas influências no Brasil, e os bloqueios atmosféricos. No capítulo da Amazônia (Cap. 1), são destacados o papel da floresta no clima, a distribuição de precipitação e temperatura, a circulação atmosférica, as anomalias de precipitação, a variabilidade da estação seca e chuvosa e outras características da região. No Cap. 2, sobre o clima da Região Nordeste, são discutidas a variação sazonal e as influências dos Oceanos Pacífico e Atlântico nessa região. O capítulo do clima da Região Sudeste (Cap. 3) foi totalmente reescrito, e contém a climatologia de temperatura e precipitação nas quatro estações do ano, aspectos da circulação atmosférica e uma breve discussão sobre as influências de alguns modos de variabilidade na região. Além de outras influências, destaca-se o tema de mudanças climáticas na região. O estudo do clima da Região Centro-Oeste (Cap. 4) foi ampliado e, além da climatologia de precipitação e temperatura, mostra o ciclo anual das chuvas, características atmosféricas e oceânicas em casos extremos de precipitação e projeções de mudanças de precipitação no final do século XXI. O capítulo da Região Sul (Cap. 5) apresenta as características de variáveis meteorológicas na região, as influências de fluxos de umidade e de sistemas sinóticos que atuam na região.

O Cap. 6, sobre variabilidade intrassazonal, descreve as características da Oscilação de Madden-Julian, sua estrutura horizontal e vertical, os mecanismos dinâmicos de formação e manutenção, suas influências em extremos de precipitação, e os aspectos de previsão e sua importância. No Cap. 7, a variabilidade interanual é discutida, com os modos de variabilidade de precipitação e com uma análise das influências do El Niño-Oscilação Sul (ENOS) no clima do Brasil. São mostradas as diferenças entre diversos tipos de ENOS e os impactos nas anomalias de precipitação da América do Sul. O Cap. 8, sobre a variabilidade decenal a multidecenal, discorre sobre a Oscilação Interdecenal do Pacífico, a Oscilação Multidecenal do Atlântico e a relação destas com o ENOS e os efeitos na precipitação. Também é discutida a relação entre as duas oscilações. O Cap. 9, que trata da monção da América do Sul, mostra as características gerais do sistema de monção, as fases ativa e inativa durante a estação chuvosa, e os fluxos de calor na superfície quando há o início precoce e tardio da monção. No Cap. 10 sobre teleconexões, são apresentados os principais padrões no Hemisfério Norte e Sul, suas relações com forçantes tropicais e extratropicais, e as influências sobre a América do Sul. Por fim, o Cap. 11 discute bloqueios atmosféricos, com uma análise das condições atmosféricas e seus critérios de identificação.

Os organizadores deste livro destacam a relevância dos diversos trabalhos aqui apresentados e agradecem a contribuição dos autores envolvidos.

Iracema Fonseca de Albuquerque Cavalcanti
Nelson Jesuz Ferreira

Sumário

Parte I   Climas do Brasil 9

1   Clima da região amazônica 9
    1.1   Características do clima da Amazônia 9
    1.2   Padrões climáticos da Amazônia 11
    1.3   Variabilidade interanual do clima na Amazônia 15
    1.4   Considerações finais 20
        Referências bibliográficas 20

2   Clima da Região Nordeste 25
    2.1   Variação sazonal 25
    2.2   Variabilidade de baixa frequência 27
    2.3   Considerações finais 39
        Referências bibliográficas 41

3   Clima da Região Sudeste 43
    3.1   Características gerais do clima 44
    3.2   Variabilidade de baixa frequência 48
    3.3   Mudanças climáticas 53
    3.4   Considerações finais 55
        Referências bibliográficas 55

4   Clima da Região Centro-Oeste 61
    4.1   Processos atmosféricos e variação sazonal 61
    4.2   Variabilidade climática 65
    4.3   Extremos climáticos de precipitação 65
    4.4   Mudanças climáticas 66
    4.5   Considerações finais 68
        Referências bibliográficas 68

5   Clima da Região Sul 70
    5.1   Temperatura, umidade, pressão e vento na superfície 71
    5.2   Circulação atmosférica 74
    5.3   Fluxos de umidade e ciclo anual de precipitação 76
    5.4   Considerações finais 82
        Referências bibliográficas 82

Parte II   Variabilidade climática 85

6   Variabilidade intrassazonal 85
    6.1   Características da OMJ 85
    6.2   Influência da OMJ na ocorrência
          de extremos na precipitação 89
    6.3   Previsão da OMJ 91
    6.4   O projeto subssazonal-sazonal 92
    6.5   Considerações finais 93
        Referências bibliográficas 93

7   Variabilidade climática interanual 96
    7.1   Descrição da variabilidade interanual no Brasil 97
    7.2   Influência do El Niño-Oscilação Sul no clima do Brasil 103
    7.3   Mecanismos da variabilidade interanual 109
    7.4   Considerações finais 110
        Referências bibliográficas 111

8   Variabilidade decenal a multidecenal 114
    8.1   Variabilidade decenal no Pacífico 114
    8.2   Relações da ODP com ENOS e efeitos na precipitação 115
    8.3   Variabilidade multidecenal no Atlântico 122

	8.4	Relações da OMA com ENOS e efeitos na precipitação 122
	8.5	Relações entre ODP e OMA 126
	8.6	Considerações finais 130
		Referências bibliográficas 131
9	**Monção na América do Sul** 133	
	9.1	Definição de monção e comparação com a circulação na região central da América do Sul 135
	9.2	Definição do início da estação chuvosa 137
	9.3	Fases ativas e inativas da monção 138
	9.4	Fluxos de calor na superfície e umidade no solo 140
	9.5	Considerações finais 143
		Referências bibliográficas 143
10	**Teleconexões e suas influências no Brasil** 145	
	10.1	Definição e histórico das teleconexões 145
	10.2	Análises de teleconexões 146
	10.3	Principais padrões de teleconexão 146
	10.4	Teleconexões e forçantes tropicais, extratropicais e internas 151
	10.5	Influências de teleconexões sobre a América do Sul 155
	10.6	Considerações finais 157
		Referências bibliográficas 158
11	**Bloqueios atmosféricos** 162	
	11.1	Bloqueios atmosféricos, descrição sinótica e critérios de identificação 162
	11.2	Bloqueios no Hemisfério Sul: climatologia 167
	11.3	Bloqueios e os processos de alta e baixa frequência na atmosfera 168
	11.4	Considerações finais 171
		Referências bibliográficas 172
Sobre os autores 175		

PARTE I

CLIMAS DO BRASIL

1 | CLIMA DA REGIÃO AMAZÔNICA

José A. Marengo
Gilberto Fisch

1.1 Características do clima da Amazônia

A Amazônia, que representa uma das principais áreas verdes do planeta, vem sofrendo importantes desequilíbrios, que podem provocar degradação dos solos e alteração do ecossistema natural. Essa degradação é decorrente do desmatamento provocado pela expansão da fronteira agropastoril, da invasão das terras indígenas ou do Estado para a exploração irracional das madeiras nobres, das atividades de mineração a céu aberto, entre outros. A Amazônia brasileira representa 60% de toda a floresta amazônica, a qual se estende também nos países vizinhos: Peru, Colômbia, Venezuela, Equador, Bolívia, Guiana, Guiana Francesa e Suriname.

O papel da floresta na manutenção do equilíbrio dinâmico entre clima e vegetação é vital na reciclagem do vapor d'água, e vem sendo estudado desde o final da década de 1970 (Salati et al., 1979; Salati; Marques, 1984; Fisch; Marengo; Nobre, 1998; Marengo; Espinoza, 2016; Marengo et al., 2018; Lovejoy; Nobre, 2018). A floresta pode exercer influência sobre a circulação atmosférica e a precipitação regional, e também desempenha um papel crucial no clima da América do Sul por seu efeito no ciclo hidrológico regional e continental. A floresta amazônica interage com a atmosfera para regular a umidade atmosférica, através de uma intensa reciclagem da água realizada pelas árvores: depois da chuva, a floresta tropical produz os processos combinados de evaporação e transpiração (evapotranspiração) intensa, e a água retorna à superfície na forma de chuva (Fig. 1.1). A floresta realiza o transporte de umidade dentro e fora da região, afetando o ciclo hidrológico e os níveis dos rios amazônicos. Estima-se que entre 30% e 50% das precipitações pluviométricas na bacia amazônica consistem em evapotranspiração reciclada pela vegetação (Marengo et al., 2018). Além disso, a umidade originada na bacia amazônica é transportada pelos ventos para outras partes do continente e é considerada importante na formação de precipitações em regiões distantes da própria Amazônia, tais como o Sudeste e Sul do Brasil e até mesmo a bacia do Prata, por meio dos chamados rios voadores, ou jatos de baixos níveis (JBN) (Marengo et al., 2004; Arraut et al., 2012; Nobre, 2014). Isso comprova uma conexão entre o ciclo hidrológico da Amazônia e o bem-estar da população local e regional, favorecendo as chuvas e garantindo a segurança energética, alimentar e hídrica através de uma regulação das chuvas.

Estima-se que a Amazônia já perdeu de 40% a 50% da sua capacidade de bombear e reciclar a água (Nobre, 2014). Pesquisas recentes das variações climáticas e hidrometeorológicas na Amazônia não demonstram tendências unidirecionais a longo prazo em grande escala na chuva ou nas vazões dos rios, conforme o esperado como consequência do desmatamento. Segundo análises observacionais, ainda não foram notadas alterações de redução na precipitação em toda a bacia ou nas vazões observadas nos rios da Amazônia, associadas a um desmatamento na região, sendo mais notórias as tendências interanuais e interdecadais típicas da variabilidade natural do clima (Marengo; Nobre, 2009; Gloor et al., 2013; Magrin et al., 2014). Porém, os estudos mostram diferentes tendências, muitas vezes conflitantes, seja pelas diversas técnicas utilizadas na análise de séries temporais, seja pelos curtos intervalos de tempo das informações de chuva ou vazões (Magrin et al., 2014).

As análises do comportamento do ciclo hidrológico e transporte de umidade da Amazônia levantam a questão dos extremos da variabilidade climática e das alterações nos extremos hidroclimáticos e seus impactos, pois não está claro se essas alterações, ocorridas no passado, foram e continuam sendo provocadas por causas naturais ou por processos antrópicos. Após a seca de 2016 devida ao El Niño (2015-2016), o número de queimadas na Amazônia aumentou consideravelmente, e o impacto na hidrologia e nos ecossistemas da região foi imenso (Aragão et al., 2018).

Ainda que existam algumas diferenças sistemáticas, todas as fontes de dados disponíveis apontam para um aquecimento maior nas últimas décadas, sendo o ano de El Niño (2015-2016) o mais quente desde meados do século XX (Fig. 1.2). Na Amazônia, o aquecimento observado desde 1949 até 2017 variou de 0,6 °C a 0,7 °C, segundo várias fontes de dados de temperatura. Alterações na variabilidade climática já estão acontecendo e produzindo impactos e, quanto maior for o aquecimento, maiores serão os impactos futuros e riscos que a humanidade vai enfrentar, incluindo a possibilidade de danos irreversíveis em ecossistemas, na biodiversidade, na produção agrícola e na economia e sociedade em geral. As secas extremas de 1998, 2005, 2010 e 2016 e as enchentes de 1989, 1999, 2009, 2012 e 2014 representam extremos climáticos importantes que tiveram impactos no ecossistema amazônico. As secas favorecem o risco de fogo e o aumento de focos de queimada, e as enchentes produzem o aumento nos níveis dos rios amazônicos, afetando populações nas áreas ribeirinhas.

Por outro lado, existem vários outros estudos que caracterizaram alterações na disponibilidade dos recursos hídricos na Amazônia, bem como sua dinâmica no tempo e no espaço, e analisam as variações climáticas naturais observadas (Marengo, 2004; Marengo; Nobre, 2009; Bookhagen; Strecker, 2010) e também projeções de modelos climáticos até o final do século XXI (Sorribas et al., 2016). Esses estudos sugerem que a variabilidade das chuvas na Amazônia depende de fatores locais (floresta) e de fatores remotos (temperatura das águas superficiais nos Oceanos Pacífico e Atlântico Tropical), em escalas de tempo interanuais e decadais, o que determina períodos de secas e enchentes na Amazônia (Marengo, 2004; Marengo et al., 2008, 2011, 2012; Marengo; Espinoza, 2016; Jiménez-Muñoz et al., 2016; Erfanian; Wang; Fomenko, 2017).

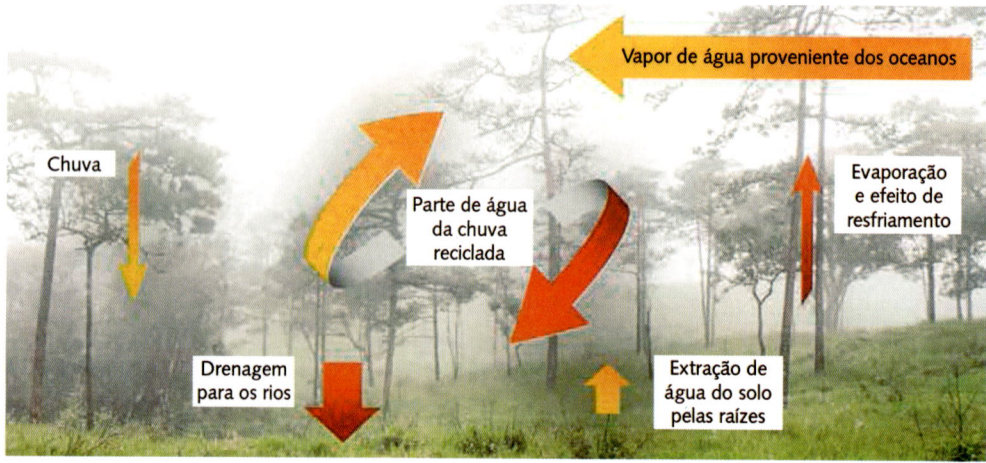

Fig. 1.1 Ciclo hidrológico regional na região amazônica

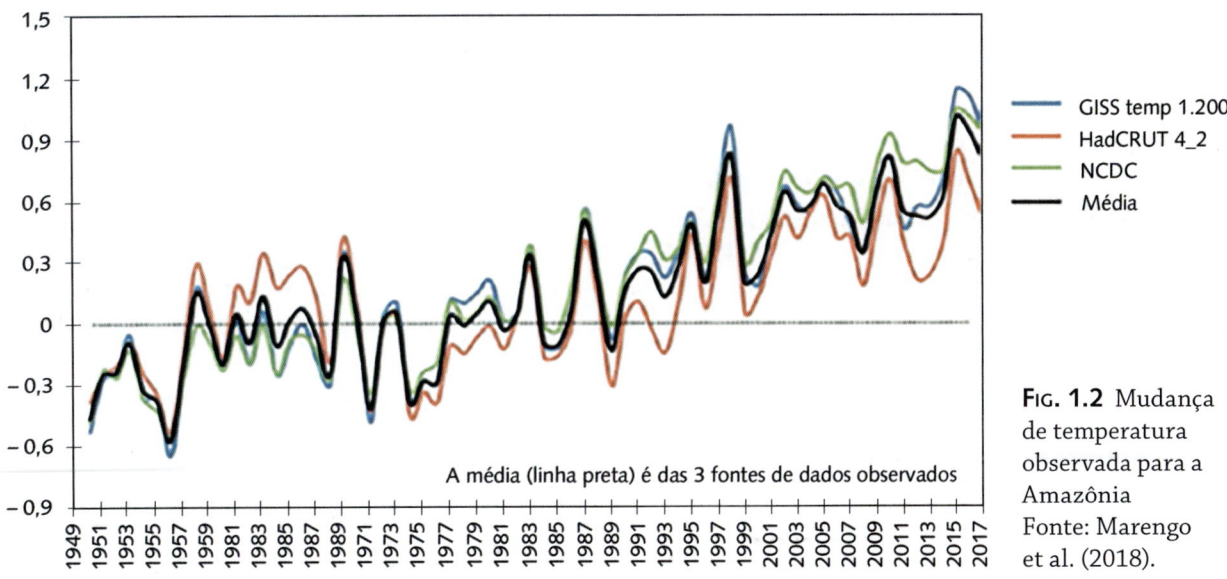

Fig. 1.2 Mudança de temperatura observada para a Amazônia
Fonte: Marengo et al. (2018).

1.2 Padrões climáticos da Amazônia

1.2.1 Circulação atmosférica e convecção

A circulação atmosférica nos baixos níveis durante o verão mostra uma baixa térmica persistente entre 20 e 30° S sobre a região do Chaco, associada à máxima nebulosidade sobre a Amazônia Central e o Altiplano da Bolívia, na época em que a Zona de Convergência do Atlântico Sul (ZCAS) é mais ativa e intensa. Nessa época do ano, as frentes frias que vêm do sul estão associadas à atividade convectiva intensa e às chuvas sobre as regiões sul e oeste da Amazônia, e também por um fluxo intenso de umidade da Amazônia para latitudes mais altas na América do Sul. Esse fluxo de umidade é canalizado pelos Andes e é conhecido como jato de baixo nível (JBN, do inglês *low level jet*), ou, recentemente, como rios voadores, e ocorre a leste dos Andes. Um padrão importante da circulação equatorial são os ventos alísios que transportam umidade do Atlântico Tropical para a Amazônia, associados a uma maior pressão atmosférica no Atlântico Tropical Norte, durante o verão e o outono. Quando esses ventos alísios encontram os Andes, eles são desviados para o sudeste, e, em alguns casos, esse fluxo pode se intensificar e configurar um JBN. O JBN é alimentado também pela intensa evapotranspiração da floresta e corpos de água da Amazônia, que contribuem significativamente para esse fluxo de umidade. Eventos de JBN podem se caracterizar por velocidades de vento de até 15 m/s nos níveis mais baixos (850 hPa), e transportam umidade da Amazônia até a bacia do Prata e o norte da Argentina, gerando chuvas intensas na região do sudeste da América do Sul, particularmente no verão e outono.

Nos níveis superiores da atmosfera, a grande elevação do Altiplano da Bolívia-Peru e a liberação de calor latente na forma de *Cumulonimbus* intensos durante o verão determinam a configuração da alta troposférica da Bolívia. A leste desta, é detectado também, durante o verão, um cavado em altos níveis sobre a costa do Nordeste do Brasil. A parte sul da Amazônia é fortemente aquecida durante o verão austral, pela intensificação do gradiente zonal de temperatura e pelo intenso fluxo meridional em altos níveis.

Durante o inverno, a circulação em altos níveis caracteriza-se pelo enfraquecimento do fluxo sobre os trópicos; portanto, o jato subtropical de altos níveis é mais intenso e situa-se mais próximo ao equador, quando comparado ao verão, consistente com a localização do ramo descendente da circulação de Hadley. Em baixos níveis, a Zona de Convergência Intertropical (ZCIT) fica deslocada mais para o norte, juntamente com a baixa pressão equatorial e as águas superficiais mais quentes do Atlântico Tropical Norte. Os padrões de circulação em superfície mostram também a entrada de massas de ar frio e seco de latitudes mais altas do Hemisfério Sul, que podem afetar a parte oeste da Amazônia, modificando o estado do tempo na região e produzindo as chamadas ondas de frio ou "friagens" (Ricarte; Herdies; Barbosa, 2014; Viana; Herdies, 2018).

1.2.2 Distribuição espacial da chuva na Amazônia

A Amazônia apresenta significativa heterogeneidade espacial e temporal da pluviosidade e é a região com maior total pluviométrico anual do Brasil, observando-se três núcleos de precipitação abundante no litoral do Amapá, na foz do Rio Amazonas e no setor ocidental da região (Fig. 1.3A). Um deles está localizado no noroeste da Amazônia, com chuvas acima de 3.000 mm/ano. Esse centro é associado à condensação do ar úmido trazido pelos ventos de leste, que sofrem levantamento orográfico sobre os Andes e o Planalto das Guianas. A chuva no noroeste da Amazônia pode ser entendida como resposta à flutuação dinâmica do centro quase permanente de convecção nessa região, ocorrendo principalmente no trimestre abril/maio/junho. O segundo centro está na parte central da Amazônia, em torno de 5° S, com precipitação de 2.500 mm/ano, em uma banda zonalmente orientada (Figueroa; Nobre, 1990), onde a estação chuvosa ocorre no trimestre março/abril/maio. O último centro localiza-se na parte sul da região amazônica, onde o máximo ocorre no trimestre janeiro/fevereiro/março. Há, ainda, um quarto centro, na parte leste da bacia amazônica, próximo a Belém, com precipitação anual superior a 4.000 mm e com máxima acumulação no trimestre fevereiro/março/abril. Esse centro de máximo secundário deve-se, possivelmente, às linhas de instabilidade que se formam ao longo da costa, durante o fim da tarde, que são forçadas pela circulação de brisa marítima (Germano et al., 2017).

Em escala sazonal, a Fig. 1.4A-D mostra o início da estação chuvosa no sul da Amazônia, na primavera (SON). Observa-se que os máximos de chuva ocorrem no verão (DJF). No outono (MAM), os máximos de chuva ocorrem na Amazônia Central, desde o oeste até a foz do Amazonas. Já no inverno (JJA) acontece a estação seca na Amazônia Central e no sul da Amazônia, enquanto o máximo da estação chuvosa acontece no extremo norte. Os trimestres mais secos na Região Norte mudam progressivamente de SON, no extremo norte, para ASO, numa longa faixa latitudinal desde o oeste da Região Nordeste; para JAS, no vale da bacia amazônica, sobretudo a oeste; e para JJA, na parte sul. Seria um movimento migratório da convecção entre o Brasil Central e a parte noroeste da América do Sul. Segundo Rao et al. (2016), estações localizadas no Hemisfério Norte, como Oiapoque (4° N 52° W), exibem o máximo de chuvas durante o inverno austral (JJA) e o mínimo durante o verão austral (DJF), estações na Amazônia Central têm máximo de chuvas durante JFM e FMA, e no sul da Amazônia, durante DJF.

Um aspecto particular que se verifica na Amazônia, em relação à chuva, é a defasagem da ordem de seis meses entre o máximo de chuva observado na parte norte da bacia, acima da linha do equador, onde o período chuvoso ocorre entre junho e julho, e aquele verificado na parte sul dessa bacia, em que o período chuvoso normalmente se inicia em dezembro. Isso provoca também uma defasagem entre os picos de cheias entre os tributários das margens direita e esquerda do Rio Amazonas, assim como uma defasagem no pico de chuvas no sul da Amazônia (DJF) e no norte da Amazônia (MAM), e das vazões do Rio Amazonas em Óbidos (MJJ).

O início e o fim da estação chuvosa na Amazônia deslocam-se gradativamente de sul para norte. O final da estação chuvosa é mais regular do que o seu início: a estação chuvosa no sul da Amazônia termina em abril, enquanto na parte norte ela termina em setembro. A data de início da estação chuvosa independe de sua qualidade, e o fato de a estação chuvosa começar mais cedo ou mais tarde não é um indicador de que será mais abundante ou fraca. A variabilidade interanual do início e do fim da estação chuvosa, durante as estações intermediárias, depende dos campos de anomalias de temperatura da superfície do mar (ATSMs) no Pacífico ou no Atlântico Tropical, que exercem um papel dinâmico no controle do início e do fim da estação chuvosa. Essa influência das temperaturas da superfície do mar (TSMs) na determinação do início e fim da estação chuvosa parece ser mais intensa do que a influência no volume de chuva acumulada nessa mesma estação.

1.2.3 Temperatura do ar

Em razão dos altos valores de energia solar que incidem na superfície, a temperatura do ar é praticamente isotérmica com uma pequena variação ao longo do ano, à exceção da parte mais ao sul (Rondônia e Mato Grosso), que sofre a ação de sistemas frontais e de resfriamento durante os meses de inverno (Ricarte; Herdies; Barbosa, 2014; Viana; Herdies, 2018). As médias anuais mostram temperaturas bastante elevadas na região central equato-

1 | CLIMA DA REGIÃO AMAZÔNICA 13

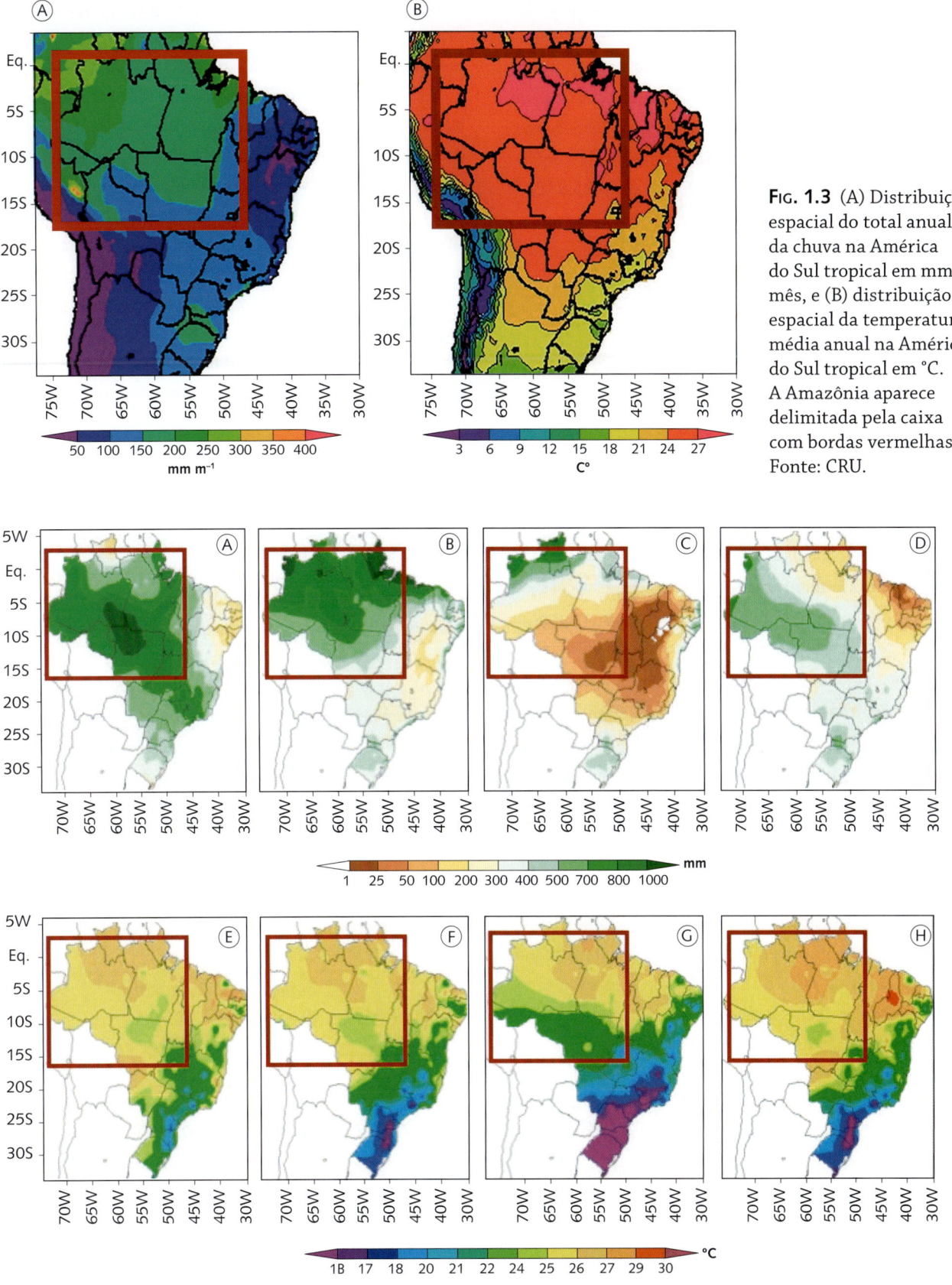

FIG. 1.3 (A) Distribuição espacial do total anual da chuva na América do Sul tropical em mm/mês, e (B) distribuição espacial da temperatura média anual na América do Sul tropical em °C. A Amazônia aparece delimitada pela caixa com bordas vermelhas
Fonte: CRU.

FIG. 1.4 Distribuição sazonal de chuva em mm e distribuição sazonal da temperatura média em °C no Brasil: (A,E) DJF, (B,F) MAM, (C,G) JJA, (D,H) SON
Fonte: CPTEC/INPE.

rial, com médias que ultrapassam os 27-29 °C (Fig. 1.3B). A amplitude térmica sazonal é de 1-2 °C, e os valores médios situam-se entre 24 °C e 26 °C. A cidade de Belém (PA) apresenta a temperatura média mensal máxima de 26,5 °C em novembro, e a mínima de 25,4 °C em março, enquanto Manaus (AM) possui seus extremos de temperatura nos meses de setembro (27,9 °C) e abril (25,8 °C).

Em escala sazonal (Fig. 1.4E-H), no inverno, as massas de ar frio que produzem geadas no Sul e Sudeste do Brasil podem também esfriar o sul e o oeste da Amazônia, com quedas significativas na temperatura do ar. Tais eventos são comuns de maio a setembro, mas ainda não foram estimados os possíveis impactos dessas ondas de frio na população ou nos ecossistemas amazônicos.

1.2.4 O ciclo hidrológico atmosférico e a reciclagem de umidade na Amazônia

Os estudos sobre o balanço de umidade na região amazônica foram inicialmente realizados com observações de precipitação, vazões dos rios e dados de algumas poucas estações de radiossondagem, começando na década de 1980. Esses estudos mostraram que, em média, 50% da água associada à precipitação é reciclada e volta à atmosfera por evapotranspiração (Salati et al., 1979). Esse fato é ainda mais importante quando os processos de larga escala (por exemplo, um evento ENSO) estão presentes e reduzem a componente local. Porém, as poucas estações de ar superior na Amazônia não permitem uma boa avaliação da distribuição temporal e espacial do transporte de umidade para dentro e para fora da bacia. Assim, o balanço hídrico na Amazônia é difícil de ser determinado com precisão, pela falta de continuidade espacial e temporal de medidas de precipitação, medidas simultâneas de vazões etc. Estudos sobre o balanço de água na Amazônia (Rocha et al., 2017; Zemp et al., 2014; Maeda et al., 2017; Coutinho et al., 2018; Marengo et al., 2018), com o uso de diversos métodos meteorológicos, estimaram o balanço de água usando a divergência do fluxo de vapor de água com medidas aerológicas obtidas por balões de sondagem atmosférica. Em média, a precipitação da bacia é de $11,9 \times 10^{12}$ m^3/ano, a descarga do Rio Amazonas em Óbidos é de $5,5 \times 10^{12}$ m^3/ano (Oltman, 1967) e a evapotranspiração, determinada pelo método de Penman, foi estimada em $6,4 \times 10^{12}$ m^3/ano. Assim, o balanço de umidade na Amazônia indica o papel fundamental da evapotranspiração (3 a 3,5 mm/dia) e sugere que a evapotranspiração média é responsável por 55% da precipitação.

Um resumo desses estudos (Tab. 1.1) sugere que: (i) os fluxos do vapor de água do Atlântico Equatorial associados aos ventos alísios são as principais fontes da entrada de umidade da bacia amazônica; (ii) admitindo-se que o Atlântico Norte seja a única fonte de umidade, é impossível explicar o padrão das chuvas na Amazônia, o que ressalta o papel da floresta na reciclagem de umidade; e (iii) a Amazônia é a principal fonte de umidade para o Brasil Central no período de setembro a fevereiro (verão austral).

Entretanto, é necessário não somente avaliar como ocorre o balanço hídrico na Amazônia, mas também ter-se noção de qual é a perspectiva futura através do uso de simulações climáticas. Nesse sentido, o trabalho de Guimberteau et al. (2017) apresenta um estudo que mostra um aumento da demanda evaporativa do ar e da evapotranspiração de 5,0% (em consequência do aquecimento da Amazônia), com a precipitação e o escoamento superficial aumentando até 2100 na bacia em torno de 8,5% e 14%, respectivamente. Todavia, há uma grande variação espacial desses valores, sendo particularmente alta na parte sudeste da Amazônia (ao longo do arco de desmatamento e fronteira com o Brasil Central). Por se tratar de simulações climáticas com a utilização de modelos, a incerteza associada é sempre alta.

Tab. 1.1 Média das estações sazonais contrastantes e anual dos componentes do balanço de umidade e da reciclagem de precipitação na bacia amazônica, com base nas reanálises Era-Interim (ECMWF) para o período de 1980 a 2005

Componente	Estação úmida (DJF)	Estação seca (JJA)	Média anual
P	8,0	4,4	6,4
E	3,7	3,5	3,7
E/P	0,46	0,80	0,58
C	4,2	1,2	2,9
F	166,3	202,0	178,2
REC	21	17	20

Nota: P = precipitação (mm dia^{-1}); E = evapotranspiração (mm dia^{-1}); C = convergência de umidade (mm dia^{-1}); F = fluxo de umidade integrado verticalmente (kgm^{-1} s^{-1}); e REC = reciclagem de precipitação (%).

Fonte: Rocha et al. (2017).

A reciclagem de umidade continental, processo pelo qual a evapotranspiração do continente retorna como precipitação para o continente (Brubaker; Entekhabi; Eagleson, 1993; Eltahir; Bras, 1994; Van der Ent et al., 2010), é particularmente importante para o ciclo hidrológico da América do Sul. Vários estudos estimam que a taxa de reciclagem da umidade na Amazônia varia desde 11% até 67%, dependendo do método usado, fontes de dados e metodologias, assim como o período de tempo avaliado. Particularmente durante a estação chuvosa, a umidade da bacia amazônica é exportada para fora, transportada através dos JBN (Marengo, 2005; Drumond et al., 2008, 2014; Arraut et al., 2012; Zemp et al., 2014, 2017; Van der Ent et al., 2010).

Mudanças no uso da terra, em particular o desmatamento na Amazônia, alteram a taxa de evapotranspiração e afetam o ciclo da água (Marengo, 2006). Uma redução resultante no fornecimento de umidade regional pode ter consequências importantes para a estabilidade das florestas tropicais da Amazônia. Além disso, a redução da precipitação e o transporte de umidade consequente também podem ter efeitos sobre a agricultura nas regiões Sul e Sudeste do Brasil e na bacia do Rio da Prata. Mesmo considerando-se que o impacto de mudanças nos padrões de precipitação devido ao desmatamento tem sido intensamente estudado usando simulações climáticas com o uso de modelos de circulação geral com diferentes cenários de desmatamento (Nobre et al., 2016), a magnitude da redução das chuvas e a localização das áreas mais afetadas ainda são incertas.

1.3 Variabilidade interanual do clima na Amazônia

Atualmente a Amazônia sofre de eventos extremos com inundações catastróficas a secas tão radicais que até falta água. Há outros fenômenos novos que agravam e complicam o problema, como os incêndios florestais, que estão se tornando rotineiros. Tudo isso, muito provavelmente, devido ao aumento da temperatura associado à mudança climática resultante da liberação de carbono para a atmosfera (Marengo et al., 2011, 2018; Alves et al., 2017). Extremos da variabilidade climática causam sérios transtornos à economia e frequentemente provocam impactos socioeconômicos, na saúde e no bem-estar da população e nos ecossistemas naturais significativos.

1.3.1 Clima regional

O fenômeno El Niño-Oscilação Sul (ENOS) sobre o Pacífico Equatorial modula, juntamente com o Oceano Atlântico Tropical, uma grande parte da variância interanual do clima sobre a Amazônia. Isso já foi discutido em estudos anteriores e sumarizado por artigos de revisão em Marengo e Espinoza (2016) e Marengo et al. (2018). A combinação das circulações atmosféricas anômalas, induzidas pelas distribuições espaciais de TSM sobre o Oceano Pacífico Equatorial, afeta o posicionamento da atividade convectiva sobre o Oceano Pacífico Equatorial a oeste dos Andes e na Amazônia, a leste dos Andes. A redução da convecção sobre a costa do Peru e Equador apresenta uma subsidência compensatória que inibe formação de chuva na parte oeste e central da Amazônia. Além disso, a migração latitudinal da ZCIT sobre o Atlântico Tropical influencia a distribuição pluviométrica sobre a bacia do Atlântico e o norte da América do Sul. A variabilidade interanual das TSMs e dos ventos sobre o Atlântico Tropical é significativamente menor do que aquela observada sobre o Pacífico Equatorial, mas, ainda assim, exerce uma profunda influência na variação do clima sobre a região amazônica (Marengo et al., 2008; Tomasella et al., 2011; Borma; Nobre; Cardoso, 2013; Ovando et al., 2016). Além da variabilidade natural do clima, existe a influência dos fatores externos ao clima local e regional. As atividades antrópicas, como o desmatamento da Amazônia, podem potencializar o impacto das causas naturais, alongando a duração da estação seca e aumentando o risco de incêndio (Aragão et al., 2014, 2018).

A Amazônia é uma região significativamente influenciada pelas circulações atmosféricas e oceânicas do Atlântico Tropical, as quais são possivelmente induzidas pelas condições de contorno oceânicas (TSMs) com lenta variação no ambiente marinho. Além disso, o ciclo anual dos ventos e do calor sensível armazenado nas camadas superiores do Atlântico Tropical sofre forte influência dos sistemas de monção dos continentes adjacentes, fazendo com que a variabilidade interanual dos ventos e da TSM sobre o Atlântico seja modulada pelo ciclo anual do aquecimento solar. O padrão espacial predominante do ciclo anual e da variabilidade interanual das TSMs e dos ventos à superfície sobre o Atlântico apresenta uma estrutura norte-sul mais pronunciada do que a estrutura leste-oeste. O padrão dipolo no Atlântico Tropical propicia a ocorrência de gradientes meridionais de anomalias de TSM que causam forte impacto na posição latitudinal da ZCIT, modulando a distribuição sazonal de precipitação pluviométrica sobre o Atlântico Equatorial, da parte norte do nordeste do Brasil até a parte central da Amazônia.

Desde o início dos anos 1980, eventos de seca intensa têm afetado a Amazônia, sendo que alguns deles ocorreram durante anos de El Niño (1983, 1987, 1998, 2010, 2016) e outros, durante anos em que o El Niño não aconteceu (2005). No caso de enchentes, os extremos de 1989, 1999 e 2009 aconteceram em anos de La Niña, mas também ocorreram em 2012 e 2014, anos em que não houve La Niña. Em 2005, 2012 e 2014, o Atlântico Tropical Norte foi mais quente/frio que o normal, e isso determinou que a ZCIT ficasse situada mais ao norte/sul da sua posição climatológica, provocando menos/mais chuvas na Amazônia. A Fig. 1.5 mostra as anomalias de chuva durante o verão e outono na América do Sul tropical em anos de seca recente na Amazônia (desde 1983 até 2016). Independentemente se elas ocorrem ou não em anos de El Niño ou com um Oceano Atlântico Tropical Norte mais quente ou frio, cada seca é diferente e afeta áreas distintas da Amazônia, pois as anomalias de chuva têm distribuição regional diferente entre eventos de seca, com algumas se estendendo até o Nordeste do Brasil.

A seca severa provocada pelo El Niño em 1997 e 1998, 2010 e 2015 e a seca de 2005 aumentaram a inflamabilidade da floresta e das áreas agrícolas no leste e

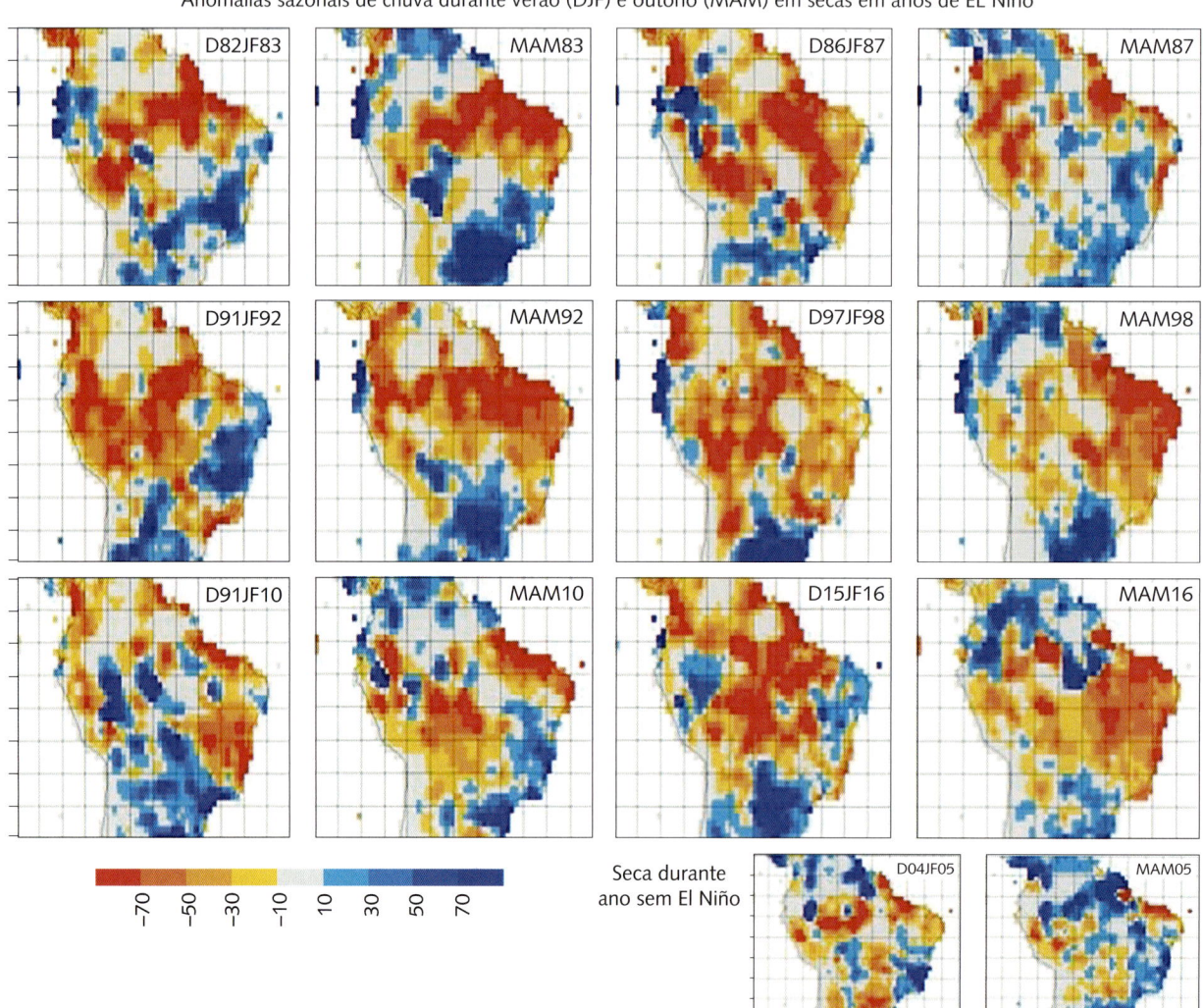

Fig. 1.5 Mapas sazonais de chuva na América do Sul tropical durante alguns anos de seca na Amazônia, desde 1983 até 2016. As anomalias são em relação à normal climatológica de 1961-90, e os dados são do GPCC para grades de 1° latitude/longitude

sul da Amazônia. Williams et al. (2005) sugerem que a mais severa seca na Amazônia tropical, durante o século XX, aconteceu durante o El Niño de 1925-26, em que os déficits de chuva foram consistentes com as quedas nas vazões do Rio Negro em Manaus, de 30-40% em 1926 (Fig. 1.6), com redução de 50% nas vazões fluviais na estação de pico. A seca de 2005, apesar de intensa, não mostrou impactos nas vazões do Rio Negro, que permaneceram próximas aos seus valores normais. A seca de 2010 afetou a parte central da Amazônia, diferentemente da seca de 2005, que afetou majoritariamente a região sudoeste da Amazônia, influenciando as vazões do Rio Madeira (Marengo et al., 2008; Gatti et al., 2014). A seca de 2016 aconteceu durante a transição entre as estações seca e úmida (entre agosto de 2015 e outubro de 2016), e as observações meteorológicas mostraram o declínio proporcional mais acentuado na precipitação, o que implica um prolongamento progressivo da estação seca, resultando em uma redução na extensão do tempo da estação chuvosa (Jiménez-Muñoz et al., 2016; Marengo et al., 2018). A estação seca de 2015 foi tão intensa que os valores de radiação solar na superfície foram significativamente menores, com alta incidência de névoa seca na cidade de Manaus, inclusive com o fechamento do aeroporto (Macedo; Fisch, 2018). Apesar de uma redução de 76% nas taxas de desmatamento nos últimos 13 anos, a incidência de fogo aumentou em 36% durante a seca de 2015-2016, quando comparada à média dos 12 anos precedentes ao evento (Aragão et al., 2018). Como consequência das secas, desde 2002, a tendência no aumento do número de queimadas na Amazônia não foi significativa, porém nos anos de seca (2005, 2010 e 2016) o número de queimadas foi maior (Aragão et al., 2018). Nesses anos, o aumento das queimadas foi devido a secas de grande escala associadas ao El Niño e/ou Atlântico Tropical Norte mais quente, que se agravaram como consequência do desmatamento, permitindo a acumulação de material combustível da biomassa que queimou na estação seca do ano seguinte.

1.3.2 Hidrologia regional

Enquanto chuvas abundantes em vários setores da Amazônia determinaram inundações extremas ao longo do curso principal dos rios amazônicos em 1953, 1989, 1999, 2009, 2012-2015, as chuvas deficientes em 1912, 1926, 1963, 1980, 1983, 1995, 1997, 1998, 2005, 2010 e 2016 tornaram os níveis dos rios anormalmente baixos, o que causou um aumento no risco e no número de incêndios na região, com consequências trágicas para os seres humanos. Isso é consistente com as mudanças na variabilidade da hidrometeorologia da bacia e sugere que eventos hidrológicos extremos têm sido mais frequentes nas últimas duas décadas. Algumas dessas chuvas intensas/reduzidas e as inundações/secas subsequentes foram associadas (mas não exclusivamente) com os eventos La Niña/El Niño. Além disso, transporte de umidade do Atlântico Tropical para a Amazônia e do norte para o sul da Amazônia altera o ciclo da água na região ano a ano. Os impactos de tais extremos em sistemas naturais e humanos na região variam desde impactos ecológicos até econômicos e sociais nas áreas urbanas e rurais, particularmente nas últimas décadas. Os impactos das secas e enchentes na Amazônia aparecem melhor caraterizados nas vazões dos grandes rios, pois há grandes áreas da região sem cobertura de dados de chuva (Marengo; Espinoza, 2016).

Vários outros estudos documentaram uma alta frequência de secas extremas e inundações na Amazônia durante as últimas décadas (Marengo et al., 2008, 2011, 2013; Zeng et al., 2008; Espinoza et al., 2009a, 2009b, 2011a, 2011b, 2012a, 2012b, 2013, 2014; Gloor et al., 2013), usando dados de nível dos rios da Amazônia do Peru e do Brasil (dados fluviométricos). Variações nos níveis do Rio Negro em Manaus, disponíveis desde 1903, apontam reduções ou aumentos nos níveis do rio, consistentes com anomalias de chuva na região, seja durante anos de El Niño/La Niña ou de Atlântico Tropical Norte mais quente ou frio, o que pode ser visto claramente na Fig. 1.6A,B.

As vazões mínimas do Rio Negro em Manaus mostram evidências de seca durante 1926, 1963, 2005 e 2010 com fortes quedas, o que mostra a dependência do balanço hídrico superficial da região com a circulação de grande escala. Na parte da Amazônia peruana, secas intensas impactaram as vazões do Rio Alto Solimões na parte oeste da região e fortes quedas foram detectadas em 1995, 1998, 2005 e 2010. Marengo e Espinoza (2016) identificaram condições secas durante meados da década de 1960, e outros baixos valores de índice coincidem com fortes eventos de El Niño, ocorridos em 1957, 1958, 1965, 1972, 1973, 1992, 1997 e 2010.

De fato, vários estudos observacionais acima mostram que, após um período úmido relativamente longo durante os anos 1940-1950, grandes secas ocorreram na Amazônia em 1963-1964, 1970, 1983, 1987, 1995, 1997, 1998, 2005 e, mais recentemente, em 2010 e 2016. Entre essas grandes secas, os anos de 1982, 1983, 1997-1998, 2010 e 2016 também ocorreram durante El Niño, enquanto as secas de 1963-1964, 1979-1981 e 2004-2005 ocorreram durante os anos sem El Niño, mas aconteceram devido a um Atlântico Norte Tropical anormalmente quente (Zeng et al., 2008; Espinoza et al., 2011a, 2011b). Isso é importante, pois indica que o El Niño não é a única forçante de anomalias climáticas que levam à seca na região amazônica. Anos úmidos, como em 1954, 1989, 1999, 2009 e 2012-2014, parecem estar relacionados com La Niña e/ou TSM no Atlântico Tropical ao sul do Equador (Satyamurty; Wanzeler; Manzi, 2013; Satyamurty et al., 2013).

Alguns desses eventos intensos de precipitação foram associados com La Niña (por exemplo, 1989, 1999, 2009, 2011 e 2012). Sobre a Amazônia Central, chuvas intensas e inundações extremas também foram relacionadas às TSMs quentes e tropicais do Atlântico Sul, como observado em 2009 (Marengo et al., 2013). A vazão do Rio Amazonas, no posto de Óbidos, e o nível do Rio Negro, em Manaus, mostram valores maiores do que a média durante os episódios de La Niña ocorridos em 1975-1976 e 1988-1989. Em 2014 e 2015, o sudoeste da Amazônia experimentou inundações severas devido à precipitação mais de 100% acima do normal no verão sobre os Estados brasileiros do Acre e Rondônia, Amazônia boliviana e peruana. Nesses anos, os níveis do Rio Madeira e do Rio Branco alcançaram recorde de níveis elevados, inundando cidades, fazendas e estradas, o que impactou a pesca regional e a população, com o isolamento da comunidade ribeirinha.

1.3.3 Variabilidade da estação seca e chuvosa na Amazônia

Vários estudos mostraram evidências de um alongamento da estação seca, principalmente na região sul da Amazônia (Marengo et al., 2018). Essa tendência

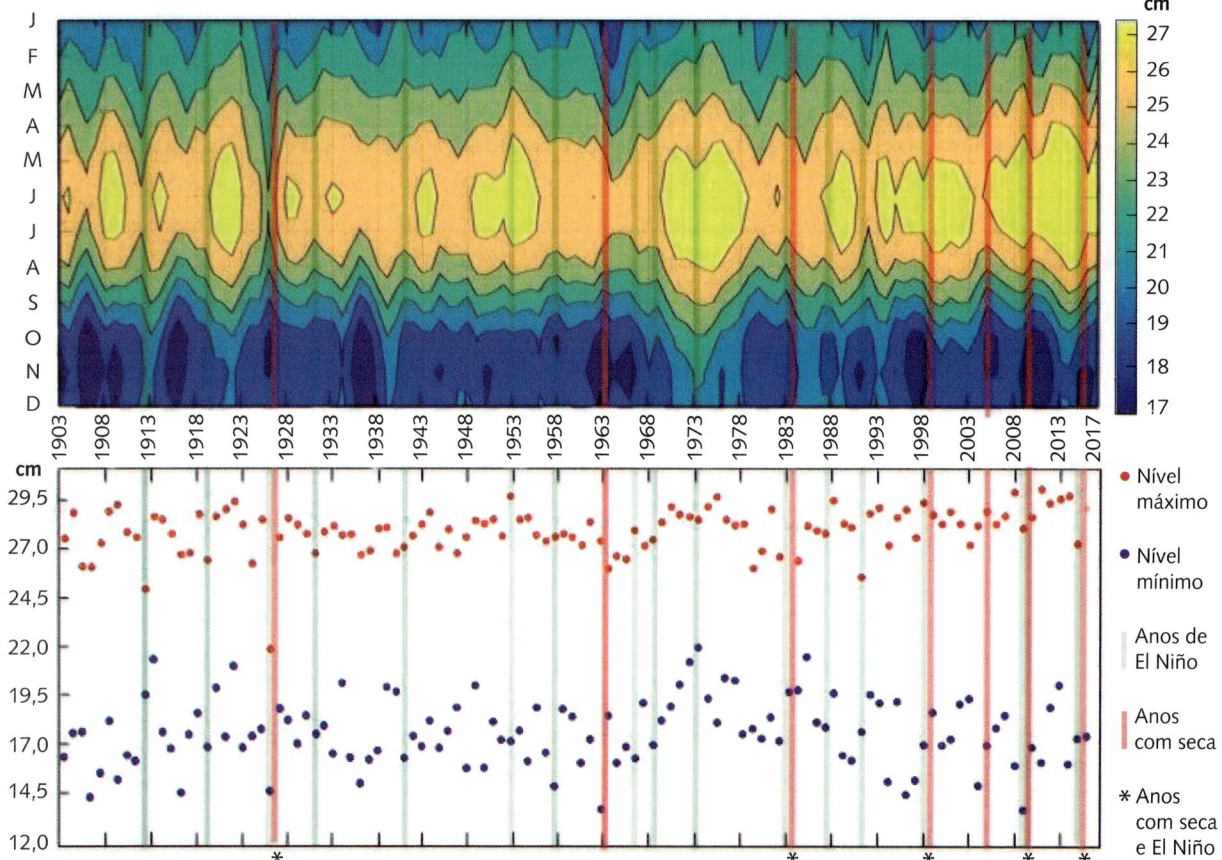

FIG. 1.6 (A) Diagrama Hovmoller com os níveis do Rio Negro em Manaus, e (B) níveis máximos e mínimos do Rio Negro
Fonte: (A) ANA e CPRM; (B) Porto de Manaus.

pode estar relacionada à influência em grande escala dos gradientes de TSM do Atlântico Norte e Sul, ou a uma forte influência da estação seca em resposta a um aumento sazonal da radiação solar (Fu; Li, 2004; Li; Fu; Dickinson, 2006; Butt; De Oliveira; Costa, 2011; Lewis et al., 2011; Dubreuil et al., 2012; Fu et al., 2013; Alves, 2016; Marengo et al., 2018). No entanto, os dados atuais mostram que a estação seca aumentou cerca de 1 mês na região sul da Amazônia desde meados dos anos 1970 até o presente (Fig. 1.7). Essa informação é corroborada pelos estudos recentes que se utilizaram de dados pluviométricos (Leite-Filho; Pontes; Costa, 2019) ou de cobertura de nuvens obtidas por satélites meteorológicos (Sena, 2018). Nas secas de 2005, 2010 e 2016, a estação chuvosa começou mais tarde e a estação seca durou mais tempo (Marengo et al., 2011; Alves, 2016). Fu et al. (2013) quantificaram esse aparente alongamento da estação seca, com um aumento de cerca de 6,5 ±2,5 dias por década ao longo da região sul da Amazônia desde 1979. Além disso, a duração da estação seca também exibe variações nas escalas de tempo interanual e decadal. Essas variações podem estar ligadas à variabilidade natural do clima ou, como sugerido por Wang, Sun e Mei (2011) e Alves et al. (2017), à influência da mudança do uso da terra na região.

Wright et al. (2017) destacam os mecanismos pelos quais interações entre os processos de superfície terrestre, convecção e queima de biomassa podem alterar o início da estação chuvosa.

A estação seca mais prolongada em 2016 determinou condições que tornaram as florestas mais vulneráveis às queimadas (Aragão et al., 2018), similar ao ocorrido na seca de 2010 (Gatti et al., 2014). O fim da estação seca de 2016 ocorreu de 2-3 pêntadas além do normal (Fig. 1.7) e a estação chuvosa teve um início mais tardio que o normal. Isso causou o maior número de focos de queimadas já observados no século XXI, com mais de 10 mil focos de incêndio ao longo de cinco meses, e o maior número de ocorrências de fogo ativo por quilômetro quadrado de terra desmatada (Aragão et al., 2014). De fato, entre agosto de 2015 e outubro de 2016, as observações mostraram o declínio proporcional mais acentuado na precipitação, o que implica um prolongamento progressivo da estação seca, resultando em uma redução no tempo da estação chuvosa (Fig. 1.7). Um alongamento da estação seca e as mudanças na frequência e intensidade de episódios de seca extrema são, provavelmente, os fatores mais críticos para a Amazônia, considerando cenários de não mitigação de mudanças climáticas.

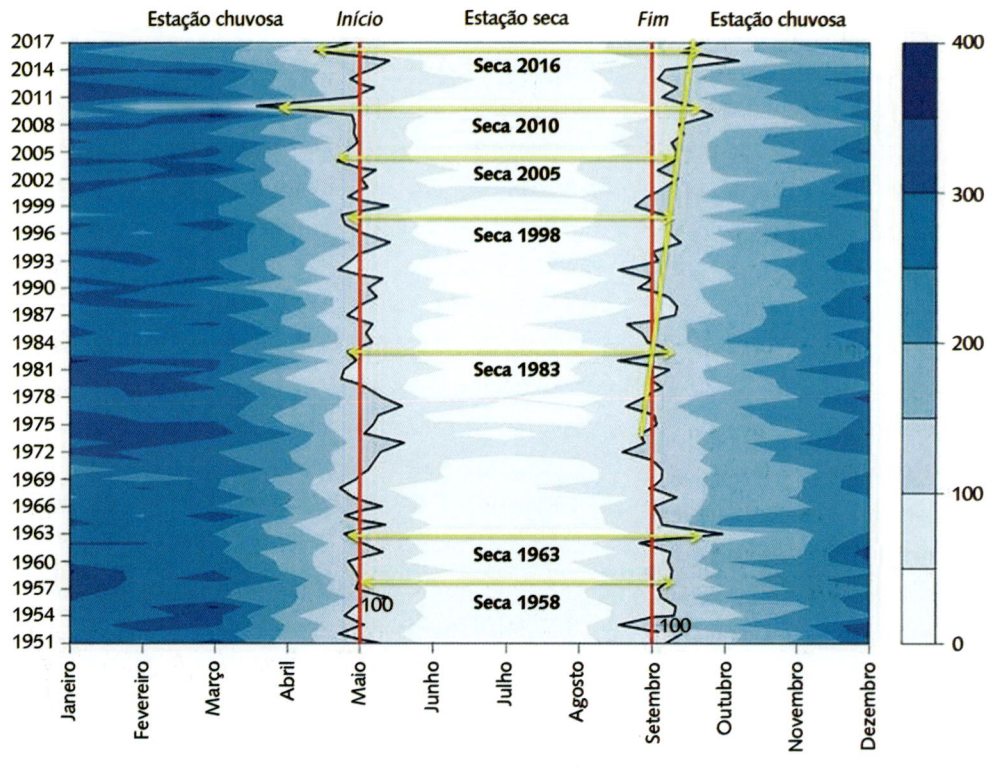

Fig. 1.7 Diagrama de Hovmoller mostrando a chuva mensal de 1951 a 2014 para o sul da Amazônia (mm/mês). A isoieta de 100 mm/mês é um indicador de meses secos (Sombroek, 2001). Anos de secas aparecem indicados na figura. Linhas em vermelho mostram o início e fim da estação seca e linhas amarelas mostram o desvio na duração da estação seca Fonte: Marengo et al. (2018).

1.4 Considerações finais

Entre as atividades humanas que mais contribuem para as emissões de gases do efeito estufa (GEE) estão a queima de combustível fóssil e de biomassa e as mudanças no uso da terra, principalmente do desmatamento (Fearnside; Laurance, 2004). Neste último, a urbanização e o desmatamento de áreas de vegetação de floresta natural na Amazônia e outros biomas (tal como Cerrado, Mata Atlântica e Caatinga) podem mudar os processos físicos entre a atmosfera e os ecossistemas terrestres e oceânicos, levando à alteração nos regimes de chuvas (isto é, precipitação e umidade) e de energia (isto é, temperatura do ar), em escalas local, regional e global (Lawrence; Vandecar, 2015).

Nesse sentido, com a finalidade de conhecer melhor o papel da Amazônia nos ciclos ecológicos e o seu funcionamento e regulação do clima aos níveis local a regional, experimentos científicos de grande porte e programas científicos nacionais e internacionais de monitoramento e observações ambientais na Amazônia têm sido realizados no Brasil desde a década de 1980, os quais mostram que a floresta amazônica desempenha um papel crucial no sistema climático, contribuindo para direcionar a circulação atmosférica nos trópicos ao absorver energia e reciclar aproximadamente metade das chuvas que caem na região. Esses experimentos científicos de coleta de dados têm sido realizados nos últimos 30 anos – ABLE, ABRACOS, LBA, já descritos em Fisch, Marengo e Nobre (1998) e Marengo e Nobre (2009), e, mais recentemente, GOAmazon 2014/5 (Martin et al., 2016), ACRIDICON (Wendisch et al., 2016) e CHUVA (Machado et al., 2014).

Finalizando, a ciência do clima já avançou significativamente e, mesmo com incertezas que ainda precisam ser superadas – por exemplo, qual o *tipping point* de colapso da floresta, conforme colocam Lovejoy e Nobre (2018) e Marengo et al. (2018) –, as observações das últimas décadas corroboram as projeções dos modelos climáticos de cenários de uma Amazônia mais quente, com secas extremas e prolongadas, resultando em uma floresta mais vulnerável à degradação florestal e com perda de suas funções ecológicas para sequestrar carbono, manter seus estoques de carbono e sua biodiversidade e regular os ciclos hidrológicos e biogeoquímicos. O controle do desmatamento e da degradação florestal é a forma mais rápida e eficaz para mitigar os efeitos das mudanças climáticas, que já estão em curso, e para evitar cenários catastróficos de perda de resiliência do ecossistema florestal, levando a sua conversão para outro tipo de ecossistema. Mesmo que o desmatamento na Amazônia possa ser completamente interrompido e o Brasil cumpra seu compromisso de reflorestamento, em 2030 as áreas totalmente desmatadas na Amazônia já estariam em torno de 16% a 17%. Novas evidências mostram, sem sombra de dúvida, que a Amazônia funciona como o coração da América do Sul em relação ao ciclo da água. A destruição da floresta amazônica pode já ter passado do limite que permitiria a sua recuperação. Assim, a inclusão efetiva de adaptação aos extremos do clima do presente e às mudanças de clima pode ajudar a construir uma sociedade mais resiliente a médio prazo.

Referências bibliográficas

ALVES, L. M. *Análise estatística da sazonalidade e tendências das estações chuvosas e seca na Amazônia*: Clima presente e projeções futuras. 2016. Ph.D. (Thesis) – Instituto Nacional de Pesquisas Espaciais, São José dos Campos, 2016.

ALVES, L. M.; MARENGO, J. A.; FU, R.; BOMBARDI, R. J. Sensitivity of Amazon Regional Climate to Deforestation. *Am. J. Clim. Chang.*, v. 6, p. 75-98, 2017.

ARAGÃO, L. E. O. C. et al. 21st Century drought-related fires counteract the decline of Amazon deforestation carbon emissions. *Nat. Commun.*, v. 9, n. 536, 2018.

ARAGÃO, L. E. O. C. et al. Environmental change and the carbon balance of Amazonian forests. *Biol. Rev.*, v. 89, p. 913-931, 2014.

ARRAUT, J. M.; NOBRE, C.; BARBOSA, H. M. J.; OBREGON, G.; MARENGO, J. Aerial rivers and lakes: Looking at large-scale moisture transport and its relation to Amazonia and to subtropical rainfall in South America. *J. Clim.*, v. 25, p. 543-556, 2012.

BOOKHAGEN, B.; STRECKER, M. R. *Amazonia, Landscape and Species Evolution*: A Look into the Past. Blackwell Publishing, 2010. p. 224-241. DOI: 10.1002/9781444306408.ch14.

BORMA, L. S.; NOBRE, C. A.; CARDOSO, M. F. Climate Vulnerability: Understanding and Addressing Threats to Essential Resources 2. 153-163, 2013.

BRUBAKER, K. L.; ENTEKHABI, D.; EAGLESON, P. S. Estimation of continental precipitation recycling. *J. Clim.*, v. 6, p. 1077-1089, 1993. DOI: 10.1175/1520-0442(1993).

BUTT, N.; DE OLIVEIRA, P. A.; COSTA, M. H. Evidence that deforestation affects the onset of the rainy season in Rondonia, Brazil. *J. Geophys. Res.*, 116, D11120, 2011. DOI: 10.1029/2010JD015174.

COUTINHO, E.; ROCHA, E. J. P.; DA LIMA, A. M. M.; RIBEIRO, H. M. C.; GUTIERREZ, L. A. C. L.; BARBOSA, A. J. S.; PAES, G. K. A. A.; CAPELA, C. J. B. Water balance in the Brazilian Amazon Basin. *Revista Brasileira de Geografia Física*, v. 6, p. 1926-1940, 2018.

DRUMOND, A.; NIETO, R.; GIMENO, L.; AMBRIZZI, T. A Lagrangian identification of major sources of moisture over Central Brazil and La Plata basin. *J. Geophys. Res.*, v. 113, D14128, 2008. DOI: 10.1029/2007JD00954.

DRUMOND, A.; MARENGO, J.; AMBRIZZI, T.; NIETO, R.; MOREIRA, L.; GIMENO, L. The role of the Amazon Basin moisture in the atmospheric branch of the hydrological cycle: a Lagrangian analysis. *Hydrol. Earth Syst. Sci.*, v. 18, p. 2577–2598, 2014. DOI: 10.5194/hess-18-2577-2014.

DUBREUIL, V.; DEBORTOLI, N.; FUNATSU, B.; NEDELEC, V.; DURIEUX, L. Impact of land-cover change in the southern Amazonia climate: a case study for the region of Alta Floresta, MatoGrosso, Brazil. *Environ. Monit. Assess.*, v. 184, p. 877-891, 2012. DOI: 10.1007/s10661-011-2006-x.

ELTAHIR, E. A. B.; BRAS, R. L. Precipitation recycling in the Amazon Basin. *Q. J. Roy. Met. Soc.*, v. 120, p. 861-880, 1994. DOI: 10.1002/qj.49712051806.

ERFANIAN, A.; WANG, G.; FOMENKO, L. Unprecedented drought over tropical South America in 2016: Significantly under-predicted by tropical SST. *Sci. Rep.*, 7, 2017.

ESPINOZA, J. C.; LENGAIGNE, M.; RONCHAIL, J.; JANICOT, S. Large-scale circulation patterns and related rainfall in the Amazon Basin: a neuronal networks approach. *Clim. Dyn.*, v. 38, p. 121-140, 2012a. DOI: 10.1007/s00382-011-1010-8.

ESPINOZA, J. C.; GUYOT, J. L.; RONCHAIL, J.; COCHONNEAU, G.; FILIZOLA, N.; FRAIZY, P. et al. Contrasting regional discharge evolutions in the Amazon basin (1974–2004). *J. Hydrol.*, v. 375, v. 297-311, 2009a. DOI: 10.1016/j.jhydrol.2009.03.004.

ESPINOZA, J. C.; JOSYANE, R.; FRÉDÉRIC, F.; WALDO, L.; WILLIAM, S.; JEAN LOUP, G. The major floods in the Amazonas river and tributaries (Western Amazon basin) during the 1970-2012 period: a focus on the 2012 flood. *J. Hydrometeorol.*, v. 14, p. 1000-1008, 2013. doi: 10.1175/JHM-D-12-0100.1.

ESPINOZA, J. C.; MARENGO, J. A.; RONCHAIL, J.; CARPIO, J. M.; FLORES, L. N.; GUYOT, J. L. The extreme 2014 flood in South-Western Amazon basin: the role of tropical-subtropical South Atlantic SST gradient. *Environ. Res. Lett.*, v. 9, 124007, 2014. DOI: 10.1088/17489326/9/12/124007.

ESPINOZA, J. C.; RONCHAIL, J.; GUYOT, J. L.; JUNQUAS, C.; DRAPEAU, G.; MARTINEZ, J. M. et al. From drought to flooding: understanding the abrupt 2010-2011 hydrological annual cycle in the Amazonas river and tributaries. *Environ. Res. Lett.*, v. 7, 024008, 2012b. DOI: 10.1088/1748-9326/7/2/024008.

ESPINOZA, J. C.; RONCHAIL, J.; GUYOT, J. L.; JUNQUAS, C.; VAUCHEL, P.; LAVADO, W. et al. Climate variability and extreme drought in the upper Solimões River (western Amazon Basin): understanding the exceptional 2010 drought. *Geophys. Res. Lett.*, v. 38, L13406, 2011a. DOI: 10.1029/2011GL047862.

ESPINOZA, J. C.; RONCHAIL, J.; JEAN-LOUP, G.; GERARD, C.; NAZIANO, F.; LAVADO, W. et al. Spatio-temporal rainfall variability in the Amazon basin countries (Brazil, Peru, Bolivia, Colombia, and Ecuador). *Int. J. Climatol.*, v. 29, p. 1574-1594, 2009b. DOI: 10.1002/joc.1791.

ESPINOZA, J. C.; RONCHAIL, J.; GUYOT, J. L.; JUNQUAS, C.; VAUCHEL, P.; LAVADO, W.; DRAPEAU, G.; POMBOSA, R. Climate variability and extreme drought in the upper Solimões River (western Amazon Basin): Understanding the exceptional 2010 drought. *Geophys. Res. Lett.*, v. 38, L13406, 2011b. DOI: 10.1029/2011GL047862.

FEARNSIDE, P. M.; LAURANCE, W. F. Tropical deforestation and greenhouse-gas emissions. *Ecol. Appl.*, v. 14, p. 982-986, 2004.

FIGUEROA, S. N.; NOBRE, C. Precipitations distribution over Central and Western Tropical South America.

Climanálise, Boletim de Monitoramento e Análise Climática, v. 5, n. 6, p. 36-48, 1990.

FISCH, G.; MARENGO, J. A.; NOBRE, C. A. Uma revisão geral sobre o clima da Amazônia. *Acta Amaz.*[online]., v. 28, n. 2, p. 101-101, 1998. ISSN: 0044-5967. Disponível em: <http://dx.doi.org/10.1590/1809-43921998282126>.

FU, R.; LI, W. The influence of the land surface on the transition from dry to wet season in Amazonia. *Theor. Appl. Climatol.*, v. 78, p. 97-110, 2004. DOI: 10.1007/s00704-004-0046-7.

FU, R.; YIN, L.; LI, W.; ARIAS, P. A.; DICKINSON, R. E.; HUANG, L. et al. Increased dry-season length over southern Amazonia in recent decades and its implication for future climate projection. *Proc. Natl. Acad. Sci. U.S.A.*, v. 110, p. 18110-18115, 2013. DOI: 10.1073/pnas.1302584110.

GATTI, L. V. et al. Drought sensitivity of Amazonian carbon balance revealed by atmospheric measurements. *Nature*, v. 506, p. 76-80, 2014.

GERMANO, M. F.; VITORINO, M. I.; COHEN, J. C. P.; COSTA, G. B.; SOUTO, J. I. de O.; REBELO, M. T. C.; SOUSA, A. M. L. Analysis of the breeze circulations in Eastern Amazon: an observational study. *Atmospheric Science Letters*, John Wiley & Sons, 2017. Disponível em: <https://doi.org/10.1002/asl.726>.

GLOOR, M.; BRIENEN, R. J. W.; GALBRAITH, D.; FELDPAUSCH, T. R.; SCHONGART, J.; GUYOT, J. L.; ESPINOSA, J. C.; LLOYD, J.; PHILLIPS, O. L. Intensification of the Amazon hydrological cycle over the last two decades. *Geophys. Res. Letters*, v. 40, p. 1729-1733, 2013. DOI: 10.1002/grl.50377.

GUIMBERTEAU, M.; CIAIS, P.; DUCHARNE, A.; BOISIER, J. P.; AGUIAR, A. P. D.; BIEMANS, H.; DEURWAERDER, H. D.; GALBRAITH, D.; KRUIJT, B.; LANGERWISCH, F.; POVEDA, G.; RAMMIG, A.; RODRIGUEZ, D. A.; TEJADA, G.; THONICKE, K.; VON RANDOW, C.; VON RANDOW, R. C. S.; ZHANG, K.; VERBEECK, H. Impacts of future deforestation and climate change on the hydrology of the Amazon Basin: a multi-model analysis with a new set of land-cover change scenarios. *Hydrol. Earth Syst. Sci.*, v. 21, p. 1455-1475, 2017. Disponível em: <www.hydrol-earth-syst-sci.net/21/1455/2017/>. DOI: 10.5194/hess-21-1455-2017.

JIMÉNEZ-MUÑOZ, J. C.; MATTAR, C.; BARICHIVICH, J.; SANTAMARÍA-ARTIGAS, A.; TAKAHASHI, K.; MALHI, Y.; SOBRINO, J. A.; VAN DER SCHRIER, G. Record-breaking warming and extreme drought in the Amazon rainforest during the course of El Niño 2015-2016. *Scientific Reports*, 6:33130, 2016. DOI: 10.1038/srep33130.

LAWRENCE, D.; VANDECAR, K. Effects of tropical deforestation on climate and agriculture. *Nature Climate Change*, v. 5, p. 27-36, 2015.

LEITE-FILHO, A. T.; PONTES, V. Y. de S.; COSTA, M. H. Effects of deforestation on the onset of the rainy season and the duration of dry spells in southern Amazonia. *JGR Atmospheres*, v. 124, n. 10, 2019. DOI: 10.1029/2018JD029537.

LEWIS, S. L.; BRANDO, P. M.; PHILLIPS, O. L.; VAN DER HEIJDEN, G. M. F.; NEPSTAD, D. The 2010 Amazon Drought. *Science*, v. 331, n. 6017, 2011. DOI: 10.1126/science.1200807.

LI, W.; FU, R.; DICKINSON, R. E. Rainfall and its seasonality over the Amazon in the 21st century as assessed by the coupled models for the IPCC AR4. *J. Geophys. Res. Atmos.*, 111, D02111, 2006. DOI: 10.1029/2005JD00 6355.

LOVEJOY, T. E.; NOBRE, C. A. Amazon tipping point. *Sci. Adv.*, 4:2340, 2018. DOI: 10.1126/sciadv.aat2340.

MACEDO, A. S.; FISCH, G. Variabilidade Temporal da Radiação Solar Durante o Experimento GOAmazon 2014/15. *Revista Brasileira de Meteorologia*, v. 33, n. 1, p. 353-365, 2018. DOI: http://dx.doi.org/10.1590/0102-7786332017.

MACHADO, L. A. T. et al. The Chuva Project: How does convection vary across Brazil? *Bull. Amer. Meteor. Soc.*, v. 95, p. 1365-1380, 2014. Disponível em: <https://doi.org/10.1175/BAMS-D-13-00084.1>.

MAEDA, E. E.; MA, X.; WAGNER, F. H.; KIM, H.; OKI, T.; EAMUS, R.; HUETE, A. Evapotranspiration seasonality across the Amazon Basin. *Earth Syst. Dynam.*, v. 8, p. 439-454, 2017. Disponível em: <https://doi.org/10.5194/esd-8-439-2017>.

MAGRIN, G. O.; MARENGO, J. A.; BOULANGER, J. P.; BUCKERIDGE, M. S.; CASTELLANOS, E.; POVEDA, G.; SCARANO, F. R.; VICUNA, S. Central and South America. In: *Climate Change* 2014: Impacts, Adaptation and Vulnerability. Contribution of

Working Group II to the Fifth Assessment Report of the Intergovernmental, 2014.

MARENGO, J. A. Interdecadal variability and trends of rainfall across the Amazon basin. *Theor. Appl. Climatol.*, v. 78, p. 79-96, 2004.

MARENGO, J. A. On the hydrological cycle of the Amazon basin: a historical review and current state-of-the-art. *Rev. Brasil. Meteorol.*, v. 21, p. 1-19, 2006.

MARENGO, J. A. The characteristics and variability of the atmospheric water balance in the Amazon basin: spatial and temporal variability. *Clim. Dyn.*, v. 24, p. 11-22, 2005. DOI: 10.1007/s00382-004-0461-6.

MARENGO, J. A.; ESPINOZA, J. C. Extreme seasonal droughts and floods in Amazonia: Causes, trends and impacts. *International Journal of Climatology*, v. 36, p. 1033-1050, 2016.

MARENGO, J. A.; NOBRE, C. A. Clima da Região Amazônica. In: CAVALCANTI, I. F. de A.; FERREIRA, N. J.; DA SILVA, M. G. J.; SILVA DIAS, M. A. F. *Tempo e clima no Brasil.* São Paulo: Editora Oficina de Textos, 2009. p. 197-212.

MARENGO, J. A.; SOARES, W. R.; SAULO, C.; NICOLINI, M. Climatology of the low level jet east of the Andes as derived from the NCEP-NCAR reanalyses: Characteristics and temporal variability. *J. Clim.*, v. 17, p. 2261-2280, 2004.

MARENGO, J. A.; TOMASELLA, J.; ALVES, L. M.; SOARES, W. R.; RODRIGUEZ, D. A. The drought of 2010 in the context of historical droughts in the Amazon region. *Geophys. Res. Lett.*, 38, 2011.

MARENGO, J. A.; ALVES, L. M.; SOARES, W. R.; RODRIGUEZ, D.; CAMARGO, H. Two contrasting severe seasonal extremes in tropical South America in 2012: flood in Amazonia and drought in Northeast Brazil. *J. Clim.*, v. 2, p. 9137-9154, 2013. DOI: 10.1175/JCLI-D-12-00642.1.

MARENGO, J. A.; TOMASELLA, J.; SOARES, W. R.; ALVES, L. M.; NOBRE, C. A. Extreme climatic events in the Amazon basin. *Theor. Appl. Climatol.*, v. 107, p. 73-85, 2012.

MARENGO, J. A.; SOUZA, C.; THONICKE, K.; BURTON, C.; HALLADAY, K.; BETTS, R. A.; ALVES, L. M.; SOARES, W. R. Changes in Climate and Land Use Over the Amazon Region: Current and Future Variability and Trends. *Front. Earth Sci.*, 6:228, 2018. DOI: 10.3389/feart.2018.00228.

MARENGO, J. A. et al. The drought of Amazonia in 2005. *J. Clim.*, v. 21, p. 495-516, 2008.

MARTIN, S. T. et al. The Green Ocean Amazon Experiment (GOAMAZON2014/5) observes pollution affecting gases, aerosols, clouds and rainfall over the rain forest. *Bull. Amer. Meteor. Soc.*, 97 (5): 981-997, 2016. DOI: 10.1175/BAMS-D-15-00221.1.

NOBRE, A. D. *O futuro climático da Amazônia:* relatório de avaliação científica. ARA (Articulación Regional Amazónica), 2014.

NOBRE, C. A.; SAMPAIO, G.; BORMA, L. S.; CASTILLA-RUBIO, J. C.; SILVA, J. S.; CARDOSO, M. et al. The Fate of the Amazon Forests: land-use and climate change risks and the need of a novel sustainable development paradigm. *Proc. Natl. Acad. Sci. U.S.A.*, v. 113, p. 10759-10768, 2016. DOI: 10.1073/pnas.160551 6113.

OLTMAN, R. E. Reconnaissance investigations of the discharge and water quality of the Amazon. In: Atas do Simpósio sobre a Biota Amazônica, Rio de Janeiro, 3. (Limnologia), 163-185, 1967.

OVANDO, A. et al. Extreme flood events in the Bolivian Amazon wetlands. *J. Hydrol. Reg. Stud.*, v. 5, p. 293-308, 2016.

RAO, V. B.; FRANCHITO, S. H.; SANTO, C. M. E.; GAN, M. A. An update on the rainfall characteristics of Brazil: seasonal variations and trends in 1979-2011. *Int. J. Climatol.*, v. 36, p. 291-302, 2016. DOI: 10.1002/joc.4345.

RICARTE, R. M. D.; HERDIES, D. L.; BARBOSA, T. F. Patterns of atmospheric circulation associated with cold outbreaks in southern Amazonia. *Meteorological Applications*, 2014. Disponível em: <https://doi.org/10.1002/met.1458>.

ROCHA, V. M.; SILVA CORREIA, F. W.; DA SILVA, P. R. T.; GOMES, W. B.; VERGASTA, L. V.; DE MOURA, R. G.; TRINDADE, M. S. P.; PEDROSA, A. L.; SANTOS DA SILVA, J. J. Reciclagem de Precipitação na Bacia Amazônica: O Papel do Transporte de Umidade e da Evapotranspiração da Superfície. *Revista Brasileira de Meteorologia*, v. 32, n. 3, p. 387-398, 2017. DOI: http://dx.doi.org/10.1590/0102-77863230006.

SALATI, E.; MARQUES, J. Climatology of the Amazon region. In: SIOLI, H. (Ed.). *The Amazon* – Limnology and landscape ecology of a mighty tropical river and its basin. Bonn, Alemanha: Dr. W. Junk Publishers, 1984. p. 85-126.

SALATI, E.; DALL'OLIO, A.; MATSUI, E.; GAT, J. R. Recycling of water in the Amazon Basin: An isotopic study. *Water Resource Research*, v. 15, n. 5, p. 1250-1258, 1979. DOI: doi.org/10.1029/WR015i005p01250.

SATYAMURTY, P.; WANZELER DA COSTA, C. P.; MANZI, A. O. Moisture sources for the Amazon basin: a study of contrasting years. *Theor. Appl. Climatol.*, v. 111, p. 195-209, 2013. DOI: 10.1007/s00704-012-0637-7.

SATYAMURTY, P.; WANZELER DA COSTA, C. P.; MANZI, A. O.; CANDIDO, L. A. A quick look at the 2012 record flood in the Amazon basin. *Geophys. Res. Lett.*, v. 40, p. 1396-1401, 2013. DOI: 10.1002/grl.50245.

SENA, E. T. Reduced Wet-Season Length Detected by Satellite Retrievals of Cloudiness over Brazilian Amazonia: A New Methodology. *Journal of Climate*, 2018. DOI: doi.org/10.1175/JCLI-D-17-0702.1.

SOMBROEK, W. Spatial and temporal patterns of Amazon Rainfall: consequences for the planning of agricultural occupation and the protection of primary forests. *Ambio*, v. 30, n. 7, p. 388-396, 2001. DOI: 10.1579/0044-7447-30.7.388.

SORRIBAS, M. V. et al. Projections of climate change effects on discharge and inundation in the Amazon basin. *Clim. Change*, v. 136, p. 555-570, 2016.

TOMASELLA, J. et al. The droughts of 1996-1997 and 2004-2005 in Amazonia: Hydrological response in the river main-stem. *Hydrol. Process.*, v. 25, p. 1228-1242, 2011.

VAN DER ENT, R. J.; SAVENIJE, H. H. G.; SCHAEFLI, B.; STEELE-DUNNE, S. C. Origin and fate of atmospheric moisture over continents. *Water Resour. Res.*, 46, W09525, 2010. DOI: 10.1029/2010WR009127.

VIANA, L. P.; HERDIES, D. L. Case Study of a Cold air Outbreak Incursion Extreme Event in July 2013 on Brazilian Amazon Basin. *Rev. bras. meteorol.* [online]. v. 33, n. 1, p. 27-39, 2018. DOI: http://dx.doi.org/10.1590/0102-7786331014.

WANG, G.; SUN, S.; MEI, R. Vegetation dynamics contributes to the multi-decadal variability of precipitation in the Amazon region. *Geophys. Res. Lett.*, v. 38, p. 1-5, 2011. DOI: 10.1029/2011GL049017.

WENDISCH, M. et al. The ACRIDICON–CHUVA campaign: Studying tropical deep convective clouds and precipitation over Amazonia using the new German research aircraft HALO. *Bull. Amer. Meteor. Soc.*, v. 97, p. 1885-1908, 2016. DOI: 10.1175/BAMS D-14-00255.1.

WILLIAMS, E.; DALL'ANTONIA, A. M.; DALL'ANTONIA, V.; ALMEIDA, J. M.; SUAREZ, F.; LIEBMANN, B.; MALHADO, A. C. M. The drought of the century in the Amazon Basin: an analysis of the regional variation of rainfall in South America in 1926. *Acta Amazonica*, v. 35, n. 2, 2005. DOI: http://dx.doi.org/10.1590/S0044-59672005000200013.

WRIGHT, J. S.; WRIGHT, R.; FUB, J. R.; WORDEN, S.; CHAKRABORTY, N. E.; CLINTON, C. et al. Rainforest-initiated wet season onset over the southern Amazon. *PNAS*, v. 114, p. 8481-8486, 2017. DOI: 10.1073/pnas.1621516114.

ZEMP, D. C.; SCHLEUSSNER, C.-F.; BARBOSA, H. M. J.; HIROTA, M.; MONTADE, V.; SAMPAIO, G.; STAAL, A. et al. Self-amplified Amazon forest loss due to vegetation-atmosphere feedbacks. *Nat. Commun.*, 8:14681, 2017. DOI: 10.1038/ncomms14681.

ZEMP, D. C.; SCHLEUSSNER, C. F.; BARBOSA, H. M. J.; VAN DER ENT, R. J.; DONGES, J. F.; HEINKE, J. et al. On the importance of cascading moisture recycling in South America. *Atmos. Chem. Phys.*, v. 14, p. 13337-13359, 2014. DOI: 10.5194/acp-14-13337-2014.

ZENG, N.; YOON J. H.; MARENGO, J. A.; SUBRAMANIAM, A.; NOBRE, C. A.; MARIOTTI, A. et al. Causes and impacts of the 2005 Amazon drought. *Environ. Res. Lett.*, v. 3, p. 1-10, 2008. DOI: 10.1371/journal.pone.018 3308.

2 | Clima da Região Nordeste

Mary Toshie Kayano
Rita Valéria Andreoli

O Nordeste do Brasil (NEB), com uma área de 1.558.196 km², inclui os Estados de Alagoas, Bahia, Ceará, Maranhão, Paraíba, Piauí, Pernambuco, Rio Grande do Norte e Sergipe, e situa-se no extremo nordeste da América do Sul, a leste da Amazônia, aproximadamente a leste do meridiano de 47° W e ao norte do paralelo de 18° S. Apesar de sua localização, o NEB não apresenta uma distribuição de chuvas típica das áreas equatoriais, mas caracteriza-se por três principais regimes de precipitação, que variam de 300 mm a 2.000 mm por ano: clima litorâneo úmido (do litoral da Bahia ao do Rio Grande do Norte); clima tropical (áreas dos Estados da Bahia, Ceará, Maranhão e Piauí); e clima tropical semiárido (todo o sertão nordestino). A diversidade de climas no NEB reflete a atuação de diversos mecanismos físicos, alguns dos quais serão tratados neste capítulo. No que se refere à temperatura, o NEB apresenta valores elevados cuja média anual varia de 20 °C a 28 °C, com valores entre 24 °C e 26 °C em áreas elevadas (acima de 200 m) e no litoral leste, e inferiores a 20 °C nas áreas mais elevadas da Chapada Diamantina e do Planalto da Borborema. Como a variação de temperatura não é acentuada, e essa variável tem importância marginal, ela não será tratada aqui. O NEB apresenta acentuada variabilidade interanual na precipitação, com alguns anos extremamente secos e outros chuvosos, cujas causas podem estar distantes do NEB. Esse é o principal enfoque deste capítulo. Nessa região, os sinais da variabilidade intrassazonal são também evidentes – esse tema é tratado no Cap. 6.

2.1 Variação sazonal

Entre os principais fatores climáticos que determinam a distribuição dos elementos climáticos no NEB e sua variação sazonal, estão sua posição geográfica, seu relevo, a natureza da sua superfície e os sistemas de pressão atuantes na região. O relevo nordestino é composto de dois extensos planaltos, Borborema e a bacia do Rio Parnaíba, de algumas áreas altas que formam as chapadas da Diamantina e do Araripe, e, entre essas regiões, depressões onde se localiza o sertão, em geral, no interior do NEB. A vegetação do NEB é diversificada, com a mata atlântica no litoral (floresta tropical úmida de encosta), a mata dos cocais (babaçu e carnaúba) no Meio Norte (Maranhão e Piauí), manguezais (vegetação litorânea), caatinga (em todo o sertão nordestino), cerrado (sul do Maranhão e oeste da Bahia) e restingas.

O NEB está sob a influência dos Anticiclones Subtropicais do Atlântico Sul (ASAS) e do Atlântico Norte (ASAN), e, entre eles, o cavado equatorial, cujas variações sazonais de intensidade e posicionamento determinam o clima na região. O ASAS intensifica-se com certa regularidade e avança sobre o país de leste para oeste, começando no final do verão do Hemisfério Sul (HS), atingindo sua máxima intensidade em julho e declinando até janeiro. Por outro lado, a intensidade do ASAN tem variação mais irregular: é forte em julho, enfraquece até novembro, intensifica-se até fevereiro, decresce até abril e intensifica-se novamente até julho. As variações na posição e intensidade da Zona de Convergência Intertropical (ZCIT), que está no eixo do cavado equatorial, estão diretamente relacionadas às alterações nas posições e intensidades do ASAS e do ASAN. Os ventos de baixos níveis associados a esses sistemas de pressão são os alísios de sudeste, na borda norte do ASAS, e de nordeste, na borda sul do ASAN. Assim, a ZCIT no Atlântico localiza-se na região de convergência dos alísios de nordeste e sudeste, caracteriza-se por movimentos ascendentes, baixas pressões, nebulosidade e chuvas abundantes, e segue as regiões onde a temperatura da superfície do mar (TSM) é mais elevada.

Essas circulações atmosféricas regionais e os sistemas sinóticos atuantes no NEB podem ter origem externa ou interna à região, e constituem os principais fatores dinâmicos que determinam a precipitação sazonal. A precipitação no NEB tem distribuição irregular ao longo do ano e grande variabilidade espaço-temporal, dependendo do sistema atuante. Uma revisão dos principais sistemas dinâmicos que atuam no NEB pode ser encontrada em Molion e Bernardo (2002). Strang (1972) mostrou que uma alta porcentagem da precipitação anual ocorre em apenas três meses do ano: 60% de novembro a janeiro para o alto e médio São Francisco; mais de 60% de fevereiro a abril na área que inclui o Maranhão, Piauí, Ceará, toda a região semiárida a oeste do Planalto da Borborema até o extremo norte da Bahia; e 50% de maio a julho na costa leste do NEB. A distribuição espacial do mês de máximo da precipitação mensal foi primeiramente ilustrada por Strang (1972) e reproduzida em Kousky (1979, Figura 3).

A máxima precipitação em março-abril, no norte e no centro do NEB, deve-se à influência da ZCIT do Atlântico, cuja posição mais ao sul (4° S) ocorre nesses meses e sua posição mais ao norte (de 10° N-14° N), em agosto-setembro. As variações nos alísios podem ocasionar alterações na intensidade e posição da ZCIT (Namias, 1972), e os Sistemas Frontais (SFs) do HS e do Hemisfério Norte (HN) que se deslocam para latitudes equatoriais podem aumentar a convecção na ZCIT. A característica pulsante da convecção na ZCIT pode estar associada a complexos convectivos que se formam na região da África (Molion; Bernardo, 2002). Dessa forma, os sistemas de grande escala, como o ASAS e o ASAN, e os de escalas sinótica e subsinótica afetam a intensidade da ZCIT e, portanto, são os fatores determinantes da precipitação no norte e no centro do NEB no outono austral.

A máxima precipitação de novembro a março, com um pico em dezembro no sul do NEB, é ocasionada pela incursão de SFs e seus remanescentes entre 5° S e 18° S, que interagem com a convecção local. Tal interação ocorre especialmente na primavera e no verão do HS, quando os SFs apresentam ampla incursão continental entre 15° S e 20° S, com a nebulosidade associada ao longo de uma faixa orientada de noroeste para sudeste (Oliveira, 1986). Posteriormente, essa faixa de nebulosidade foi chamada de Zona de Convergência do Atlântico Sul (ZCAS).

Em algumas situações, um Vórtice Ciclônico de Altos Níveis (VCAN) pode estar associado a um SF estacionário no leste do NEB. O VCAN caracteriza-se por um centro frio restrito à média e alta troposfera, é extremamente persistente e tem sido notado na região do Atlântico e no NEB. As características climatológicas de VCANs nessa região foram primeiramente encontradas por Kousky e Gan (1981) e confirmadas por Ramírez, Kayano e Ferreira (1999). Os autores mostraram que os VCANs são mais comuns no verão do HS, têm centros frios onde ocorre tempo bom, caracterizam-se por uma circulação térmica direta com convecção em sua borda, principalmente na direção de sua propagação, e estão associados à alta da Bolívia, uma circulação anticiclônica nos altos níveis típica de verão (Virji, 1981). Kousky e Gan (1981) propuseram que a formação de VCANs se deva à advecção quente na baixa troposfera, no lado equatorial de um SF, que amplifica a crista e o cavado de altos níveis a sotavento. Uma ilustração esquemática do escoamento em altos níveis associado a um VCAN pode ser vista na Figura 1 de Ramírez, Kayano e Ferreira (1999). Esses autores notaram que, dos VCANs de verão do período de 1980-89, 57% formaram-se conforme o mecanismo proposto por Kousky e Gan (1981), e 27% originaram-se associados a uma circulação anticiclônica no Atlântico Sudoeste e Sudeste do Brasil, que, por sua vez, esteve associada à ZCAS.

Na costa leste do NEB, o escoamento médio e a brisa terra-mar ocasionam um máximo noturno ao longo da costa e um máximo diurno até 300 km distante da costa. Nesse setor, as máximas precipitações anuais (superiores a 1.500 mm) concentram-se próximo à região litorânea, em consequência de influências de brisas que advectam a nebulosidade. A precipitação no leste do NEB pode ser também modulada por ondas de leste, cuja existência foi primeiramente notada em dados de radiossonda e precipitação no período de janeiro a abril de 1972 por Ramos (1975) e posteriormente confirmada por Yamazaki e Rao (1977). Estes últimos autores notaram, no período de 1º de junho a 31 de agosto de 1967, uma propagação para oeste das bandas de nebulosidade entre 5° S e 10° S, com uma velocidade média de propagação de 10 m/s, e interpretaram essa estrutura transiente como uma manifestação de onda de leste. Assim, a máxima precipitação mensal de maio-julho no leste do NEB é atribuída à propagação de aglomerados de nuvens para oeste e pelos remanescentes de SFs que se deslocam sobre a região e podem atingir latitudes equatoriais, principalmente no inverno do HS, o que pode ser facilitado pela componente meridional do escoamento típico de inverno. Kayano (2003) mostrou que, durante o inverno do HS, as ondas de leste propagam-se no Atlântico Tropical Norte (ATN), com efeitos indiretos sobre o leste do NEB, e afetam principalmente a precipitação no norte do NEB (ver Figura 11 em Kayano, 2003), enquanto no verão a precipitação no NEB pode ser modulada pelo efeito combinado de sistemas transientes sinóticos de latitudes médias que incursionam para latitudes equatoriais, ventos alísios e distúrbios de leste nas latitudes equatoriais (ver Figura 5 em Kayano, 2003). Molion e Bernardo (2002) sugeriram ainda que o máximo de inverno no leste do NEB poderia estar associado à máxima convergência dos alísios com a brisa terrestre, e a uma zona de convergência no leste do NEB.

2.2 Variabilidade de baixa frequência

As variações interanuais de precipitação no NEB estão associadas a anomalias do sistema oceano-atmosfera que se originam em regiões próximas ou distantes. Entre esses sistemas, o El Niño-Oscilação Sul (ENOS) é apontado como um dos principais fenômenos responsáveis por tais flutuações. A componente atmosférica do ENOS, uma onda de escala global quase estacionária na pressão ao nível do mar (PNM) com centros de ação na Indonésia e no Pacífico Sudeste, é acompanhada por um aquecimento (El Niño) ou esfriamento (La Niña) anômalo das águas superficiais no Pacífico Equatorial Central e Leste. As influências remotas (teleconexões) do ENOS são estabelecidas pela atmosfera por meio de trens de onda do tipo Rossby, via latitudes médias e altas, ou por meio de circulações leste-oeste do tipo de Walker, associadas a aquecimentos na área tropical, via latitudes tropicais.

No que se refere a teleconexões por meio de circulações leste-oeste, Walker (1928), em um estudo pioneiro, estabeleceu uma equação de regressão para prever secas no NEB, relacionando as ocorrências simultâneas de secas e de um aquecimento anormal das águas superficiais do Pacífico Equatorial Leste. Inúmeros estudos posteriores mostraram que os sinais do ENOS na precipitação não se restringem ao NEB, mas são notáveis em várias áreas do globo e da América do Sul. O efeito do ENOS é particularmente notável no setor norte do NEB, onde chuvas anomalamente escassas (abundantes) são associadas a episódios de El Niño (La Niña). As condições secas sobre o NEB em anos de El Niño podem ser, em parte, explicadas por uma circulação de Walker deslocada para leste, com seu ramo ascendente sobre as águas anomalamente quentes no Pacífico Equatorial Leste, e ramo descendente sobre o Atlântico e o NEB. Zhou e Lau (2001) mostraram que o ramo descendente sobre o NEB está relacionado não somente com a circulação de Walker, mas também com a circulação de Hadley, que se forma em ambos os lados do equador, no setor do Atlântico Tropical (AT) em anos de El Niño.

Outros autores sugeriram que as conexões do ENOS com o clima do NEB ocorrem via latitudes médias e altas do HN e envolvem os padrões Pacífico/América do Norte (na sigla em inglês, PNA) e a Oscilação do Atlântico Norte (na sigla em inglês, NAO). Sob essa ótica, Namias (1972) relacionou as secas (enchentes) no norte do NEB ao enfraquecimento (fortalecimento) do ciclone na Groenlândia e do anticiclone em Açores, associado a mudanças no ASAN e nos alísios de nordeste. Esse padrão anômalo de circulação assemelha-se ao padrão da NAO. Kayano e Andreoli (2004) mostraram que a conexão proposta por Namias é parte de uma inter-relação oceânica/atmosférica mais complexa entre o Pacífico Tropical e o ATN, que ocorre pelas latitudes médias e altas do HN e se manifesta na escala decenal. Rao e Brito (1985) mostraram que o mapa de correlação entre a altura geopotencial em 700 hPa no inverno do HN e a precipitação em março no NEB tem um padrão similar ao do PNA, e concluíram que a precipitação no NEB e a circulação de inverno do HN se relacionam por meio do ENOS.

Alguns autores consideraram que a relação entre o ENOS e o clima no NEB não é direta, mas se processa via AT (Hastenrath; Heller, 1977; Covey; Hastenrath, 1978). Esses autores sugeriram que, em parte, as anomalias climáticas do NEB podem ser relacionadas às variações inversas de PNM no Pacífico Tropical Leste e no AT, particularmente em seu setor sul, e que tais variações fazem parte do ajustamento de massa de grande escala associado ao ENOS. Consistentes com essa hipótese, Saravanan e Chang (2000) propuseram que as teleconexões do ENOS têm um papel importante na variabilidade climática do AT, que, por sua vez, afeta o clima do NEB.

Nesse contexto, as relações entre as variações de TSM do AT e precipitação no NEB têm sido mostradas desde fins da década de 1970. Markham e McLain (1977) encontraram correlações positivas entre as anomalias de TSM (ATSMs) no AT Sul (ATS) em dezembro e a precipitação no Ceará (representada por um índice que é duas vezes a precipitação de Quixeramobim somada à precipitação em Fortaleza) em janeiro, fevereiro e março, e sugeriram que as ATSMs negativas no ATS que acompanham as condições secas no Ceará podem estar relacionadas à ocorrência de El Niño. Hastenrath e Heller (1977) estenderam a análise para o AT e encontraram para anos de secas (chuvas excessivas) no NEB um padrão de ATSMs com valores positivos (negativos) ao norte do equador e negativos (positivos) ao sul (ver Figuras 3 e 4 em Hastenrath; Heller, 1977). Com base nesses resultados, Moura e Shukla (1981) propuseram que secas no NEB podem ser explicadas pela ocorrência simultânea de uma fonte de calor ao norte do equador e um sumidouro ao sul, que induzem uma circulação termicamente forçada, a qual produz movimentos ascendentes ao norte do equador e descendentes ao sul, inclusive sobre o NEB. Servain (1991) denominou de "modo dipolo" o padrão com ocorrência simultânea de anomalias positivas (negativas) de TSM no ATN e negativas (positivas) no ATS. No entanto, diante da fraca correlação entre os índices que representam as componentes norte e sul do dipolo, a existência de um acoplamento dinâmico entre tais componentes tem sido questionada. O que tem sido mais notado é um gradiente inter-hemisférico das ATSMs, cujo padrão espacial é denominado padrão GRAD. Hastenrath e Greischar (1993) propuseram que o padrão GRAD controla hidrostaticamente os padrões de vento e de PNM, e influencia a posição latitudinal da ZCIT. Por meio desta, o padrão GRAD para norte (sul) ou GRAD positivo (GRADP)/GRAD negativo (GRADN) relaciona-se a condições mais secas (chuvosas) no NEB.

Com base no exposto, as variações de TSM dos setores tropicais do Pacífico Leste (ENOS) e do Atlântico (GRAD) são fatores determinantes das variações de precipitação do NEB de um ano para outro. A interpretação mais aceita é que a variabilidade de TSM do AT seja, de fato, mais determinante, enquanto o ENOS, em certas ocasiões, pode reforçar as anomalias de precipitação no NEB e, em outras, enfraquecê-las. Nesse contexto, um aspecto importante é a relação entre o ENOS e a variabilidade do AT. Giannini, Saravanan e Chang (2004) apresentaram evidências de que essa relação durante a estação chuvosa do NEB (março a maio – MAM) pode ser afetada pela precondição de ATSMs na bacia Atlântica de até seis meses antecedentes, e ressaltaram que a precondição no ATS pode ser tão importante quanto a do ATN na determinação do GRAD e, consequentemente, na anomalia de precipitação no NEB. Consistentemente com esses resultados, Kayano e Andreoli (2004) verificaram, para a escala decenal, que a influência do ATS independe do ATN, no que diz respeito à precipitação no norte do NEB. As autoras mostraram que nessa área a precipitação relaciona-se com as ATSMs do Pacífico Tropical Leste via circulação atmosférica do Atlântico Norte Extratropical e com as ATSMs do ATN. Nesse contexto, vários trabalhos apresentaram evidências observacionais de que as ATSMs do ATN e do ATS têm efeitos distintos na precipitação do NEB, o que é consistente com as fracas relações entre as ATSMs do ATN e do ATS. Enfield et al. (1999) mostraram que a probabilidade de ocorrência de um modo com ATSMs antissimétricas relativa à ZCIT é somente de 12% a 15%. Assim, o que se espera é um efeito dominante do setor norte ou sul do AT na precipitação do NEB. Alguns trabalhos recentes mostraram que as variações de precipitação no NEB estão mais relacionadas com as ATSMs do ATS do que com as do ATN.

Para Andreoli e Kayano (2006), na ausência de ATSMs significativas no AT, durante a fase inicial e de desenvolvimento do ENOS (Fig. 2.1), as anomalias na precipitação de dezembro a fevereiro (DJF) são relacionadas a padrões de teleconexões da célula de Walker, e de março a maio (MAM), a padrões de teleconexões extratropicais – ver Figuras 3 e 4 de Andreoli e Kayano (2006). As autoras mostraram ainda que: os extremos do ENOS e ATSMs significativas no AT podem aumentar ou reduzir as anomalias de precipitação; as ATSMs de mesmo sinal no ATS e no Pacífico Leste enfraquecem os padrões de precipitação no NEB; e nas ocorrências de ATSMs no ATS não significativas ou com magnitudes equivalentes às do ATN, e com sinal oposto às do Pacífico Leste, as ATSMs do ATN e o ENOS fortalecem os padrões anômalos de precipitação (Figs. 2.1 a 2.4). As autoras mostraram também que, sob condições neutras de ENOS, as ATSMs no ATS têm efeito dominante na precipitação do NEB, de modo que ATSMs positivas (negativas) nesse setor colaboram para (inibem) o posicionamento da ZCIT anomalamente ao sul do equador, o que ocasiona aumento (diminuição) de precipitação no NEB (Figs. 2.5 e 2.6).

Em um trabalho complementar, Andreoli e Kayano (2007) compararam os casos de ENOS e padrões GRAD. No caso em que ocorrem eventos El Niño (La Niña) sem um padrão GRAD no Atlântico, há uma tendência de aumento (diminuição) de precipitação no norte do NEB (Figs. 2.7 e 2.8). Por outro lado, El Niño e GRADP (GRADN), ocorrendo simultaneamente, aumentam (diminuem) as anomalias negativas de precipitação no norte do NEB em MAM (Figs. 2.9 e 2.10). Porém, no caso de La Niña e GRADP (GRADN) simultâneos, as ATSMs do Atlântico são preponderantes na determinação de anomalias negativas (positivas) de precipitação no norte do NEB (Figs. 2.11 e 2.12). Quando se consideram somente os efeitos do padrão GRAD, sem efeito do ENOS, o contraste entre os casos GRADP e GRADN para a precipitação no NEB é marcante, em particular em MAM. Para o GRADP (GRADN), anomalias negativas (positivas) estendem-se sobre a maior parte do NEB ao norte de 10° S (Figs. 2.13 e 2.14).

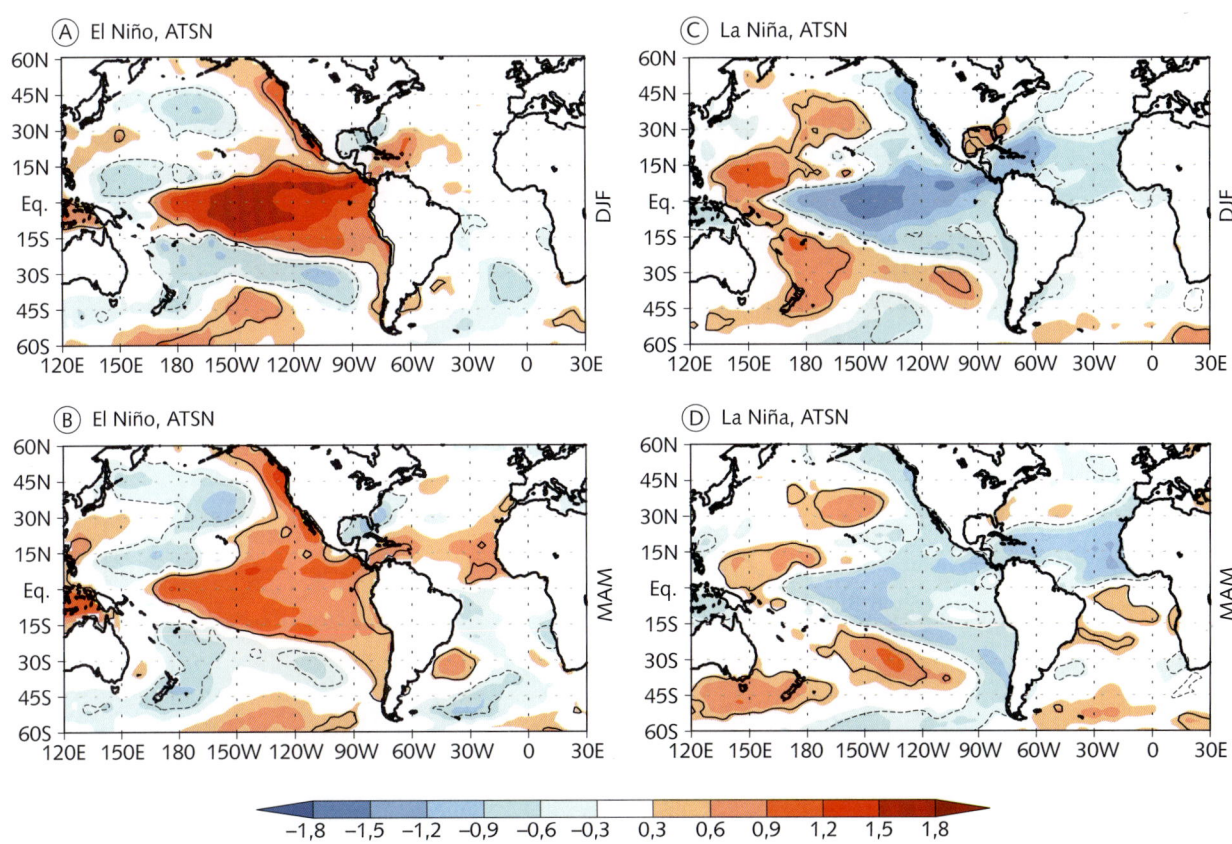

Fig. 2.1 ATSMs normalizadas médias em anos com: El Niño e ATS Neutro (ATSN) durante (A) DJF e (B) MAM; La Niña e ATSN durante (C) DJF e (D) MAM. Linha de valor zero omitida. Contornos contínuos (tracejados) encerram valores positivos (negativos) significativos ao nível de 95% de confiança pelo teste t de Student
Fonte: adaptado de Andreoli e Kayano (2006).

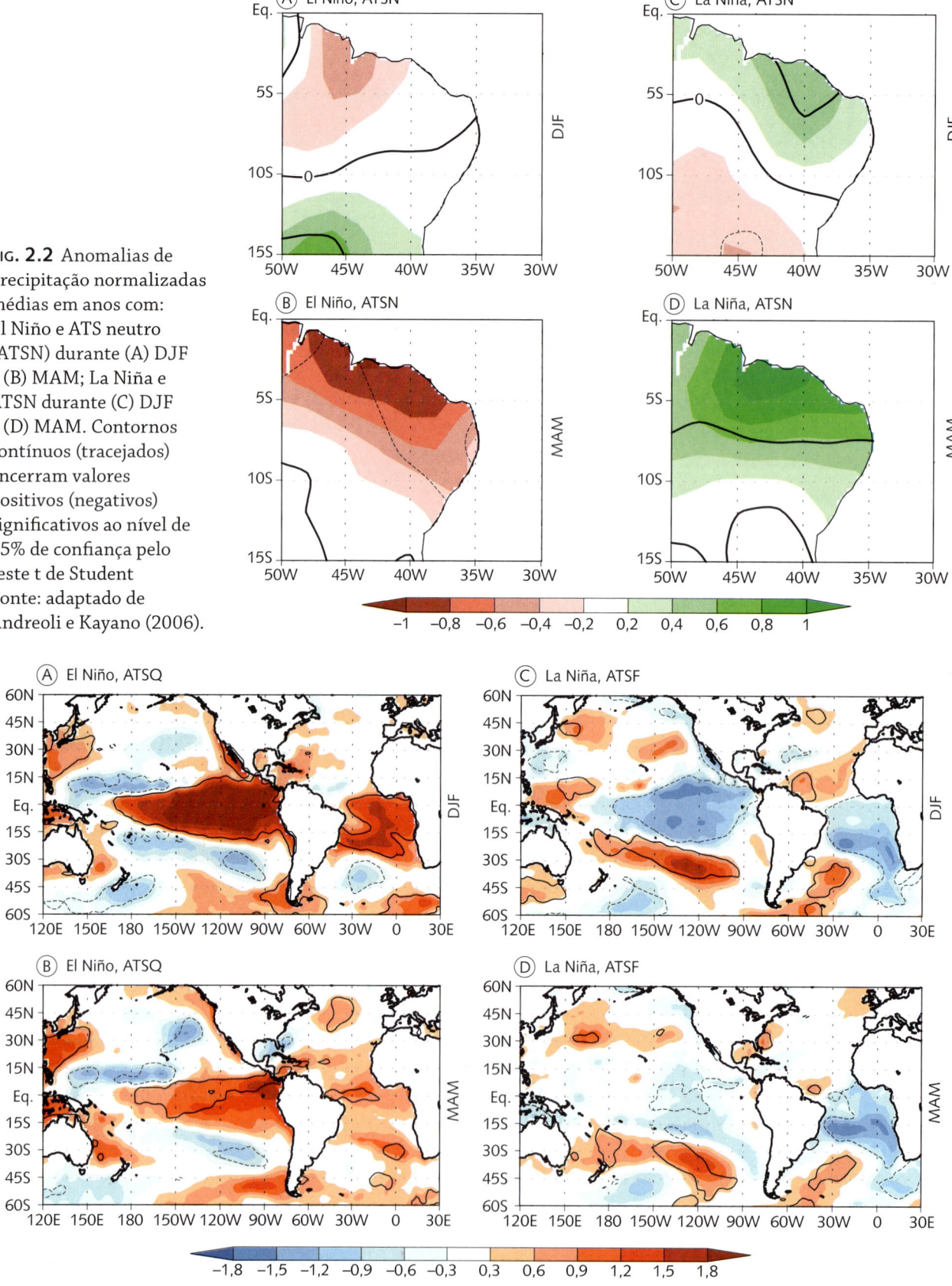

Fig. 2.2 Anomalias de precipitação normalizadas médias em anos com: El Niño e ATS neutro (ATSN) durante (A) DJF e (B) MAM; La Niña e ATSN durante (C) DJF e (D) MAM. Contornos contínuos (tracejados) encerram valores positivos (negativos) significativos ao nível de 95% de confiança pelo teste t de Student
Fonte: adaptado de Andreoli e Kayano (2006).

Fig. 2.3 ATSMs normalizadas médias em anos com: El Niño e ATS Quente (ATSQ) durante (A) DJF e (B) MAM; La Niña e ATS Frio (ATSF) durante (C) DJF e (D) MAM. Convenção gráfica é a mesma da Fig. 2.1
Fonte: adaptado de Andreoli e Kayano (2006).

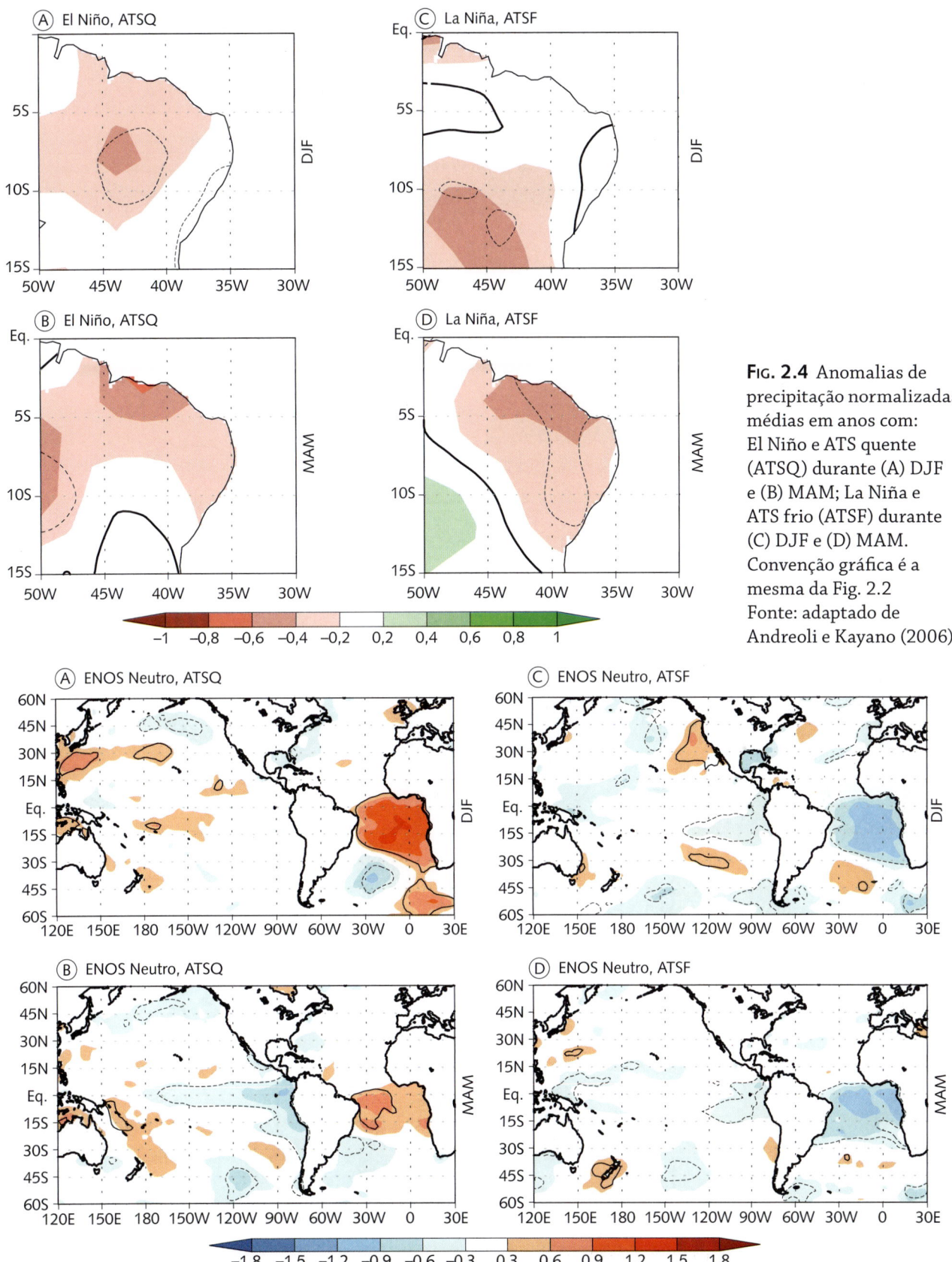

Fig. 2.4 Anomalias de precipitação normalizadas médias em anos com: El Niño e ATS quente (ATSQ) durante (A) DJF e (B) MAM; La Niña e ATS frio (ATSF) durante (C) DJF e (D) MAM. Convenção gráfica é a mesma da Fig. 2.2
Fonte: adaptado de Andreoli e Kayano (2006).

Fig. 2.5 ATSMs normalizadas médias em anos com: condições neutras de ENOS e ATSQ durante (A) DJF e (B) MAM; condições neutras de ENOS e ATSF durante (C) DJF e (D) MAM. Convenção gráfica é a mesma da Fig. 2.1
Fonte: adaptado de Andreoli e Kayano (2006).

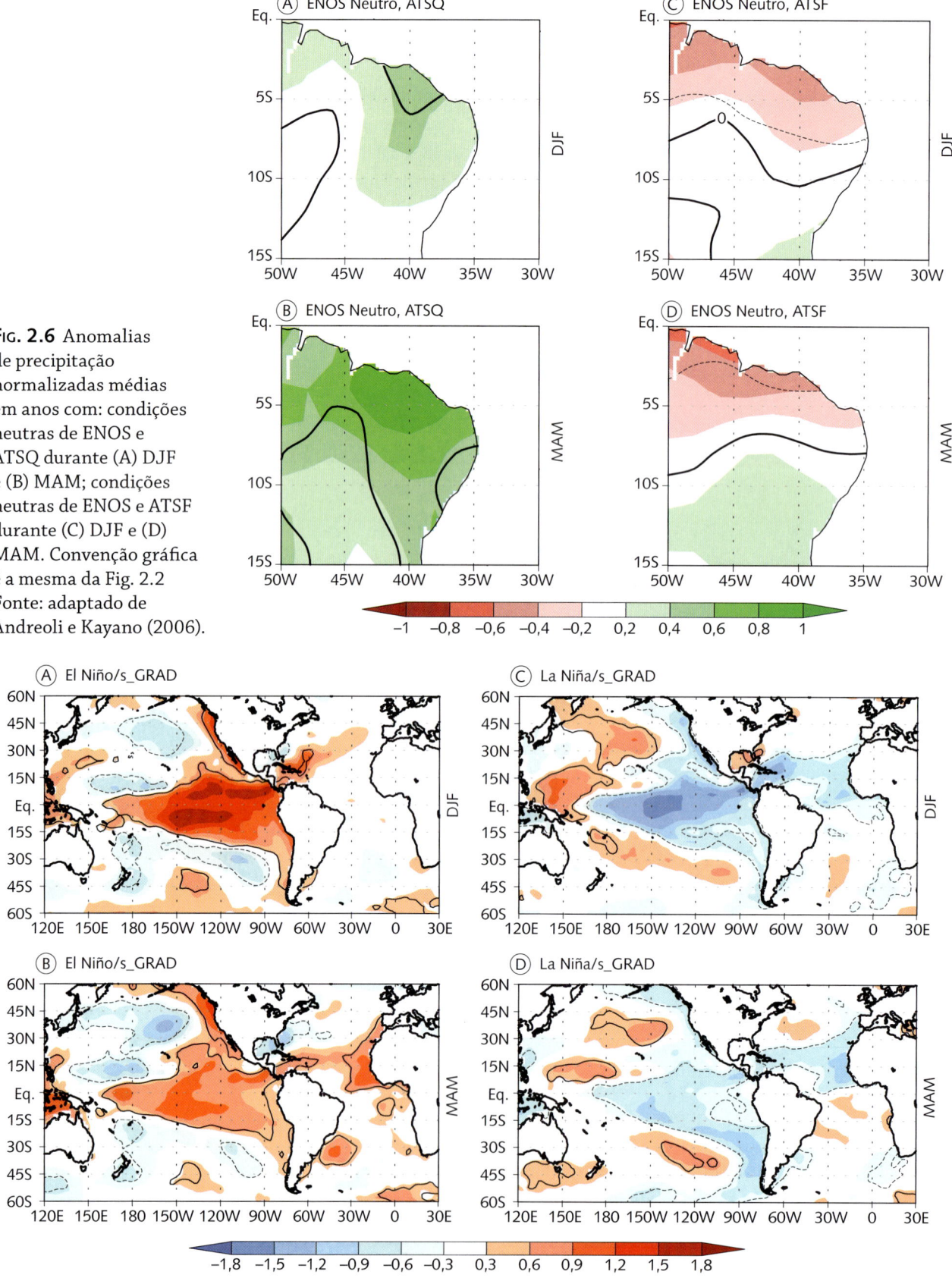

Fig. 2.6 Anomalias de precipitação normalizadas médias em anos com: condições neutras de ENOS e ATSQ durante (A) DJF e (B) MAM; condições neutras de ENOS e ATSF durante (C) DJF e (D) MAM. Convenção gráfica é a mesma da Fig. 2.2
Fonte: adaptado de Andreoli e Kayano (2006).

Fig. 2.7 ATSMs normalizadas médias para anos com: El Niño/s_GRAD durante (A) DJF e (B) MAM; La Niña/s_GRAD durante (C) DJF e (D) MAM. Convenção gráfica é a mesma da Fig. 2.1
Fonte: adaptado de Andreoli e Kayano (2007).

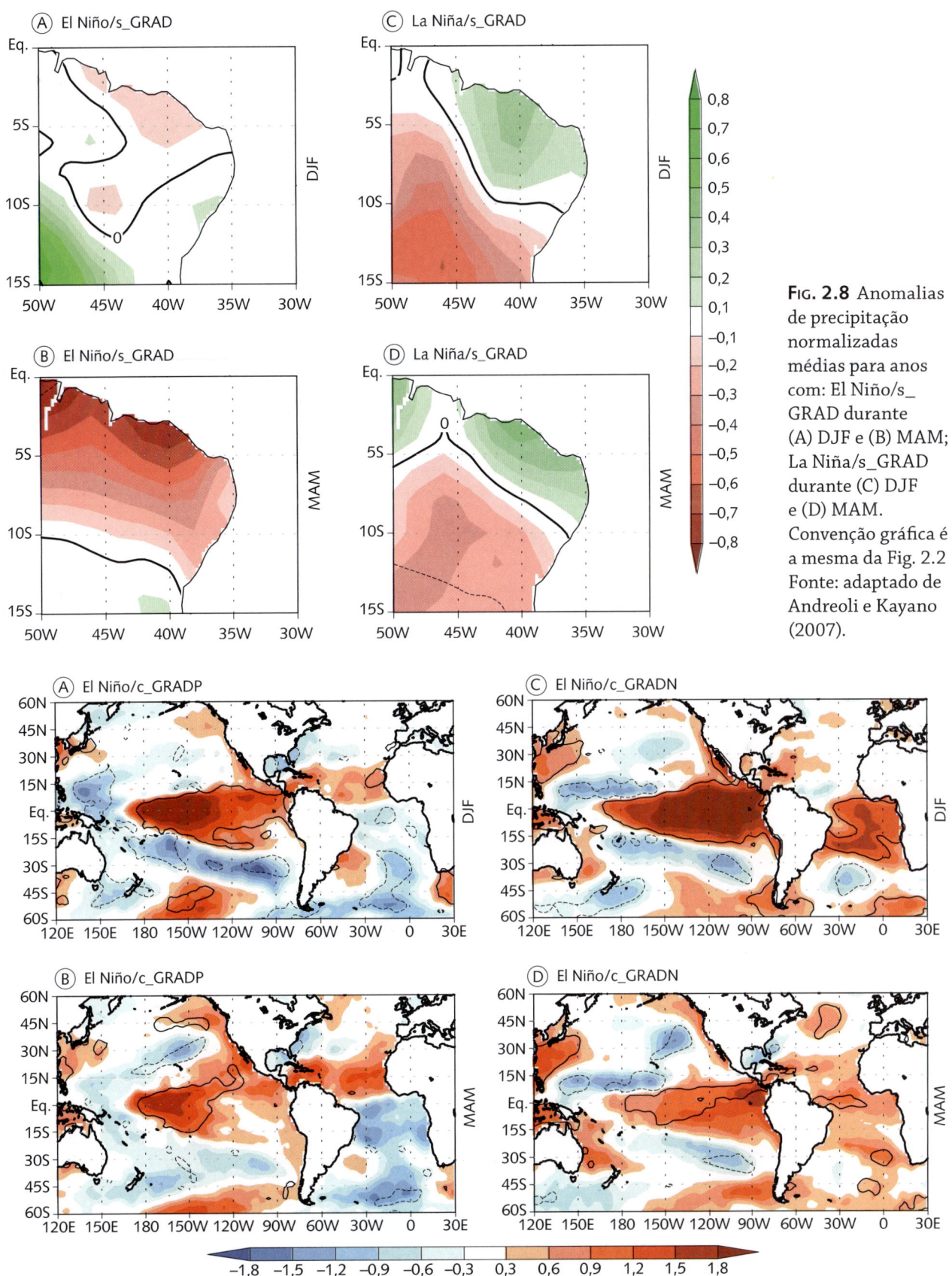

Fig. 2.8 Anomalias de precipitação normalizadas médias para anos com: El Niño/s_GRAD durante (A) DJF e (B) MAM; La Niña/s_GRAD durante (C) DJF e (D) MAM. Convenção gráfica é a mesma da Fig. 2.2 Fonte: adaptado de Andreoli e Kayano (2007).

Fig. 2.9 ATSMs normalizadas médias para anos com: El Niño/c_GRADP durante (A) DJF e (B) MAM; El Niño/c_GRADN durante (C) DJF e (D) MAM. Linha de valor zero omitida. Convenção gráfica é a mesma da Fig. 2.1 Fonte: adaptado de Andreoli e Kayano (2007).

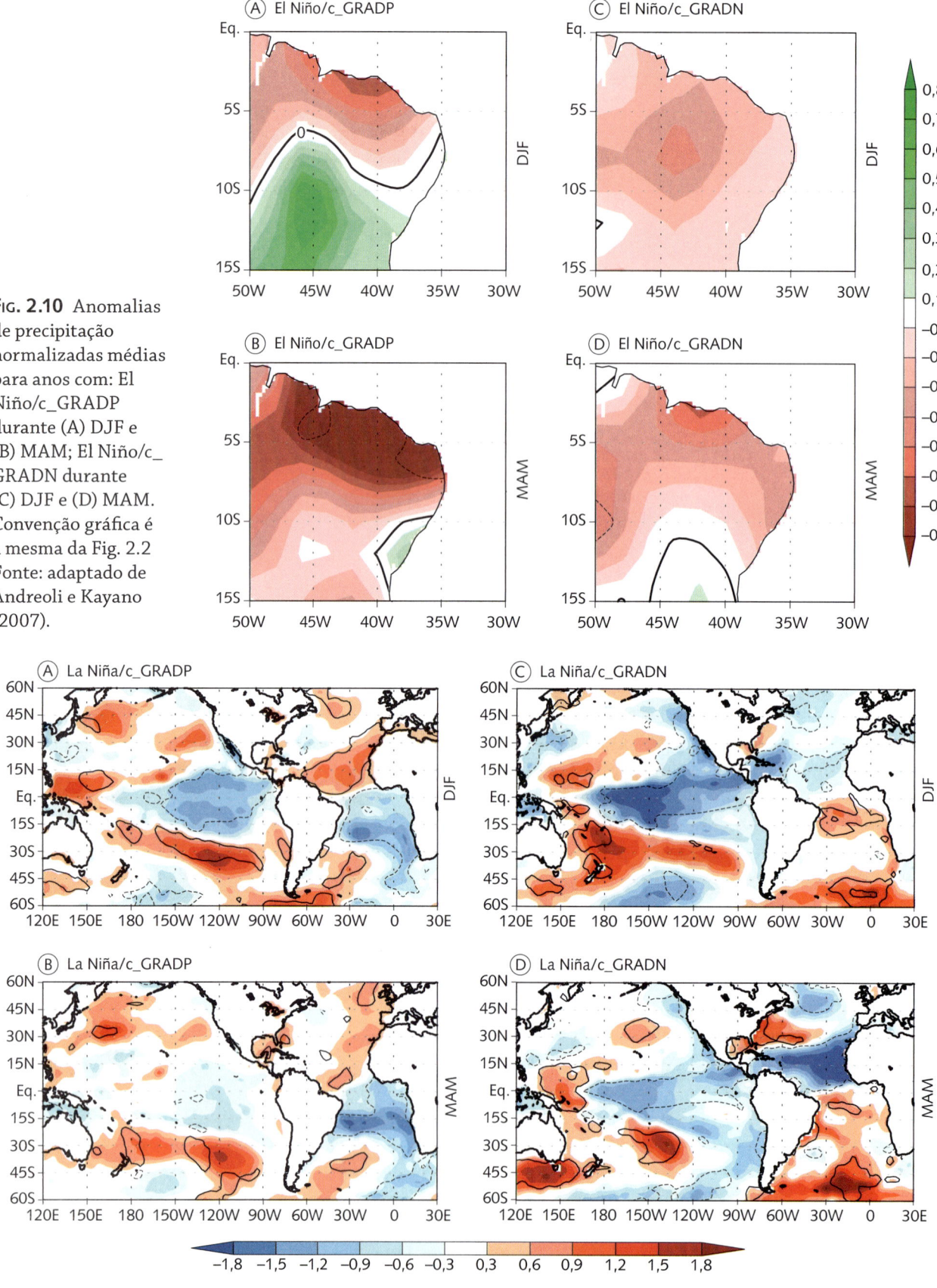

FIG. 2.10 Anomalias de precipitação normalizadas médias para anos com: El Niño/c_GRADP durante (A) DJF e (B) MAM; El Niño/c_GRADN durante (C) DJF e (D) MAM. Convenção gráfica é a mesma da Fig. 2.2
Fonte: adaptado de Andreoli e Kayano (2007).

FIG. 2.11 ATSMs normalizadas médias para anos com: La Niña/c_GRADP durante (A) DJF e (B) MAM; La Niña/c_GRADN durante (C) DJF e (D) MAM. Convenção gráfica é a mesma da Fig. 2.1
Fonte: adaptado de Andreoli e Kayano (2007).

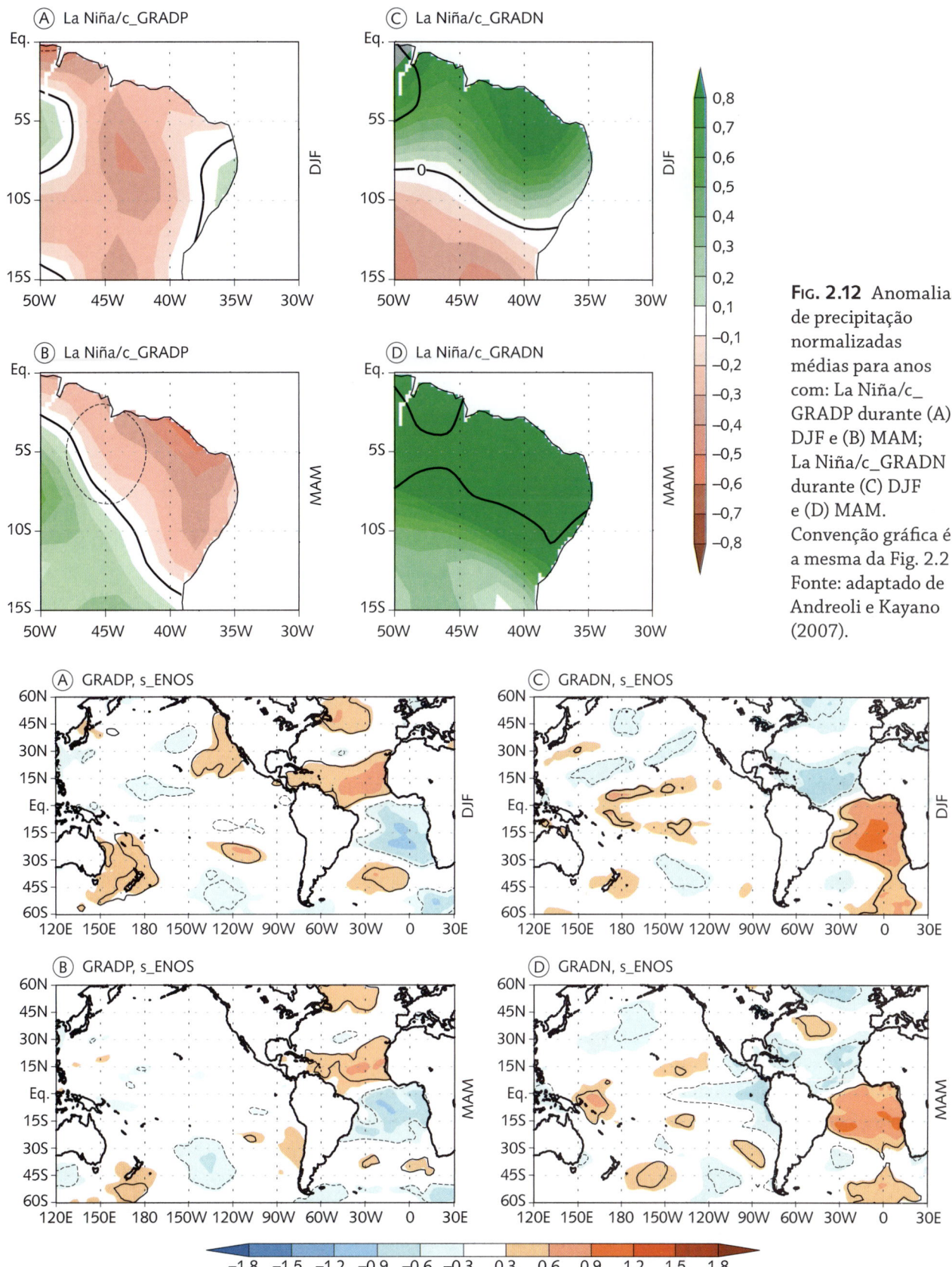

FIG. 2.12 Anomalias de precipitação normalizadas médias para anos com: La Niña/c_GRADP durante (A) DJF e (B) MAM; La Niña/c_GRADN durante (C) DJF e (D) MAM. Convenção gráfica é a mesma da Fig. 2.2 Fonte: adaptado de Andreoli e Kayano (2007).

FIG. 2.13 ATSMs normalizadas médias para anos com: GRADP/s_ENOS durante (A) DJF e (B) MAM; GRADN/s_ENOS durante (C) DJF e (D) MAM. Convenção gráfica é a mesma da Fig. 2.1
Fonte: adaptado de Andreoli e Kayano (2007).

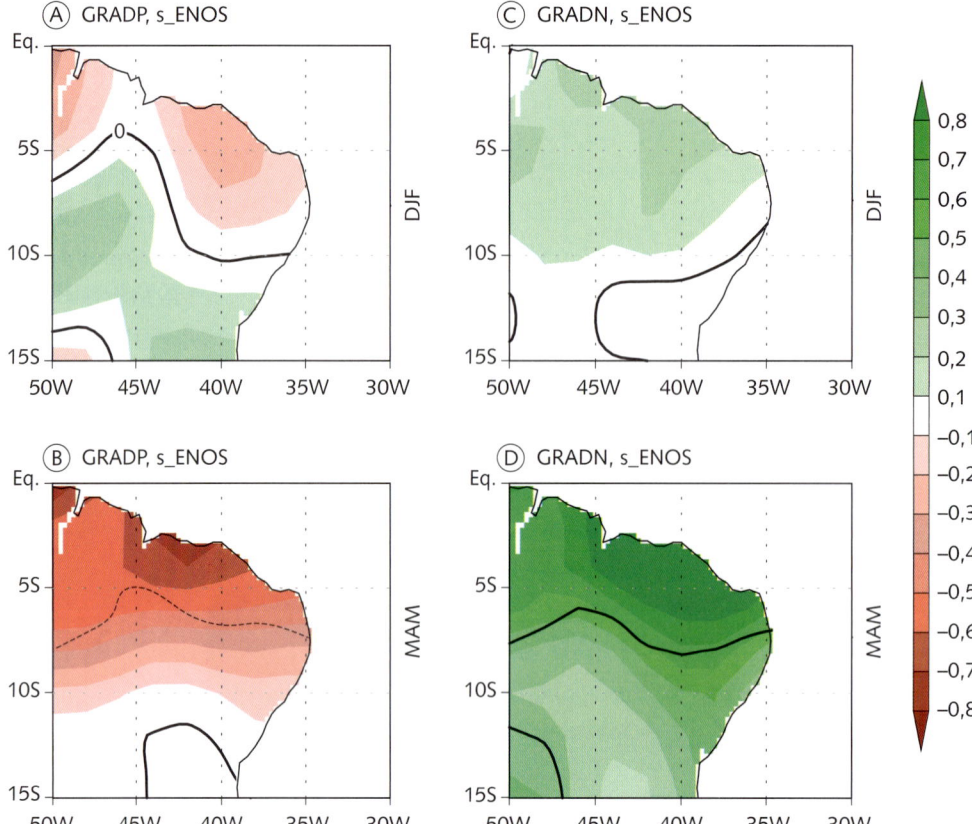

Fig. 2.14 Anomalias de precipitação normalizadas médias para anos com: GRADP/s_ENOS durante (A) DJF e (B) MAM; GRADN/s_ENOS durante (C) DJF e (D) MAM. Convenção gráfica é a mesma da Fig. 2.2 Fonte: adaptado de Andreoli e Kayano (2007).

Em razão de o padrão GRAD apresentar ATSMs com magnitudes distintas nos seus dois polos, Kayano et al. (2018) analisaram como esses polos se relacionam entre si e com o ENOS. Esses autores consideraram GRADP (GRADN) em MAM definidos pelo polo do ATN ou do ATS precedidos ou não por El Niño (La Niña) em DJF. O polo que define o padrão GRAD se refere ao lado do Atlântico Tropical (ATN ou ATS) com as ATSMs de maiores magnitudes (Figs. 2.15 e 2.17). Os autores mostraram que, dos vinte GRADP, oito (cinco definidos pelo ATN e três pelo ATS) foram precedidos por El Niño, e doze (quatro definidos pelo ATN e oito pelo ATS) não foram precedidos por El Niño, e também que, dos vinte GRADN, onze (oito definidos pelo ATN e três pelo ATS) foram precedidos por La Niña, e nove (quatro definidos pelo ATN e cinco pelo ATS) não foram precedidos por La Niña. Assim, a maioria dos eventos GRAD definidos pelo ATN é relacionada ao ENOS, e a maioria dos eventos GRAD definidos pelo ATS não é relacionada ao ENOS. Nos casos de GRADP, os padrões de ATSM são bem distintos, a depender do polo que os define e se precedidos ou não por El Niño. Da mesma forma, os padrões de anomalias de precipitação associados são distintos (Fig. 2.16). Para o caso GRADP definido pelo ATN e com El Niño, a redução de chuvas ocorre no norte do NEB e se estende ao longo da costa norte do Brasil. Nos casos de GRADP definido pelo ATS com El Niño e de GRADP definido pelo ATN sem El Niño, um padrão do tipo de dipolo de ATSM no AT contribui para secas anômalas na maior parte do NEB e ao longo da costa norte do Brasil, mais fortes do que nos demais casos. No caso GRADP definido pelo ATS e sem El Niño, as anomalias negativas de precipitação são mais fracas do que nos demais casos e se limitam ao norte do NEB e costa norte do Brasil. Como nos casos de GRADP, nos casos de GRADN, os padrões de anomalias de precipitação são distintos entre si (Figs. 2.16 e 2.18). Para o caso de GRADN definido pelo ATN com La Niña, as ATSMs negativas no ATN e as positivas na costa leste do NEB induzem precipitação acima da média em toda a área a leste de 50° W e norte de 12° S (Fig. 2.18A). As anomalias positivas de precipitação em todo o NEB no caso GRADN definido pelo ATS e com La Niña têm magnitudes maiores nesse caso do que nos demais casos (Fig. 2.18B). Os outros dois casos não precedidos por La Niña apresentam as menores magnitudes de anomalias positivas de precipitação, com os maiores valores espalhados no NEB e ao longo da costa norte do Brasil no caso do GRADN definido pelo ATN, e em quase toda a área de estudo para o GRADN definido pelo ATS (Fig. 2.18C,D).

Kayano e Andreoli (2006) analisaram os modos de ATSMs associados a anos de extremos no NEB (secos, chuvosos ou neutros), os quais foram estratificados de acordo com as fases do ENOS (El Niño, La Niña e neutro). Dessa classificação resultaram nove casos, e as autoras mostraram que as variações interanuais de precipitação no NEB estão mais relacionadas com a variabilidade de TSM do ATS do que com a do Pacífico Tropical Leste.

O resultado mais interessante desse trabalho é que, para os anos secos e chuvosos no NEB que são independentes do ENOS (ou seja, seco com La Niña, seco com Pacífico neutro, chuvoso com El Niño, chuvoso com Pacífico neutro), os sinais de ATSMs, principalmente no ATS, manifestam-se meses antes da estação chuvosa. Kayano e Andreoli (2006), portanto, confirmam a proposta de Giannini, Saravanan e Chang (2004), segundo a qual as ATSMs no AT podem precondicionar as teleconexões do ENOS no NEB e áreas adjacentes.

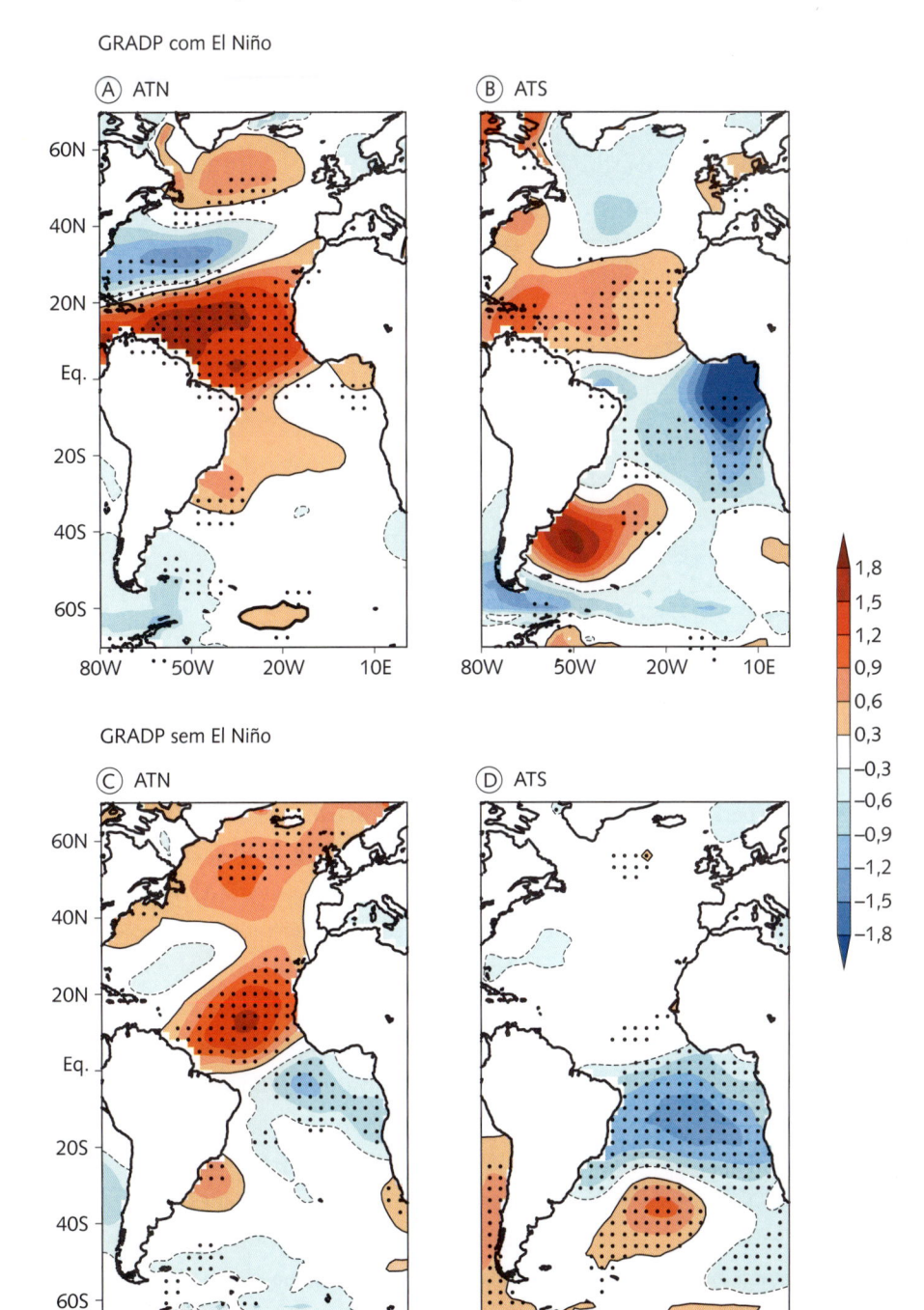

Fig. 2.15 ATSM média em MAM: (A) GRADP definido pelo ATN e precedido por El Niño; (B) GRADP definido pelo ATS e precedido por El Niño; (C) GRADP definido pelo ATN e sem El Niño; (D) GRADP definido pelo ATS e sem El Niño. Pontilhados indicam anomalias significativas ao nível de 90% de confiança pelo teste t de Student
Fonte: adaptado de Kayano et al. (2018).

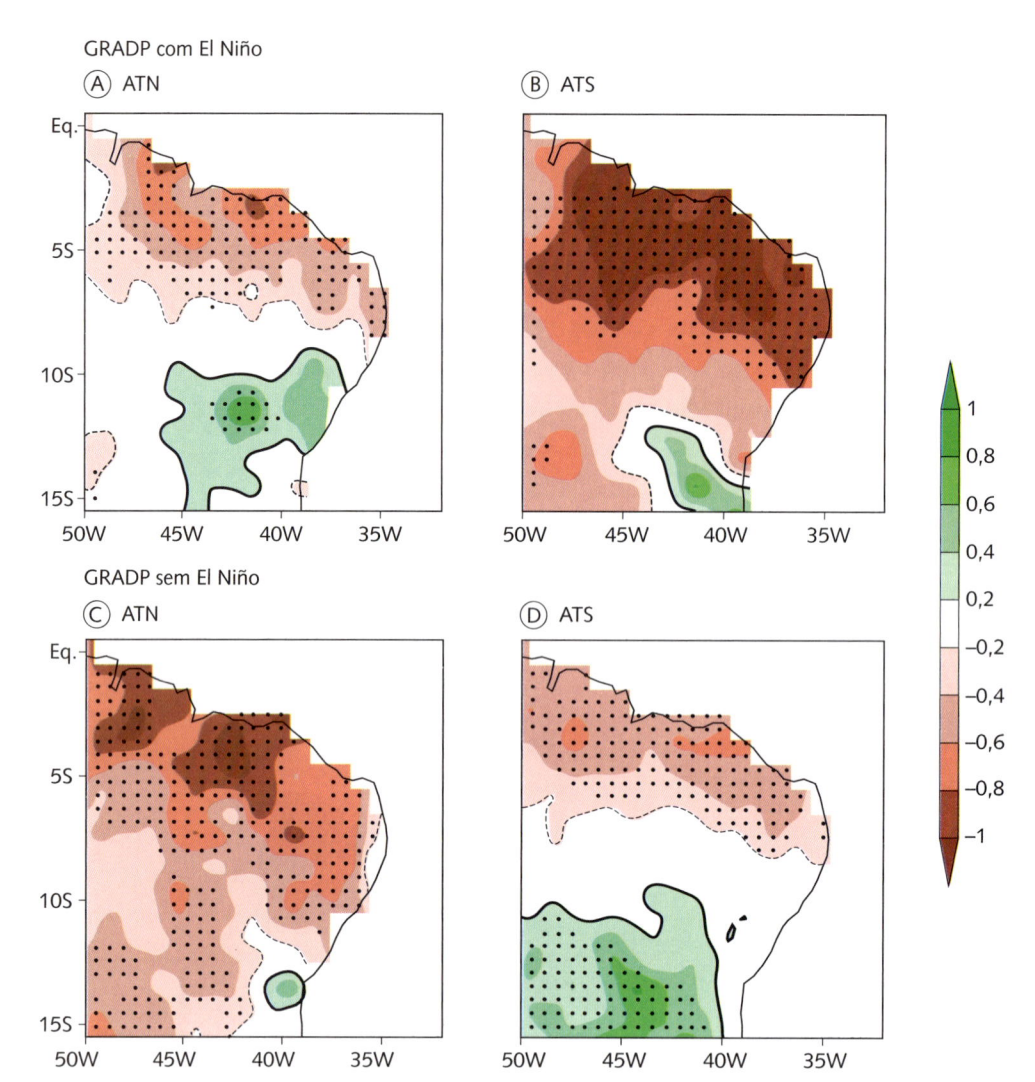

Fig. 2.16 Anomalias de precipitação médias em MAM: (A) GRADP definido pelo ATN e precedido por El Niño; (B) GRADP definido pelo ATS e precedido por El Niño; (C) GRADP definido pelo ATN e sem El Niño; (D) GRADP definido pelo ATS e sem El Niño. Pontilhados indicam anomalias significativas ao nível de 90% de confiança pelo teste t de Student
Fonte: adaptado de Kayano et al. (2018).

Um fenômeno que pode precondicionar o campo de ATSMs no AT é a Oscilação Multidecenal do Atlântico (OMA), que tem uma escala de variabilidade de várias dezenas de anos (baixa frequência). Aspectos específicos da OMA e suas relações com os efeitos do ENOS na precipitação no Brasil são descritos no Cap. 8 deste livro. Kayano et al. (2016) descreveram como os padrões de anomalias de precipitação no NEB e vizinhanças podem ser modulados pela OMA na ausência do ENOS e do padrão GRAD (Fig. 2.19). Esses autores selecionaram os anos secos (chuvosos) no NEB durante a estação fevereiro a maio sem GRADP (GRADN) e sem ocorrência de El Niño (La Niña) e os analisaram separadamente nas duas fases da OMA. Assim, quatro casos foram analisados: SECO/OMA+, SECO/OMA–, CHUVOSO/OMA+ e CHUVOSO/OMA–. O caso SECO/OMA+ mostra condições mais secas do que o normal em todo o NEB e leste da Amazônia e áreas com chuvas acima do normal no centro sudoeste da Amazônia (Fig. 2.19A). O caso CHUVOSO/OMA– mostra um padrão quase antissimétrico ao descrito para o caso SECO/OMA+, embora as anomalias positivas estejam restritas ao norte do NEB e costa norte do Brasil, e as negativas, ao Brasil Central e nordeste da Bolívia (Fig. 2.19D). Por outro lado, os casos SECO/OMA– e CHUVOSO/OMA+ têm padrões quase antissimétricos, com uma estrutura de dipolo entre as áreas do NEB/centro-leste da Amazônia e norte/noroeste da América do Sul (Fig. 2.19B,C). Desses casos, o SECO/OMA– apresenta anomalias positivas no norte e noroeste da América do Sul e negativas no NEB e em áreas espalhadas do centro-leste da Amazônia (Fig. 2.19B). Já no caso CHUVOSO/OMA+, as anomalias negativas não são significativas no noroeste da América do Sul, mas as anomalias positivas ocupam uma área bem definida que se estende do NEB até o centro-leste da Amazônia (Fig. 2.19C). Os autores atribuíram as diferenças nos padrões de precipitação às diferenças no posicionamento longitudinal do modo equatorial do Atlântico (MEA), que se apresenta com ATSMs negativas (positivas) para os dois casos secos (chuvosos). Os autores notaram que, tanto no caso seco como no chuvoso durante a OMA–, o padrão MEA se encontra adjacente à costa do NEB, e, durante a OMA+, o padrão MEA está deslocado para leste. Além disso, eles notaram que no caso SECO/OMA– (CHUVOSO/OMA+) a NAO está na fase positiva (negativa). Portanto, os autores concluíram que as diferenças no padrão MEA e na circulação regional associadas às fases da OMA são relevantes para a distribuição anômala de chuvas no NEB.

2.3 Considerações finais

Este capítulo apresentou uma revisão bibliográfica de alguns aspectos mais importantes do clima do NEB. Diante da vasta literatura existente sobre o clima do NEB e de seus múltiplos aspectos de variabilidade tanto espacial como temporal, bem como da grande variedade de fenômenos físicos locais e remotos que o influenciam, na presente revisão as autoras não pretenderam englobar todos esses aspectos, mas fornecer ao leitor uma visão abrangente, em particular da literatura mais recente.

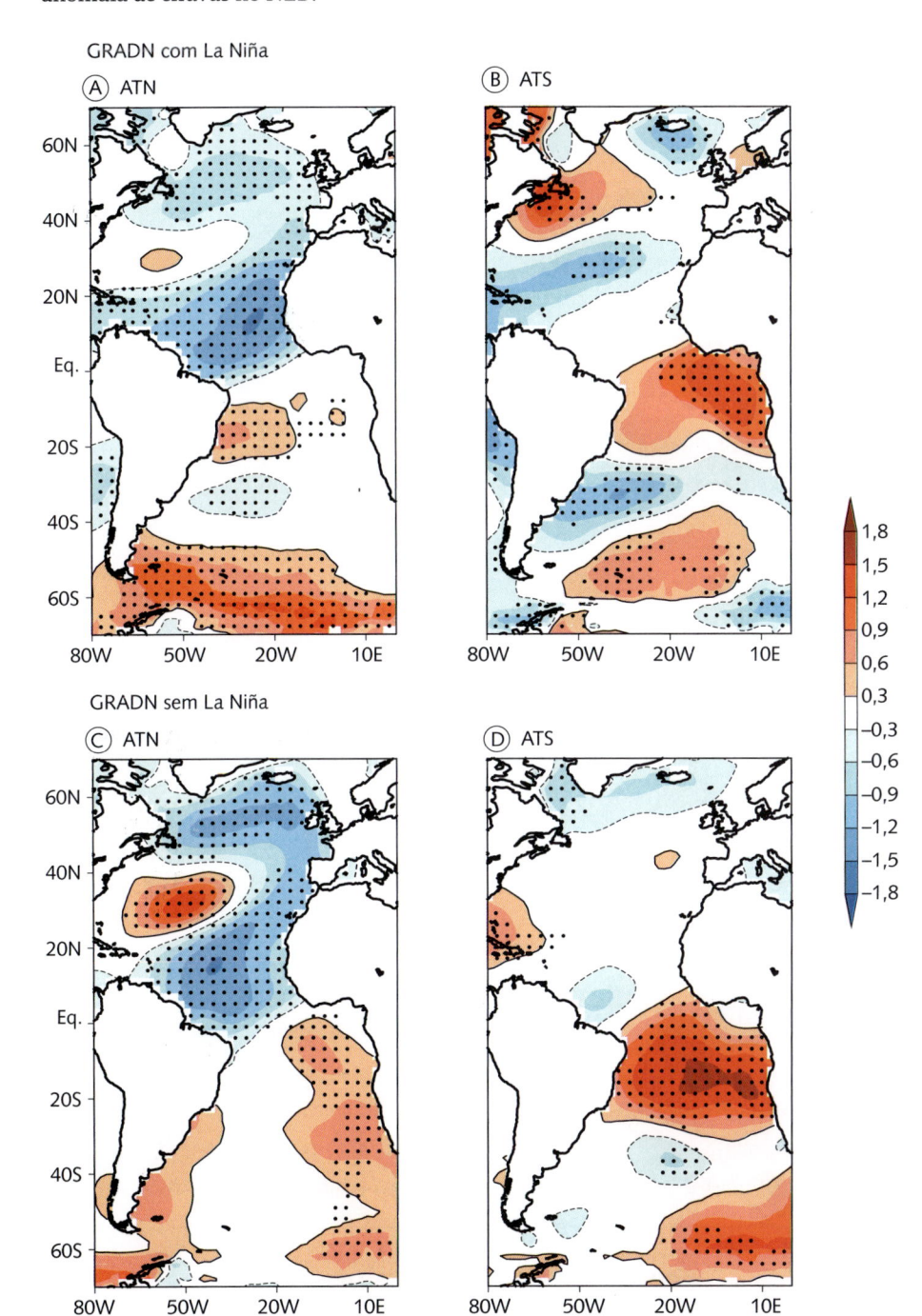

Fig. 2.17 ATSM média em MAM: (A) GRADN definido pelo ATN e precedido por La Niña; (B) GRADN definido pelo ATS e precedido por La Niña; (C) GRADN definido pelo ATN e sem La Niña; (D) GRADN definido pelo ATS e sem La Niña. Convenção gráfica é a mesma da Fig. 2.15
Fonte: adaptado de Kayano et al. (2018).

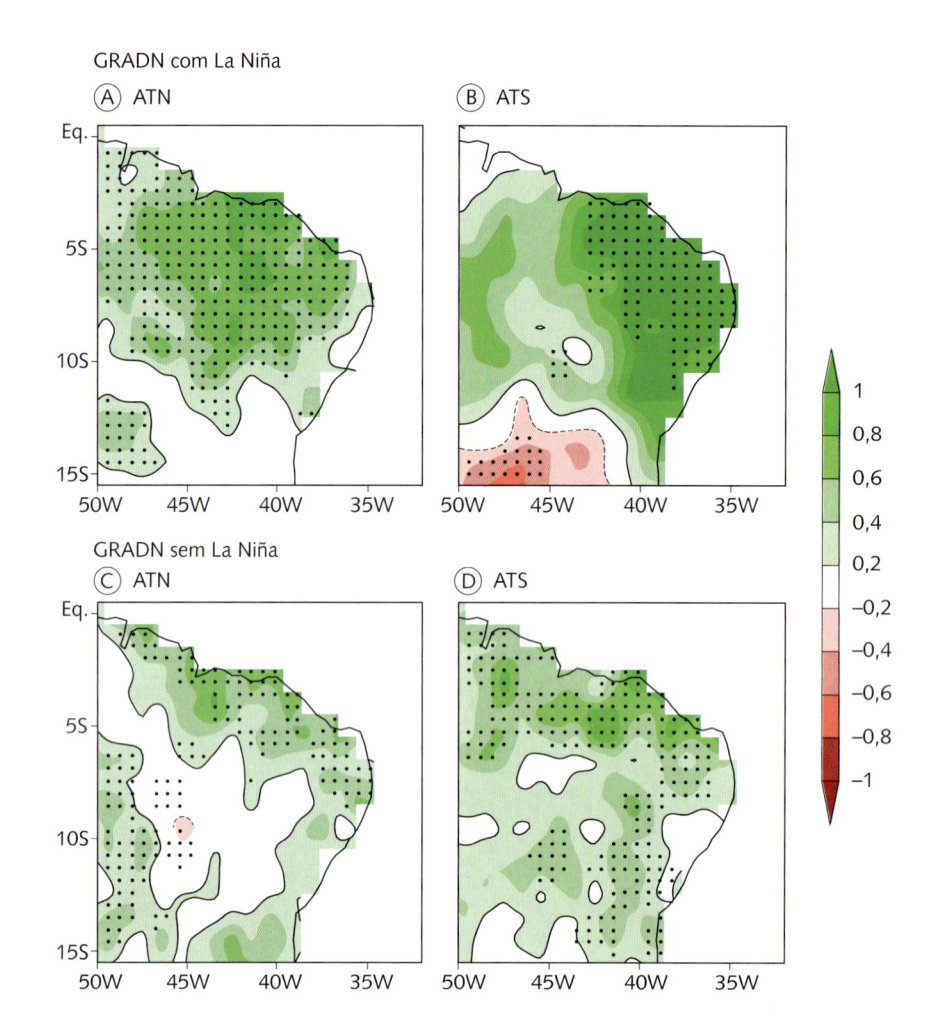

Fig. 2.18 Anomalias de precipitação médias em MAM: (A) GRADN definido pelo ATN e precedido por La Niña; (B) GRADN definido pelo ATS e precedido por La Niña; (C) GRADN definido pelo ATN e sem La Niña; (D) GRADN definido pelo ATS e sem La Niña. Convenção gráfica é a mesma da Fig. 2.16
Fonte: adaptado de Kayano et al. (2018).

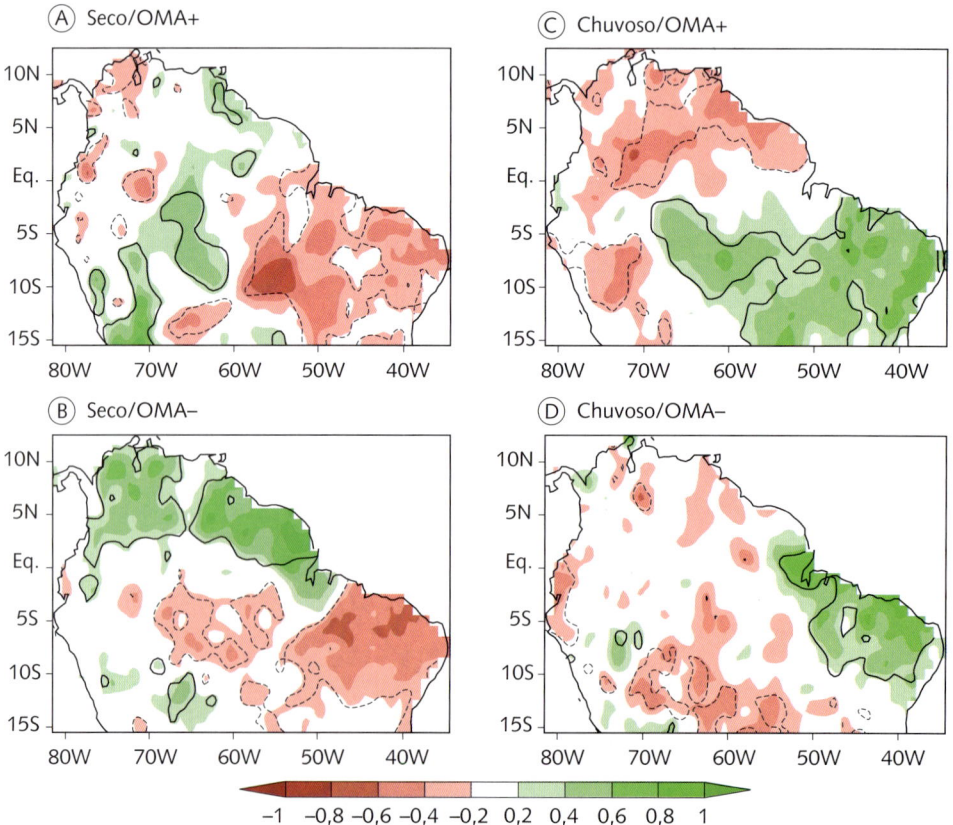

Fig. 2.19 Anomalias de precipitação médias durante fevereiro a maio: (A) seco na OMA+; (B) seco na OMA−; (C) chuvoso na OMA+; (D) chuvoso na OMA−. Linhas contínuas (pontilhadas) encerram áreas com anomalias positivas (negativas) significativas ao nível de 90% de confiança pelo teste t de Student
Fonte: adaptado de Kayano et al. (2016).

O ATS parece desempenhar um papel mais preponderante do que o ATN no clima do NEB. Em um artigo recente, Kayano et al. (2018) mostraram que a maioria dos eventos GRAD no outono austral definidos pelo ATN, ou seja, com as ATSMs de maiores magnitudes no ATN, é precedida por eventos ENOS, de modo que GRADP é precedido por El Niño e GRADN, por La Niña, e que a maioria dos eventos GRAD definidos pelo ATS não é precedida por eventos ENOS. Os padrões de ATSM são bem distintos, dependendo do polo que os define e se precedidos ou não por eventos ENOS. Em consequência, os padrões de anomalias de precipitação associados também são distintos. Além disso, o AT e o Pacífico Tropical, por meio do ENOS, podem ter papel construtivo ou destrutivo, isto é, fortalecer ou enfraquecer as anomalias de precipitação no NEB. Em outro artigo recente, Kayano et al. (2016) mostraram que, na ausência de evento ENOS e de padrão GRAD, o modo MEA tem papel importante para definir diferenças no padrão de precipitação sobre o NEB e adjacências. Nesse caso, a localização longitudinal do padrão MEA, o fator crucial para definir essas diferenças, é modulada pelas fases da OMA. Portanto, o estudo da variabilidade de TSM do AT é de suma importância para o entendimento dos fatores que regem o clima do NEB, bem como para sua previsão sazonal.

Referências bibliográficas

ANDREOLI, R. V.; KAYANO, M. T. A importância do Atlântico Tropical Sul e Pacífico Leste na variabilidade de precipitação do Nordeste do Brasil. *Rev. Bras. Meteor.*, v. 22, p. 63-74, 2007.

ANDREOLI, R. V.; KAYANO, M. T. Tropical Pacific and South Atlantic effects on rainfall variability over northeastern Brazil. *Int. J. Climatology*, v. 26, p. 1895-1912, 2006.

COVEY, D.; HASTENRATH, S. The Pacific El Niño phenomenon and the Atlantic circulation. *Monthly Weather Review*, v. 106, p. 1280-1287, 1978.

ENFIELD, D. B.; MESTAS-NUÑEZ, A. M.; MAYER, D. A.; CID-SERRANO, L. How ubiquitous is the dipole relationship in tropical Atlantic sea surface temperature? *J. Geophys. Res.*, v. 104, n. C4, p. 7841-7848, 1999.

GIANNINI, A.; SARAVANAN, R.; CHANG, P. The preconditioning role of Tropical Atlantic variability in the development of the ENSO teleconnection: implications for the prediction of Nordeste rainfall. *Climate Dynamics*, v. 22, p. 839-855, DOI: 10.1007/s00382-004-0420-2, 2004.

HASTENRATH, S.; GREISCHAR, L. Further work on the prediction of Northeast Brazil rainfall anomalies. *Journal of Climate*, v. 6, n. 4, p. 743-758, 1993.

HASTENRATH, S.; HELLER, L. Dynamics of climatic hazards in Northeast Brazil. *Quart. J. Roy. Meteor. Soc.*, v. 103, n. 435, p. 77-92, 1977.

KAYANO, M. T. Low-level high-frequency modes in the Tropical Atlantic and their relation to precipitation in the equatorial South America. *Meteor. Atmos. Phys.*, v. 83, p. 263-276, 2003.

KAYANO, M. T.; ANDREOLI, R. V. Decadal variability of northern northeast Brazil rainfall and its relation to tropical sea surface temperature and global sea level pressure anomalies. *J. Geophys. Res.*, v. 109, n. C11011, DOI: 10.1029/2004JC002429, 2004.

KAYANO, M. T.; ANDREOLI, R. V. Relationships between rainfall anomalies over northeastern Brazil and the El Niño-Southern Oscillation. *J. Geophys. Res.*, v. 111, n. D13102, DOI: 10.1029/2005JD006142, 2006.

KAYANO, M. T.; ANDREOLI, R. V.; GARCIA, S. R.; SOUZA, R. A. F. How the two nodes of the tropical Atlantic SST dipole relate the climate of the surrounding regions during austral autumn. *Int. J. Climatol.*, v. 38, p. 3927-3941, 2018.

KAYANO, M. T.; CAPISTRANO, V. B.; ANDREOLI, R. V.; SOUZA, R. A. F. A further analysis of the tropical Atlantic SST modes and their relations to northeastern Brazil rainfall during different phases of the Atlantic multidecadal oscillation. *Int. J. Climatol.*, v. 36, p. 4006-4018, 2016. DOI: 10.1002/joc.4610.

KOUSKY, V. E. Frontal influences on northeast Brazil. *Mon. Wea. Rev.*, v. 107, p. 1140-1153, 1979.

KOUSKY, V. E.; GAN, M. A. Upper tropospheric cyclonic vortices in the tropical South Atlantic. *Tellus*, v. 33, n. 6, p. 538-551, 1981.

MARKHAM, C. G.; MCLAIN, D. R. Sea surface temperature related to rain in Ceará, northeastern Brazil. *Nature*, v. 265, p. 320-323, 1977.

MOLION, L. C. B.; BERNARDO, S. O. Uma revisão da dinâmica das chuvas no Nordeste brasileiro. *Rev. Bras. Meteor.*, v. 17, n. 1, p. 1-10, 2002.

MOURA, A. D.; SHUKLA, J. On the dynamics of droughts in Northeast Brazil: observations, theory, and numerical experiments with a general circulation model. *J. Atmos. Sci.*, v. 38, n. 12, p. 2653-2675, 1981.

NAMIAS, J. Influence of northern hemisphere general circulation on drought in northeast Brazil. *Tellus*, v. 24, p. 336-342, 1972.

OLIVEIRA, A. S. *Interações entre sistemas frontais na América do Sul e a convecção da Amazônia*. 1986. 115 f. Dissertação (Mestrado em Meteorologia) – INPE, São José dos Campos, 1986.

RAMÍREZ, M. C. V.; KAYANO, M. T.; FERREIRA, N. J. Statistical analysis of upper tropospheric vortices in the vicinity of northeast Brazil during the 1980-1989 period. *Atmósfera*, v. 12, p. 75-88, 1999.

RAMOS, R. P. L. Precipitation characteristics in the northeast Brazil dry region. *J. Geophys. Res.*, v. 80, p. 1665-1678, 1975.

RAO, V. B.; BRITO, J. I. B. Teleconnections between the rainfall over northeast Brazil and the winter circulation of northern hemisphere. *Pure and Applied Geophysics*, v. 123, n. 6, p. 951- 959, 1985.

SARAVANAN, R.; CHANG, P. Interaction between Tropical Atlantic variability and El Niño-Southern Oscillation. *Journal of Climate*, v. 13, n. 13, p. 2177-2194, 2000.

SERVAIN, J. Simple climatic indices for the tropical Atlantic ocean and some applications. *J. Geophys. Res.*, v. 96, n. C8, p.15137-15146, 1991.

STRANG, D. M. G. D. *Análise climatológica das normais pluviométricas do Nordeste brasileiro*. São José dos Campos: CTA/IAE, 1972.

VIRJI, H. A preliminary study of summertime tropospheric circulation patterns over South America estimated from cloud winds. *Monthly Weather Review*, v. 109, p. 599-610, 1981.

WALKER, G. T. Ceará (Brazil) famines and the general air movement. *Beitr. Phys. Frain. Atmos.*, v. 14, p. 88-93, 1928.

YAMAZAKI, Y.; RAO, V. B. Tropical cloudiness over South Atlantic Ocean. *J. Meteor. Soc. Japan*, v. 55, n. 2, p. 205-207, 1977.

ZHOU, J.; LAU, K.-M. Principal modes of interannual and decadal variability of summer rainfall over South America. *Int. J. Climatology*, v. 21. p. 1623-1644, 2001.

3 | Clima da Região Sudeste

Fernanda C. Vasconcellos
Michelle Simões Reboita

A Região Sudeste do Brasil, formada pelos Estados de São Paulo (SP), Rio de Janeiro (RJ), Minas Gerais (MG) e Espírito Santo (ES), localiza-se entre cerca de 14° e 25° S (Fig. 3.1), faz fronteira a leste com o Oceano Atlântico e ocupa uma área de 924.565 km² (IBGE, 2018). O Trópico de Capricórnio atravessa essa região do país sobre a latitude 23,27°, que passa pelo Estado de São Paulo. A topografia da Região Sudeste é bastante acidentada, principalmente entre São Paulo e o centro-sul de Minas Gerais, onde se localiza a Serra da Mantiqueira. Além desta, também se destacam a Serra do Mar, no setor leste do Estado de São Paulo, e as Serras da Canastra e do Espinhaço, no Estado de Minas Gerais.

Devido às características físicas peculiares da Região Sudeste (posição latitudinal, topografia acidentada e influência do oceano no setor leste e da continentalidade nas demais áreas), há predomínio de diferentes tipos climáticos (Kottek et al., 2006; Alvares et al., 2013; Dubreuil et al., 2018). Conforme a classificação de Köppen-Geiger (Fig. 3.2), o tipo climático predominante na região é o tropical, com verão úmido e inverno seco (Aw). Entretanto, no sudeste do Estado de São Paulo, destaca-se o clima subtropical úmido (Cfa); na região da Serra da Mantiqueira, no sul de Minas Gerais, o clima subtropical úmido com influência da monção (Cwa); no extremo sul de Minas Gerais, o clima subtropical de altitude (Cwb); e no extremo norte de MG, o clima semiárido (BSh).

Ao longo deste capítulo serão apresentadas as características sazonais do clima da Região Sudeste, juntamente com os sistemas atmosféricos que contribuem para essa sazonalidade, finalizando com alguns sistemas que contribuem para variabilidade intra e interanual do clima e uma abordagem sobre mudanças climáticas na região.

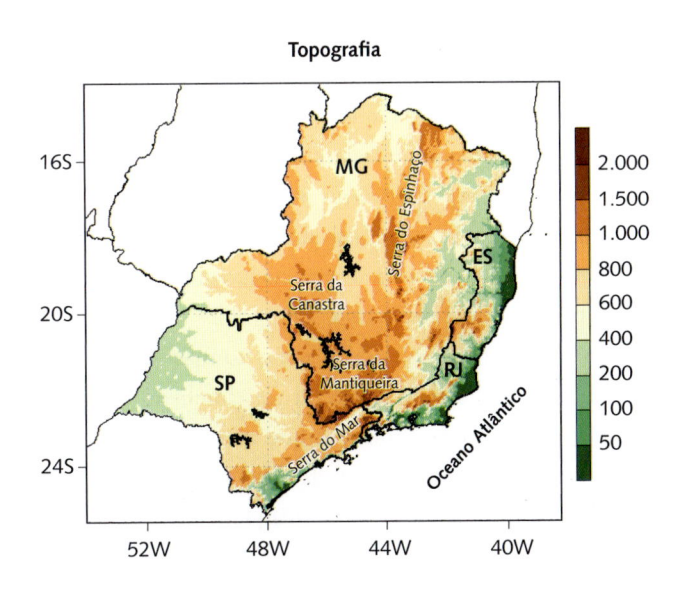

Fig. 3.1 Topografia (metros) da Região Sudeste do Brasil. Dados obtidos do U.S. Geological Survey

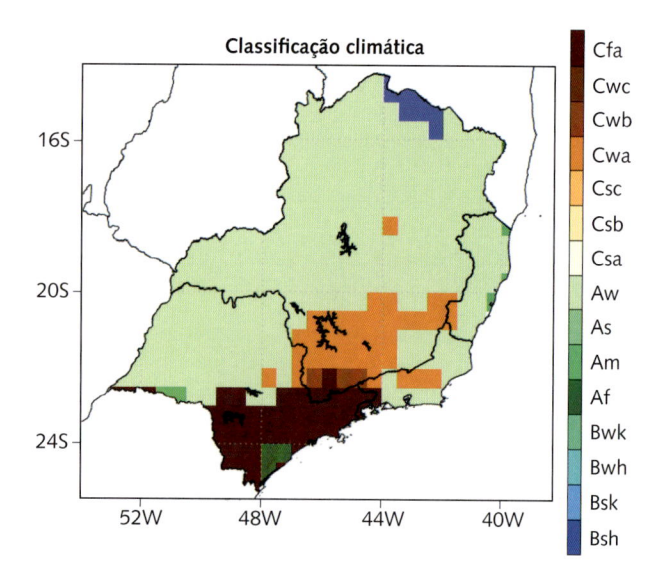

Fig. 3.2 Classificação climática de Köppen-Geiger calculada para este capítulo com dados do Climate Research Union (CRU). Detalhes da metodologia e dos tipos climáticos são apresentados em Kottek et al. (2006). Os tipos climáticos predominantes na Região Sudeste são: BSh = clima semiárido; Af = clima de floresta tropical; Aw = clima tropical úmido e seco; Cwa = clima subtropical úmido influenciado pela monção; Cwb = clima subtropical úmido de altitude; Cwc = clima subtropical frio de altitude; e Cfa = clima subtropical úmido
Fonte: Jones et al. (2012).

3.1 Características gerais do clima

A Fig. 3.3 mostra a média sazonal da temperatura mínima, média e máxima na Região Sudeste do Brasil. A variabilidade sazonal da temperatura do ar está associada com o caminho aparente do Sol: durante o verão, os raios solares estão perpendiculares ao Trópico de Capricórnio, de forma que o aquecimento da superfície é maior do que no inverno, época em que os raios solares estão perpendiculares ao Trópico de Câncer no Hemisfério Norte (Reboita et al., 2012). Espacialmente, as temperaturas possuem influência latitudinal e da continentalidade, apresentando, em geral, temperaturas maiores em latitudes mais baixas e no interior do continente. Entretanto, as temperaturas também possuem influência do relevo, uma vez que as menores médias de temperatura são encontradas nas regiões de maior altitude, como na Serra da Mantiqueira. No verão, os menores valores da temperatura média ocorrem na Serra da Mantiqueira (20-22 °C), enquanto os maiores valores (26-28 °C) são registrados no extremo oeste da região (divisa entre São Paulo e Minas Gerais), no norte do Espírito Santo e na divisa entre Rio de Janeiro e Espírito Santo. No inverno, os menores valores também ocorrem na Serra da Mantiqueira (14-16 °C) e os maiores valores (22-24 °C), no extremo oeste da região, no norte de Minas Gerais e no norte do Espírito Santo (Fig. 3.3).

Mudanças na temperatura do ar da Região Sudeste podem ocorrer com a passagem de frentes frias. De acordo com Escobar, Vaz e Reboita (2019), há a passagem de 25 frentes frias por ano nas cidades de São Paulo e Rio de Janeiro, e de dez em Vitória, no Espírito Santo. Já Silva, Reboita e Da Rocha (2014) verificaram a passagem de 27 sistemas frontais sobre a região sul de Minas Gerais. A razão do maior número de sistemas obtido por Silva, Reboita e Da Rocha (2014), em relação a Escobar, Vaz e Reboita (2019), é que os primeiros não separam frentes frias clássicas de outros tipos de frentes, como as subtropicais. Quando a passagem de uma frente fria diminui a temperatura do ar numa dada região abaixo de um determinado valor (que é determinado por métodos estatísticos) e por uma sequência de dias, o fenômeno pode ser caracterizado como uma onda de frio. Reboita, Escobar e Lopes (2015) elaboraram uma climatologia de ondas de frio ocorridas entre 1965 e 2014 no sul do Estado de Minas Gerais e verificaram a ocorrência de cerca de dois eventos de ondas de frio por ano na região. Tanto as ondas de frio, com a atuação da alta pós-frontal, quanto a localização do Anticiclone Subtropical do Atlântico Sul (ASAS) sobre a Região Sudeste no inverno podem contribuir para a formação de geada entre São Paulo e o sul de Minas Gerais (Sapucci et al., 2018). Por exemplo, a média anual de geadas em Campos do Jordão (SP) é de 22 casos, enquanto em Maria da Fé (MG) é de 12 casos. Um exemplo da superfície coberta por geada em Maria da Fé (MG), em 10 de junho de 2019, é mostrado na Fig. 3.4.

A variabilidade sazonal da precipitação na Região Sudeste é modulada pelo sistema de monção da América do Sul (SMAS), *vide* Cap. 9 (Reboita et al., 2010b; Marengo et al., 2012; Silva; Reboita, 2013; Ashfaq et al., 2020). Na primavera, os sistemas atmosféricos que compõem o SMAS começam a se estabelecer, em virtude do aquecimento das latitudes do Hemisfério Sul. Nessa época, os ventos alísios de nordeste começam a se intensificar, favorecendo o transporte de umidade do Oceano Atlântico Tropical para o norte do Brasil (Durán-Quesada; Reboita; Gimeno,

2012). Sobre a Amazônia, essa umidade proveniente do oceano se acopla com a evapotranspiração da floresta, e parte é transportada para os subtrópicos pelo jato de baixos níveis (JBN) a leste dos Andes (Santos; Reboita,

2018; Montini; Jones; Carvalho, 2019). A interação entre a convecção local na Região Sudeste do Brasil, a umidade transportada pelo JBN e a umidade que é transportada do Oceano Atlântico pelo setor oeste do ASAS contribui para

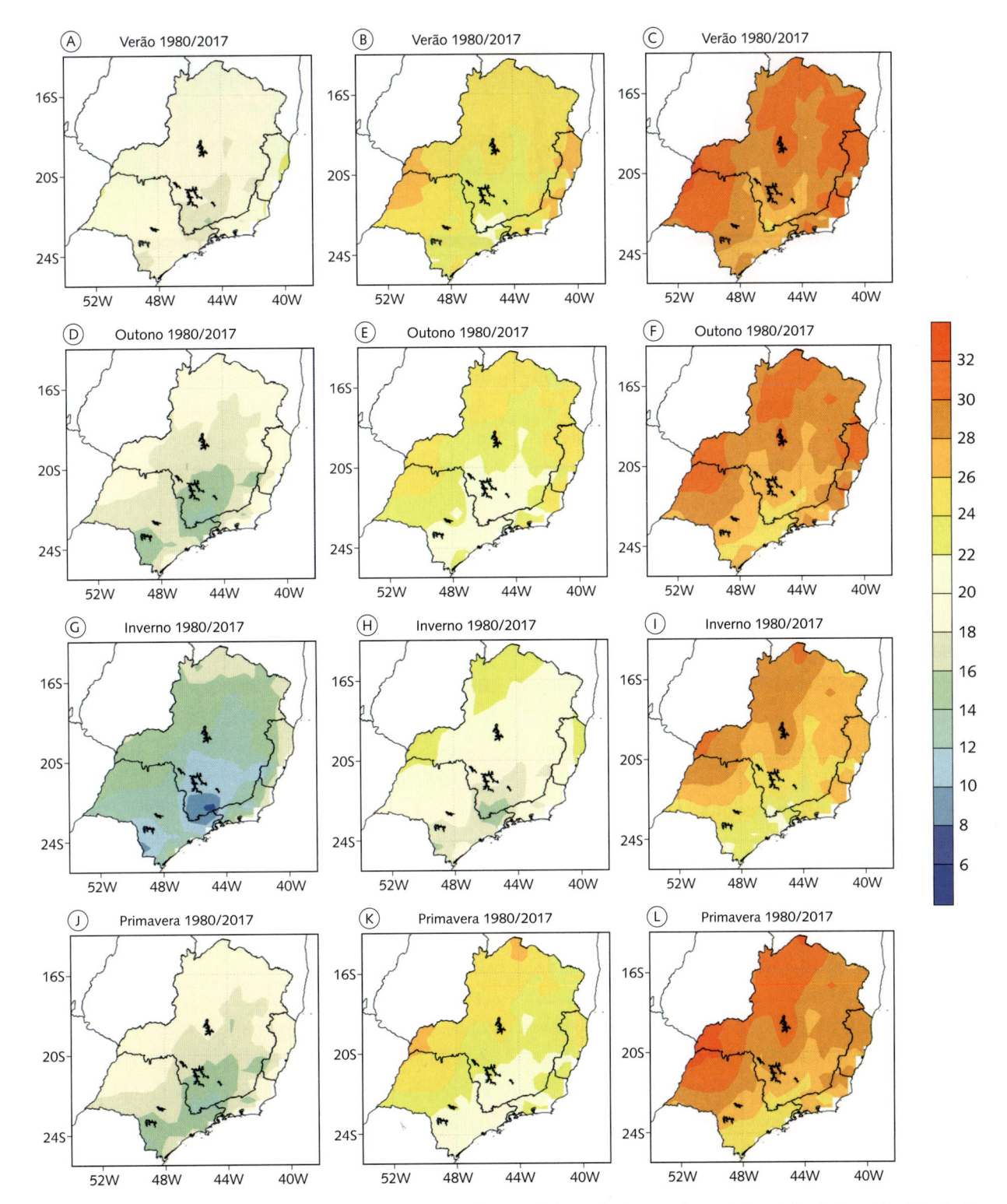

Fig. 3.3 Média sazonal das temperaturas (°C) mínima (esquerda), média (centro) e máxima (direita) na Região Sudeste do Brasil no período de 1980 a 2017, de acordo com os dados do Climate Research Unit (CRU)
Fonte: Jones et al. (2012).

Fig. 3.4 Exemplo de superfície coberta por geada. Maria da Fé (MG), 10 de junho de 2019. Fonte: cortesia de Willian Siqueira.

que, de meados da primavera a meados do outono, ocorra a estação chuvosa no Sudeste do Brasil (Reboita et al., 2010b). O JBN também transporta calor para o Sudeste. Quando há a convergência da umidade que é transportada pelo JBN com a que é transportada pelo ASAS e a proveniente da convecção, pode ocorrer a Zona de Convergência do Atlântico Sul (ZCAS) (Carvalho; Jones; Liebmann, 2004; Silva; Reboita; Escobar, 2019). A ZCAS, em imagens de satélite, se configura como uma banda de nebulosidade estendida do sul da Amazônia, passando pelo Sudeste do Brasil e chegando ao Oceano Atlântico (Kousky, 1988). Em geral, a ZCAS adquire característica estacionária quando se acopla com um sistema frontal frio sobre o Oceano Atlântico (Escobar, 2018).

No verão (Fig. 3.5A), a precipitação chega a 10 mm/dia (aproximadamente 900 mm em três meses) no sul de São Paulo, nas proximidades da Serra dos Órgãos (RJ), da Serra da Canastra (divisa entre Minas Gerais e São Paulo) e das Serras do Mar e da Mantiqueira (divisa entre São Paulo, Rio de Janeiro e Minas Gerais). Como mais de 60% da precipitação anual é concentrada na estação do verão, ou seja, mais da metade do total anual de precipitação deve ocorrer no verão, isso caracteriza um clima de monção (Wang; Ding, 2006). Por outro lado, o norte de Minas Gerais é seco, se comparado ao restante da Região Sudeste, uma vez que apresenta precipitação de cerca de 4 mm/dia no verão. Na Fig. 3.5 também é notório que o leste de São Paulo é mais chuvoso que o restante do Estado, fato que está associado à contribuição da brisa marítima e da brisa de vale-montanha, em virtude da Serra do Mar. A brisa marítima também é um fenômeno que favorece a precipitação convectiva na região metropolitana de São Paulo. Ao adentrar o continente, a brisa marítima interage com o intenso aquecimento gerado pela ilha de calor, favorecendo a convecção e a formação de tempestades no período da tarde (Oliveira; Bornstein; Soares, 2003; Silva Dias et al., 2013; Vemado; Pereira Filho, 2016).

Do verão para o inverno, a precipitação reduz drasticamente sobre o Sudeste do país (Fig. 3.5). Com o caminho aparente do Sol em direção ao Trópico de Câncer, o aquecimento radiativo reduz no Hemisfério Sul, enfraquecendo a convecção. Nessa época, os ventos alísios de nordeste também enfraquecem, e um outro sistema passa a ter grande importância no Sudeste: o ASAS. No inverno, o ASAS se encontra expandido para oeste, atuando sobre a Região Sudeste (Reboita et al., 2019), o que dificulta tanto a convecção quanto a passagem de sistemas frontais. Em geral, no inverno, a precipitação ocorre quando as frentes conseguem chegar até o Sudeste (Silva; Reboita; Da Rocha, 2014). A Fig. 3.5C destaca quão seco fica o Sudeste no inverno, comparado ao verão; o sul dessa região, que é mais úmido, apresenta cerca de 3 mm/dia de precipitação; já a maior parte de Minas Gerais apresenta menos de 0,5 mm/dia. Com a escassez de precipitação, é comum o problema da concentração de poluentes na atmosfera, principalmente nos grandes centros urbanos, como São Paulo.

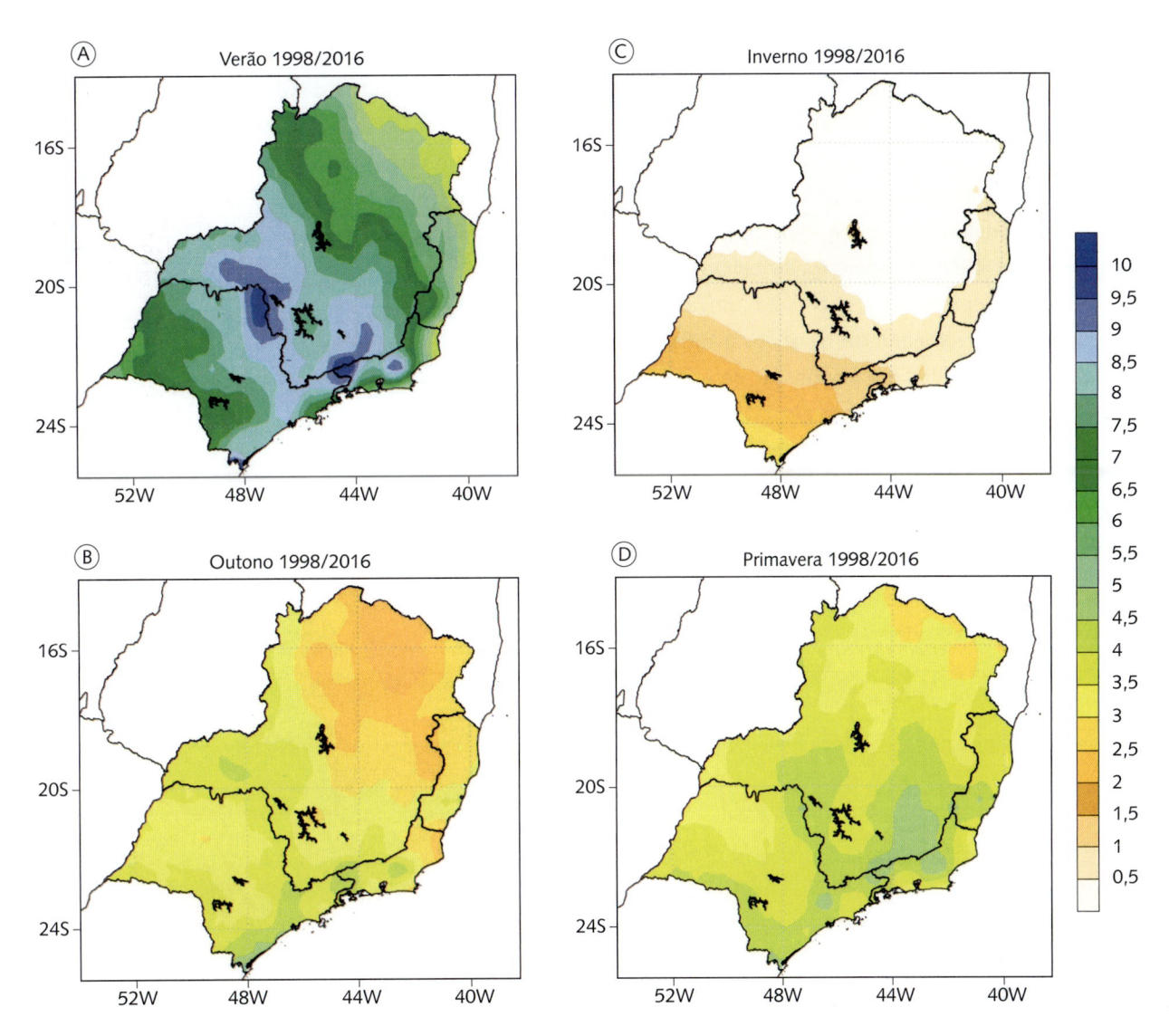

Fig. 3.5 Média sazonal da precipitação (mm/dia) na Região Sudeste do Brasil no período de 1998 a 2016, de acordo com os dados do Tropical Rainfall Measuring Mission (TRMM)
Fonte: Huffman et al. (2007).

Durante o inverno, como o ASAS favorece condições de céu sem nuvens, grande parte da radiação de onda longa escapa para o espaço à noite, fazendo com que as camadas de ar próximas à superfície sejam mais frias que as adjacentes. Essa estratificação da atmosfera com ar frio sob ar mais quente é responsável pelas condições de estabilidade da atmosfera, pois uma parcela que é forçada a ascender, como é mais densa do que as parcelas das camadas superiores, tenderá a retornar para sua camada de origem (Ynoue et al., 2017). Por esse motivo, a concentração de poluentes na atmosfera é maior no inverno.

Tanto a precipitação e temperatura do ar quanto os ventos em superfície no litoral da Região Sudeste podem ser afetados pelos ciclones. Os ciclones são sistemas atmosféricos em que a pressão central é menor do que nos arredores. No Hemisfério Sul, esses sistemas possuem movimento no sentido horário. Dependendo do processo de formação, os ciclones podem ser classificados em extratropical, subtropical e tropical – ver Reboita et al. (2017a, 2017b) para um entendimento das diferenças entre esses três tipos de sistemas. Conforme Reboita et al. (2010a), a costa do Sudeste do Brasil compõe uma das três regiões ciclogenéticas ao longo da costa da América do Sul. Nessa região, são frequentes os ciclones extratropicais (Reboita et al., 2010a) e subtropicais (Gozzo et al., 2014; Reboita; Da Rocha; Oliveira, 2019). Além disso, em 2019 a Marinha do Brasil registrou o primeiro ciclone tropical próximo dessa região, o ciclone IBA. Os ciclones, independentemente do tipo, causam agitação marítima, sendo prejudiciais para atividades como navegação e pesca.

O ASAS e os sistemas ciclônicos na Região Sudeste contribuem para a climatologia dos ventos na região costeira. Na costa sul, que abrange São Paulo e o sul do Rio de Janeiro, predomina circulação ciclônica (Fig. 3.6), compatível com a região ciclogenética da Região Sudeste. Já na costa norte, prevalece a circulação anticiclônica, com ventos de norte e nordeste, relativos à influência do ASAS. A Fig. 3.6A também mostra que no oceano os ventos mais intensos ocorrem no verão, fato associado à posição climatológica do ASAS, que nessa época do ano está mais recuado para leste (Reboita et al., 2019). Sobre o continente, os ventos são mais fracos do que sobre o oceano, em função da rugosidade e heterogeneidade da superfície continental. Ao longo do ano, os ventos são mais fracos sobre São Paulo e o sul de Minas Gerais, e mais intensos ao norte de Minas Gerais. Com relação à direção, sobre São Paulo e o centro-norte de Minas Gerais predominam ventos de leste, enquanto no centro-sul de Minas Gerais, Rio de Janeiro e Espírito Santo são mais frequentes os ventos de nordeste.

3.2 Variabilidade de baixa frequência

Na seção 3.1, foram mostradas as características médias climatológicas da Região Sudeste. Entretanto, nem sempre a atmosfera se comporta como na média climatológica. As variações/oscilações do clima em torno de seu valor médio são chamadas de variabilidade climática. Por exemplo, há estudos que apontam uma

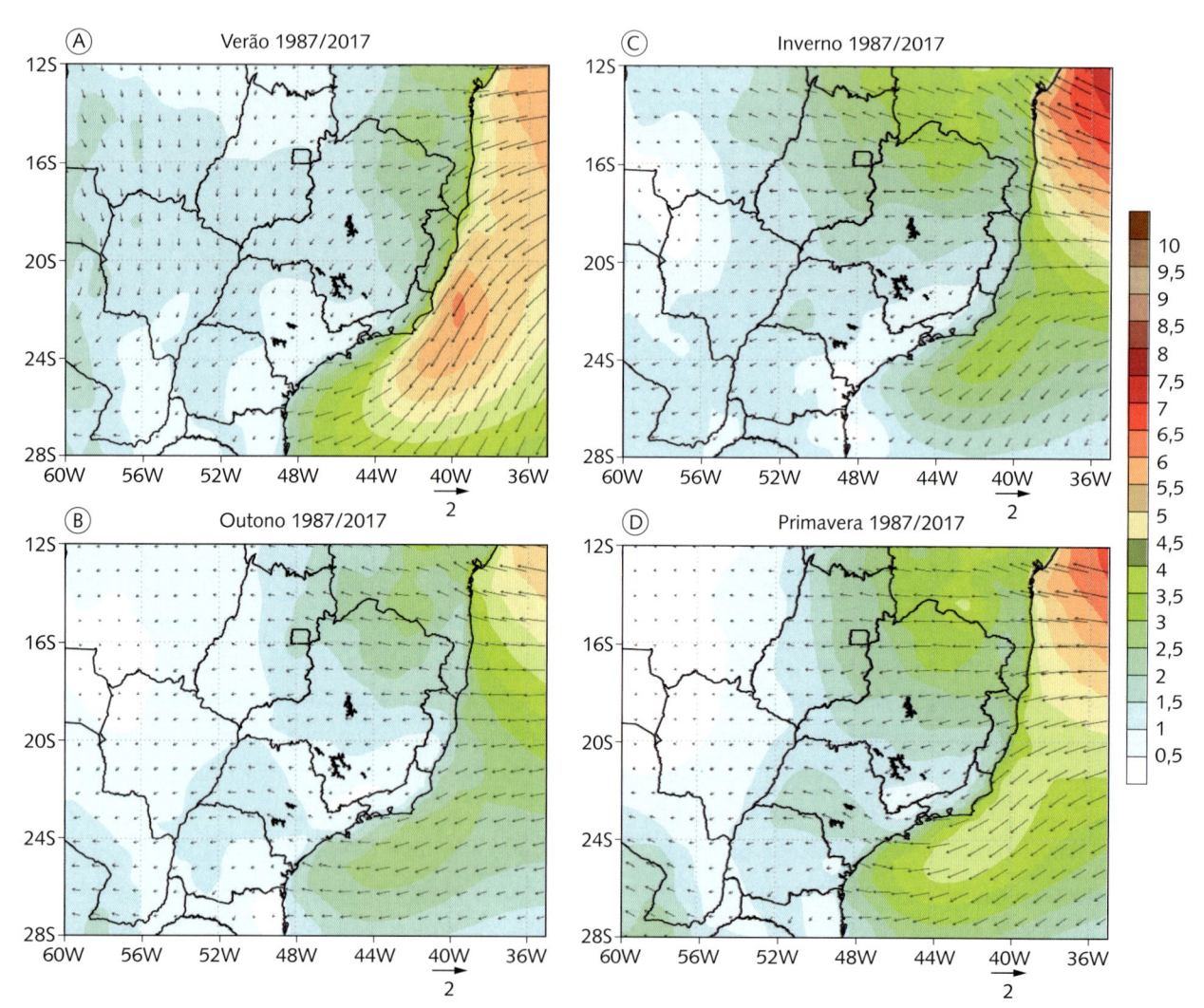

Fig. 3.6 Média sazonal da direção e intensidade do vento (m/s) na Região Sudeste do Brasil no período de 1987 a 2017, de acordo com os dados do Cross-Calibrated Multi-Platform (CCMP) – Ocean Surface Wind Vector Analysis
Fonte: Atlas et al. (2011).

relação inversa entre a precipitação anômala durante o verão na Região Sudeste e a primavera antecedente. Essa relação oposta é explicada através de um mecanismo de *feedback* superfície-atmosfera (Grimm; Pal; Giorgi, 2007). A Fig. 3.7 descreve esse *feedback*, relacionando primaveras anomalamente secas com verões anomalamente chuvosos; entretanto, ressalta-se que o oposto também ocorre, com primaveras chuvosas e verões secos (Bernardino; Vasconcellos; Nunes, 2018).

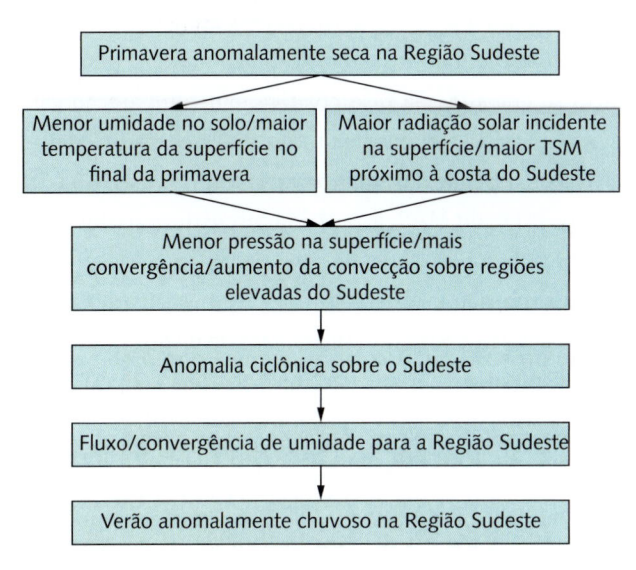

Fig. 3.7 Fluxograma descrevendo o *feedback* superfície-atmosfera que relaciona a precipitação da primavera e a do verão na Região Sudeste
Fonte: adaptado de Grimm, Pal e Giorgi (2007).

As anomalias mencionadas podem estar associadas à influência dos padrões de teleconexão, isto é, quando um fenômeno em certo local do globo afeta a circulação atmosférica, podendo causar impactos em locais distintos do planeta (Wallace; Gutzler, 1981). Os padrões de teleconexões, como El Niño-Oscilação Sul (ENOS), modo anular do Hemisfério Sul (MAS), Oscilação de Madden-Julian (OMJ), entre outros, afetam direta ou indiretamente a temperatura e a precipitação da Região Sudeste (Reboita et al., 2021; Souza; Reboita, 2021). Eles podem alterar a circulação atmosférica, como o posicionamento da ZCAS (Carvalho; Jones; Liebmann, 2004; Cunningham; Cavalcanti, 2006; Vasconcellos; Pizzochero; Cavalcanti, 2019), e influenciar a convecção (Mo; Paegle, 2001) ou a passagem de sistemas transientes, tais como frentes e ciclones (Reboita; Ambrizzi; Rocha, 2009). Esses padrões podem agir em conjunto ou isoladamente, gerando diferentes respostas no clima. Em geral, a influência dos padrões de teleconexões na temperatura da Região Sudeste é mais bem comportada, enquanto na precipitação os impactos são variados e nem sempre tão claros. Nas seções seguintes, são descritas as relações entre diversos padrões de teleconexão e a variabilidade do clima na Região Sudeste. Ao final, uma descrição sobre a grande seca de 2014 é apresentada.

3.2.1 El Niño-Oscilação Sul (ENOS)

Eventos de ENOS são alterações no sistema oceano-atmosfera no Oceano Pacífico Tropical, que influenciam o clima em todo o globo na escala de tempo interanual. Durante a fase positiva do ENOS, ou seja, do El Niño (EN), há aumento anormal na temperatura das águas superficiais e subsuperficiais do Pacífico Equatorial Central e Leste, acarretando mudanças na atmosfera próxima ao oceano. Na fase negativa, ou seja, La Niña (LN), ocorre diminuição na temperatura dessas águas (Philander, 1990; Trenberth, 1997, 2002).

Diversos trabalhos apontam que há um aquecimento (resfriamento) da Região Sudeste durante episódios de EN (LN), principalmente durante o inverno (Barros; Grimm; Doyle, 2002; Guimarães; Reis, 2012). Com relação à precipitação, os impactos divergem dependendo da época do ano, da fase e do tipo de ENOS (Tedeschi, 2013; Tedeschi; Cavalcanti; Grimm, 2013; Tedeschi; Grimm; Cavalcanti, 2016; Reboita et al., 2021). Um resumo dos impactos na precipitação do ENOS tipo canônico (aqueles que ocorrem no Pacífico Leste) e Modoki, que possui anomalias de temperatura da superfície do mar (TSM) fortes no Pacífico Central, e o sinal oposto no Pacífico Leste e Oeste, encontra-se no Quadro 3.1. Ressalta-se que as áreas da Região Sudeste impactadas pelo ENOS variam também entre estação do ano, fase e tipo do ENOS. Segundo Tedeschi (2013), os diferentes impactos dos tipos de ENOS na precipitação na América do Sul estão relacionados com mudanças na circulação e no transporte de umidade integrado na vertical, que poderia afetar a ZCAS e os JBN. Carvalho, Jones e Liebmann (2004) também encontraram relação do ENOS com a ZCAS, em que anos de EN (região Niño 3.4) favorecem a ocorrência de ZCAS oceânica, enquanto que, em anos de LN e neutros, a ZCAS continental seria mais frequente.

Quadro 3.1 Impactos dos eventos de ENOS canônico e Modoki na precipitação da Região Sudeste, por estação do ano

	SON	DJF	MAM	JJA
El Niño Modoki	Seco	Seco	Chuvoso	Pouca influência
El Niño canônico	Pouca influência	Pouca influência	Chuvoso (somente em SP)	Chuvoso (somente em SP)
La Niña Modoki	Chuvoso	Seco	Pouca influência	Pouca influência
La Niña canônica	Seco	Chuvoso	Pouca influência	Pouca influência

Fonte: adaptado de Tedeschi (2013) e Tedeschi, Cavalcanti e Grimm (2013).

3.2.2 Modo anular do Hemisfério Sul (MAS)

O MAS, também conhecido como Oscilação Antártica (AAO), é um padrão de oscilação entre os cinturões de pressão das latitudes médias e altas no Hemisfério Sul. A fase positiva (negativa) desse padrão apresenta anomalias negativas (positivas) de pressão em latitudes polares e positivas (negativas) em latitudes médias (Gong; Wang, 1998, 1999; Thompson; Wallace, 2000). As fases do MAS afetam a circulação atmosférica, influenciando os jatos de altos níveis (Thompson; Wallace, 2000; Vasconcellos, 2012), os *storm tracks* (Rao; Do Carmo; Franchito, 2003), os sistemas transientes (Reboita; Ambrizzi; Rocha, 2009; Rosso et al., 2018; Reboita et al., 2021) e, consequentemente, o clima em todo o Hemisfério Sul. Vasconcellos, Pizzochero e Cavalcanti (2019) estudaram o impacto mês a mês do MAS na precipitação e temperatura do ar na América do Sul (em anos de ENOS neutro). Seus resultados mostraram que o MAS possui impactos diferentes dependendo do mês e da fase desse padrão. Para a temperatura do ar, a maioria dos meses apresenta sinais opostos entre as fases do MAS, predominando, em geral, anomalias negativas (positivas) de temperatura do ar durante a fase positiva (negativa) (Quadro 3.2). Para a precipitação, os autores mostraram que os impactos na Região Sudeste são mais irregulares. Entretanto, Rosso et al. (2018) encontraram que a frequência, a persistência e o total de precipitação em eventos de ZCAS são maiores quando o MAS se encontra na fase positiva, em comparação com a fase negativa. Os autores indicaram que há um mecanismo de teleconexão entre os extratrópicos e a ZCAS, na fase positiva do MAS, através da intensificação dos jatos polar e subtropical, nos dias que precedem a ZCAS. Esse mecanismo não é observado na fase negativa do MAS. Vasconcellos e Souza (2020) associaram o verão anomalamente chuvoso de 2020 com a fase positiva do MAS.

3.2.3 Oscilação Decadal do Pacífico (ODP) e Oscilação Multidecadal do Atlântico (OMA)

A ODP é uma oscilação na TSM no Pacífico Norte, que ocorre em escala interdecadal (em torno de 20-30 anos). A fase positiva corresponde a um aquecimento da região tropical e na costa norte do continente americano, no setor do Pacífico Norte, enquanto na região extratropical ocorre um resfriamento. Na fase negativa ocorre o oposto (Garcia, 2006; Mantua; Hare, 2002; Mantua et al., 1997). Já a OMA é uma oscilação na TSM do Atlântico Norte com uma escala multidecadal (em torno de 65-70 anos)

Quadro 3.2 Impactos do MAS na temperatura do ar da Região Sudeste

	Janeiro	Fevereiro	Março	Abril	Maio	Junho
MAS positivo	Positiva	Positiva	Negativa	Positiva	Negativa	Negativa
MAS negativo	Positiva	Negativa	Positiva	Positiva	Positiva	Negativa
	Julho	**Agosto**	**Setembro**	**Outubro**	**Novembro**	**Dezembro**
MAS positivo	Negativa	Negativa	Negativa	Negativa	Negativa	Negativa
MAS negativo	Positiva	Positiva	Positiva	Positiva	Positiva	Positiva

Fonte: adaptado de Vasconcellos, Pizzochero e Cavalcanti (2019).

(Enfield; Mestas-Nuñez; Trimble, 2001; Kerr, 2000; Knight; Folland; Scaife, 2006). O Cap. 8 abordará com mais detalhes a variabilidade interdecadal.

Garcia (2006) analisou a influência das fases da ODP em diversas variáveis. Para a temperatura do ar, o principal impacto na Região Sudeste ocorre durante o verão, onde a fase positiva (negativa) da ODP contribui para um aumento (diminuição) da temperatura. Já a influência da ODP na água precipitável não é tão regular quanto na temperatura. A fase positiva da ODP contribuiu para o maior conteúdo de água precipitável na Região Sudeste durante a primavera e o outono. Na fase negativa da ODP, há uma diminuição da água precipitável no Sudeste durante o verão. Diversos trabalhos indicam que há uma relação conjunta entre a ODP e o ENOS no clima de todo o globo. Os resultados de Kayano e Andreoli (2007), que avaliaram o impacto conjunto da ODP e do ENOS na precipitação sobre a América do Sul, mostraram similaridade aos de Garcia (2006), para a fase negativa da ODP na Região Sudeste. Entretanto, os resultados diferem na fase positiva da ODP, dependendo da época do ano e da fase do ENOS. O Quadro 3.3 sumariza os resultados de Andreoli e Kayano (2007) para a Região Sudeste. Silva, Drumond e Ambrizzi (2011) sugeriram que uma diminuição na densidade de ciclones próximo à costa sul e sudeste do Brasil na fase negativa da ODP com EN promoveria uma diminuição da precipitação na Região Sudeste.

Kayano, Andreoli e Souza (2020) analisaram a relação conjunta do ENOS, OMA e ODP na precipitação na América do Sul, e encontraram que verões com a combinação fase positiva (negativa) da ODP e fase fria da OMA apresentam anomalias positivas (negativas) de precipitação em parte da Região Sudeste do Brasil. Essas anomalias são realçadas em anos de EN.

Quadro 3.3 Impactos da ODP em conjunto com o ENOS na precipitação da Região Sudeste

	EN	LN
ODP positiva	Seco em novembro-dezembro Chuvoso em janeiro-fevereiro	Seco em novembro-dezembro
ODP negativa	Seco em novembro-dezembro	Seco em janeiro-fevereiro

Fonte: adaptado de Kayano e Andreoli (2007).

3.2.4 Atlântico Sul

Diversos autores apresentaram estudos sobre a influência da TSM do Oceano Atlântico Sul na América do Sul. Anomalias positivas de TSM sobre o Atlântico Tropical Sul intensificam e favorecem a ZCAS a ter uma posição mais ao norte da climatológica. Entretanto, a intensificação da nebulosidade da ZCAS causa um bloqueio da radiação solar incidente, que resfria as águas, causando um *feedback* negativo (Chaves; Nobre, 2004; De Almeida et al., 2007). De Almeida et al. (2007) verificaram que esse *feedback* está associado a um padrão dipolar de anomalias de TSM no Atlântico Sul. Esse Dipolo do Atlântico Sul (DAS) é caracterizado por uma gangorra de anomalias de TSM com centros sobre o trópico e extratrópico do Atlântico Sul (Venegas et al., 1997; Haarsma; Campos; Molteni, 2003; Sterl; Hazeleger, 2003). Esse dipolo não é o mesmo que ocorre entre os setores norte e sul da região tropical do Atlântico (Weare, 1977). Ressalta-se, inclusive, que a existência desse dipolo do Atlântico Tropical é questionada, uma vez que as anomalias de cada região não ocorrem necessariamente ao mesmo tempo (Enfield et al., 1999). Hoje em dia, o termo gradiente intertropical do Atlântico é mais utilizado para representar as anomalias de TSM que ocorrem no Atlântico Tropical Norte e Sul.

Estudos também mostram que anomalias negativas de TSM sobre o Atlântico Sul Subtropical, próximo à costa sudeste brasileira, influenciam na intensificação da ZCAS (Doyle; Barros, 2002; Bombardi; Carvalho; Jones, 2014; Bombardi et al., 2014; Jorgetti; Da Silva Dias; De Freitas, 2014; Vasconcellos; Souza, 2020). Bombardi et al. (2014), analisando o período de novembro a março, mostraram que anomalias negativas de TSM sobre a região tropical, incluindo a costa da Região Sudeste (DAS negativo), estão associadas com o aumento de ciclogêneses no oceano próximo ao sudeste do Brasil, bem como com a migração dos ciclones extratropicais mais para norte. Dessa forma, esses trabalhos mostram que anomalias negativas de TSM próximas ao sudeste levariam a um aumento da precipitação sobre a Região Sudeste durante a estação chuvosa. Nos últimos anos, foi registrado um aumento da TSM na região do Atlântico Sul Subtropical (Vasconcellos; Souza, 2020). Compostos de 2014-2018 mostram esse comportamento e a diminuição da precipitação na Região Sudeste em todas as estações, exceto no inverno, em que não houve influência na precipitação

(Souza; Vasconcellos, 2019). Vasconcellos e Souza (2020) mostraram que o verão de 2020 foi anomalamente chuvoso na Região Sudeste (o mais chuvoso desde 1991) e também associaram tal fato à ocorrência de anomalias negativas de TSM próximo à costa sudeste do Brasil durante esse verão.

3.2.5 Variabilidade intrassazonal

Diversos trabalhos estudaram o impacto da variabilidade intrassazonal na precipitação relacionada à ZCAS, como Carvalho, Jones e Liebmann (2004), Cunningham e Cavalcanti (2006) e Shimizu e Ambrizzi (2016). Os principais padrões de variabilidade nessa escala são a OMJ e o modo Pacífico-América do Sul (PSA). A OMJ é uma célula de circulação zonal na região equatorial, caracterizada por uma região de realce da convecção, flanqueada em ambos os lados por supressão da convecção, que se propaga para leste na escala aproximada de 30-60 dias (Madden; Julian, 1971, 1972). O padrão PSA é um trem de onda que se estende desde o Oceano Pacífico Sul até a América do Sul e Oceano Atlântico (Mo; Ghil, 1987; Karoly, 1989; Mo; Higgins, 1998).

Cunningham e Cavalcanti (2006) encontraram, durante novembro a março, uma relação entre a convecção na região da Indonésia e a ZCAS. Seus resultados mostraram que, quando a OMJ promove um aumento da convecção no sul da Indonésia, um trem de ondas tipo PSA é gerado. Após aproximadamente 20 dias, esse trem de ondas promove um aumento da convecção na região da ZCAS, consequentemente afetando a Região Sudeste. Eles também mostraram que, quando a convecção na ZCAS está realçada, há supressão da convecção na região da Indonésia. Shimizu e Ambrizzi (2016) avaliaram a influência conjunta entre o ENOS e a OMJ na precipitação da América do Sul e encontraram resultados similares aos de Cunningham e Cavalcanti (2006), sendo o impacto na precipitação na Região Sudeste mais (menos) intenso em anos neutros do ENOS (LN).

3.2.6 Seca de 2014

Durante o período tipicamente chuvoso de 2013/2014, a Região Sudeste experimentou um evento de seca severa, impactando a disponibilidade de água para consumo humano, agricultura e geração de energia hidroelétrica (Coelho; Cardoso; Firpo, 2016; Coelho et al., 2016). Com a matriz energética brasileira majoritariamente hidroelétrica (Plano Decenal de Expansão de Energia 2027) (EPE, 2018), eventos de seca severa podem causar crises na geração de energia. Além disso, durante essa seca, o maior reservatório do Estado de São Paulo (Cantareira) chegou a níveis críticos, fazendo com que o governo instalasse um sistema de bombeamento do chamado "volume morto" para manter o abastecimento para consumo humano (Porto; Porto; Palermo, 2014). Ressalta-se que a Região Sudeste vem sofrendo anos consecutivos de seca desde 2012 (Fig. 3.8), porém não tão intensos quanto os do período 2013/2014.

Coelho et al. (2016) apresentaram uma explicação para a seca de 2013/2014, esquematizada na Fig. 3.9. Uma fonte de calor na região equatorial localizada ao norte/nordeste da Austrália, resultante de uma atividade convectiva anômala, induziu uma teleconexão tropical através da circulação zonal de Walker. Essa teleconexão se manifestou por meio de movimento ascendente sobre a região onde a fonte de calor estava localizada e subsidência a leste da fonte de calor, no Pacífico Equatorial Central/Leste. A convergência em níveis altos no Pacífico Equatorial Central/Leste e a subsidência agiram em conjunto com a circulação da célula de Hadley nessa região para induzir uma teleconexão tropical-extratropical por meio de uma onda de Rossby atmosférica estacionária. Um padrão de onda em forma de "U", com centros alter-

Fig. 3.8 Anomalia de precipitação (mm/dia) na Região Sudeste (período de outubro a março, 1980-2019). A média utilizada foi de 1981-2010 para os mesmos meses. Dados do Global Precipitation Climatology Project (GPCP)
Fonte: Adler et al. (2003).

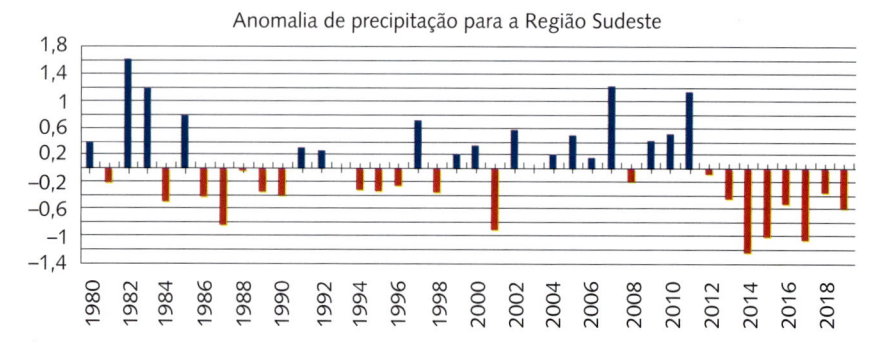

nados de anomalias de baixa e alta pressão, foi observado em direção à América do Sul. Esse padrão de onda apresentou uma estrutura barotrópica, com dois centros anômalos de alta pressão localizados nos níveis superior e inferior da atmosfera nas vizinhanças da América do Sul, um sobre o Pacífico e um sobre o Atlântico. Além disso, havia um centro anômalo de baixa pressão (em níveis baixos e altos) no extremo sul da América do Sul. O centro anômalo de alta pressão sobre o Atlântico Sul atuou dificultando a migração de sistemas de baixa pressão (frontal) sobre a Região Sudeste, e também favoreceu a manutenção de TSMs altas próximo à costa sudeste do Brasil, através da maior incidência de radiação solar na superfície do oceano. A circulação anticiclônica anômala sobre o Atlântico estendeu-se sobre a Região Sudeste, transportando ar mais seco que o normal sobre essa região e ar mais úmido que o normal da Amazônia em direção ao sul do Brasil. Isso representa um desvio do escoamento de umidade que normalmente vem da região amazônica para o sudeste do Brasil. Consequentemente, menos episódios de ZCAS foram observados, com precipitação bem abaixo do normal registrada na Região Sudeste, configurando a seca apresentada nesse período.

3.3 Mudanças climáticas

Quando se aborda o tema de mudanças climáticas há dois enfoques: resultados baseados na análise de séries de dados observados e resultados baseados na análise de projeções climáticas para o futuro obtidas tanto com modelos climáticos globais ou regionais. Ambos os enfoques utilizam, em geral, indicadores de extremos de precipitação e temperatura do ar propostos pelo Expert Team on Climate Change and Indices (ETCCDI) (Tank; Zwiers; Zhang, 2009). Define-se como evento extremo, tanto de tempo quanto de clima, a ocorrência de um valor de uma dada variável acima (abaixo) de um limiar que, em termos de distribuição estatística de dados, corresponderia a um evento em uma das caudas da distribuição (IPCC, 2012). Em outras palavras, eventos extremos são fenômenos que trazem consequências negativas para a sociedade, pois podem ser chuvas intensas, períodos secos ou úmidos, ondas de calor, ondas de frio etc.

Com relação ao clima atual, Marengo et al. (2009) e Skansi et al. (2013) observaram na América do Sul, incluindo a Região Sudeste, aumento (redução) de dias e noites quentes (frios). Vários estudos indicam o aumento

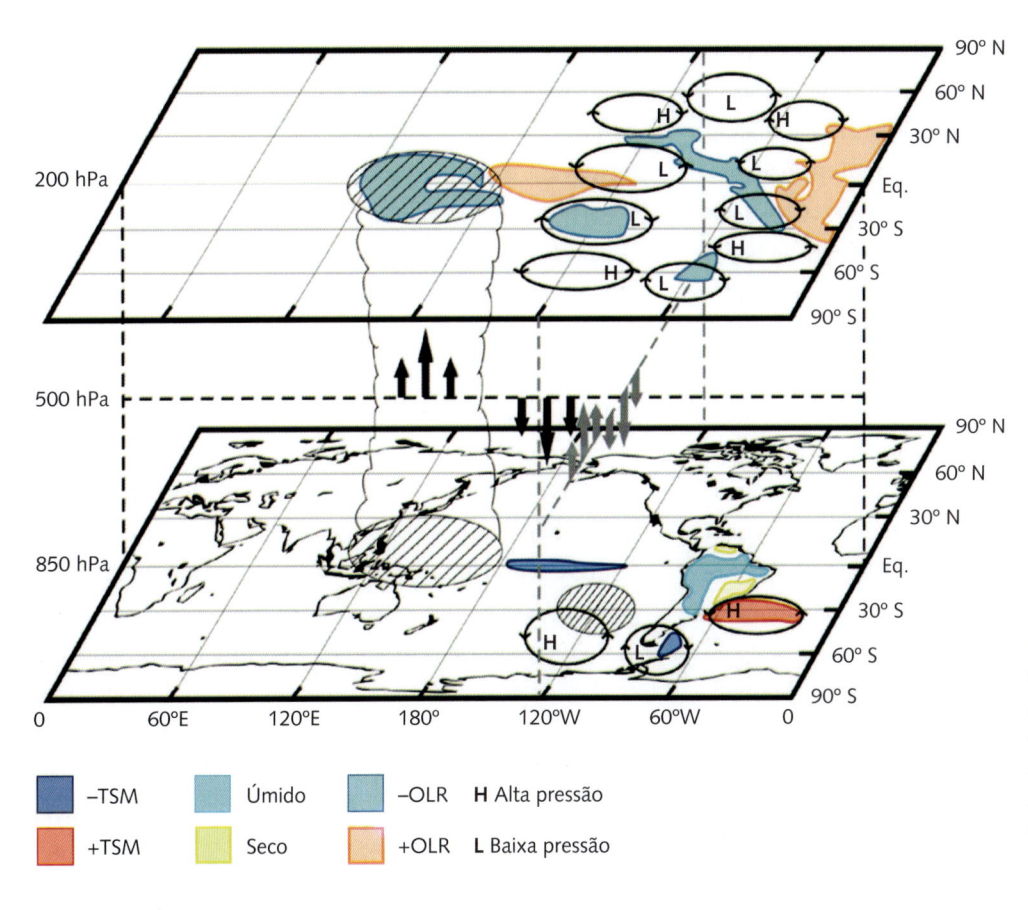

Fig. 3.9 Esquema ilustrativo dos processos associados à ocorrência da seca no verão austral de 2014 na Região Sudeste do Brasil
Fonte: adaptado de Coelho et al. (2016).

da temperatura na Região Sudeste nas últimas décadas (Marengo et al., 2009; Soares et al., 2017; Lyra et al., 2018), bem como tendências nos extremos de temperatura do ar. Por exemplo, Dereczynski, Silva e Marengo (2013) e Silva e Dereczynski (2014) identificaram aumento significativo na porcentagem de noites e dias quentes em quase todo o Estado do Rio de Janeiro.

Na precipitação, o sinal tem uma oscilação maior. Rao et al. (2016) mostraram uma tendência observada de redução da precipitação total na Região Sudeste. Já Skansi et al. (2013) identificaram localidades com tendência positiva e outras negativas de precipitação. No entanto, diversos autores mostraram um aumento dos dias com precipitação extrema e de dias secos consecutivos, indicando uma distribuição não homogênea da precipitação ao longo do ano (Marengo et al., 2009; Skansi et al., 2013; Zilli et al., 2017). Como a Região Sudeste abriga grande parte da população brasileira (42%) e possui topografia irregular, muitos eventos extremos de precipitação ocasionam alagamentos e deslizamento de terra (IBGE, 2020). Zilli et al. (2017) analisaram a tendência de precipitação na Região Sudeste em mais de 70 anos de dados. Os autores encontraram que tanto dias chuvosos quanto dias com precipitação extrema têm aumentado em SP. Além disso, a precipitação também se apresenta mais concentrada em poucos dias no Rio de Janeiro e Espírito Santo. Em estudos mais regionais, Regoto et al. (2018) mostraram que a frequência e a intensidade dos dias chuvosos e da precipitação diária extrema estão aumentando no Espírito Santo, principalmente na região sul. Além disso, aumentos em dias secos consecutivos predominam nesse Estado. Silva e Dereczynski (2014) obtiveram uma tendência significativa de aumento dos totais pluviométricos anuais nas baixadas litorâneas do Rio de Janeiro, e também um aumento significativo das chuvas mais fortes nas baixadas litorâneas e em parte da região metropolitana do Rio de Janeiro. Dereczynski, Silva e Marengo (2013) e Ávila et al. (2016) também mostraram aumento na precipitação extrema na cidade do Rio de Janeiro.

Em termos de modelagem climática, Marengo et al. (2009) analisaram a projeção climática futura (2071-2100) na América do Sul para os cenários SRES A2 e B2 com o modelo HadRM3P e encontraram para a Região Sudeste um aumento da temperatura, incluindo o aumento (diminuição) de dias e noites quentes (frios). Seus resultados para a precipitação mostram um aumento das precipitações extremas. Ambrizzi et al. (2019) compilaram os resultados de projeções climáticas com diversos modelos climáticos regionais para América do Sul. De acordo com a síntese elaborada por esses autores, projeta-se aumento de 2 a 4 °C na temperatura do ar na Região Sudeste e aumento da intensidade dos ventos no litoral da região. Por outro lado, não é observado um sinal consistente de mudanças na precipitação. Em uma análise mais local, Silva et al. (2014) avaliaram projeções para o período de 2041-2070 no Rio de Janeiro, usando o modelo regional Eta aninhado com o HadCM3. Eles também encontraram aumentos nas temperaturas mínima e máxima e diminuição (aumento) das noites e dias frios (quentes). Com relação à precipitação, a parte sul do Estado apresenta nas projeções o maior aumento do total anual da precipitação, bem como o aumento dos dias secos consecutivos. Já Reboita et al. (2018b), usando projeções futuras com o modelo RegCM4, mostraram que o Estado de Minas Gerais apresenta uma tendência significativa de aumento da temperatura do ar. Para a precipitação, as projeções apresentaram para o final do século um aumento (redução) da precipitação total sazonal no verão (inverno), aumento do volume de chuva em eventos extremos de precipitação, exceto no inverno, redução do número de dias úmidos entre o outono e a primavera e aumento do número de dias consecutivos secos em todas as estações do ano.

Essas mudanças futuras estão relacionadas a mudanças no padrão de circulação na região e dos sistemas transientes. Segundo Reboita et al. (2018a), através de projeções para o final do século, haverá um aumento da frequência dos ciclones no Atlântico Sul, na costa do Estado de São Paulo e no sul do Brasil e redução nas mesmas latitudes, mas a leste da região costeira. Embora haja tendência positiva desses sistemas junto à região costeira, a precipitação associada aos ciclones nesse setor poderá decrescer em cerca de 6%.

Outro sistema que afeta o Sudeste é o ASAS. Reboita et al. (2019), através das projeções de três modelos globais, indicaram que esse sistema terá uma expansão para sul no final do século e que a pressão central poderá ser igual ou ligeiramente mais intensa do que a atual. Silva, Reboita e Pinheiro (2019), num estudo do clima presente, mostraram que, quando o ASAS está deslocado para norte de sua posição climatológica, há ventos mais intensos na costa do Sudeste e, quando deslocado para sul, apenas a costa do Rio de Janeiro e a de São Paulo estão propícias a ventos mais intensos. Cavalcanti e Shimizu (2012), usando projeções futuras para o cenário RCP8.5 com o modelo do sistema terrestre HadGEM2-ES, mostraram um enfraquecimento da Alta da Bolívia e uma intensificação do jato subtropical sobre a América do Sul no final do século. O dipolo de precipitação associado à ZCAS apresentará nessa projeção anomalias mais intensas na parte sul, indicando um enfraquecimento da ZCAS.

3.4 Considerações finais

Como a Região Sudeste do Brasil se insere, em sua maior parte, na área de atuação do sistema de monção da América do Sul, ela apresenta, ao longo do ano, um período seco e outro chuvoso. Essa característica da região também é ressaltada pela classificação climática de Köppen-Geiger, em que o tipo climático predominante é o Aw. Em termos de temperatura do ar, o efeito da maritimidade é importante para os Estados que fazem limite com o Oceano Atlântico, enquanto a latitude e a altitude são importantes controladores do clima nas demais áreas.

O clima da Região Sudeste também pode apresentar oscilações, o que se chama de variabilidade. Há períodos em que uma primavera anomalamente seca (chuvosa) é seguida por um verão com condições opostas. Diversos padrões de teleconexões podem afetar essas anomalias na primavera e no verão. Em geral, a influência desses modos de variabilidade na temperatura de ar na Região Sudeste tem uma resposta mais linear, enquanto, para a precipitação, os impactos nem sempre são bem definidos. Episódios de EN (LN) e a fase positiva (negativa) do MAS, em geral, estão associados a um aquecimento (resfriamento) da Região Sudeste. Apesar de o impacto na precipitação não ser claro, alguns autores mostram uma maior frequência de ZCAS oceânica (continental) durante EN (LN). Estudos também sugerem um favorecimento da ZCAS na fase positiva do MAS. O Atlântico é outro fator que influencia a variabilidade climática da Região Sudeste, em que anomalias negativas (positivas) de TSM no Atlântico Subtropical favorecem (inibem) a precipitação no Sudeste. Na escala intrassazonal, quando a OMJ gera um aumento da convecção no sul da Indonésia, ela dispara um trem de onda tipo PSA que, após aproximadamente 20 dias, atinge a região de atuação da ZCAS, intensificando-a. Na escala interdecadal, verões com a combinação fase positiva (negativa) da ODP e fase fria da OMA mostram anomalias positivas (negativas) de precipitação em parte da Região Sudeste do Brasil. Essas anomalias são realçadas em anos de EN.

Os estudos têm apontado para um aumento da média e da tendência de extremos na temperatura do ar. Com relação à precipitação, apesar de uma maior variação espacial, diversos trabalhos indicam um aumento dos dias com precipitação extrema e dos dias secos consecutivos. Para o clima futuro, têm-se projetado intensificação da temperatura do ar média e também aumento de extremos climáticos, como aumento (diminuição) de dias e noites quentes (frias), de precipitações extremas e dias secos consecutivos.

Referências bibliográficas

ADLER, R. F.; HUFFMAN, G. J.; CHANG, A.; FERRARO, R.; XIE, P.; JANOWIAK, J.; RUDOLF, B.; SCHNEIDER, U.; CURTIS, S.; BOLVIN, D.; GRUBER, A.; SUSSKIND, J.; ARKIN, P. The Version 2 Global Precipitation Climatology Project (GPCP) Monthly Precipitation Analysis (1979-Present). *Journal of Hydrometeorology*, v. 4, p. 1147-1167, 2003.

ALVARES, C. A.; STAPE, J. L.; SENTELHAS, P. C.; GONÇALVES, J. L. M.; SPAROVEK, G. Koppens climate classification map for Brazil. *Meteorologische Zeitschrift*, v. 22, p. 711-728, 2013.

AMBRIZZI, T.; REBOITA, M. S.; DA ROCHA, R. P.; LLOPART, M. The state of the art and fundamental aspects of regional climate modeling in South America. *Annals of the New York Academy of Sciences*, v. 1436, n. 1, p. 98-120, 2019. DOI: 10.1111/nyas.13932.

ANDREOLI, R. V.; KAYANO, M. T. A importância do Atlântico Tropical Sul e Pacífico Leste na variabilidade de precipitação do Nordeste do Brasil. *Rev. Bras. Meteor.*, v. 22, p. 63-74, 2007.

ASHFAQ, M.; CAVAZOS, T.; REBOITA, M. S.; TORRES-ALAVEZ, J. A.; IM, E. S.; OLUSEGUN, C. F.; ... GIORGI, F. *Robust late twenty-first century shift in the regional monsoons in RegCM-CORDEX simulations*. Oak Ridge, TN (United States): Oak Ridge National Lab. (ORNL), 2020.

ATLAS, R.; HOFFMAN, R. N.; ARDIZZONE, J.; LEIDNER, S. M.; JUSEM, J. C.; SMITH, D. K.;

GOMBOS, D. A cross-calibrated, multiplatform ocean surface wind velocity product for meteorological and oceanographic applications. *Bulletin of the American Meteorological Society*, v. 92, p. 157-174, 2011. DOI: 10.1175/2010BAMS2946.1.

ÁVILA, A.; JUSTINO, F.; WILSON, A.; BROMWICH, D.; AMORIM, M. Recent precipitation trends, flash floods and landslides in southern Brazil. *Environmental Research Letters*, v. 11, p. 114029, 2016.

BARROS, V.; GRIMM, A. M.; DOYLE, M. E. Relationship between temperature and circulation in Southeastern South America and its influence from El Niño and La Niña events. *J. Meteor. Soc. Japan*, v. 80, p. 21-32, 2002.

BERNARDINO, B. S.; VASCONCELLOS, F. C.; NUNES, A. M. Impact of the equatorial Pacific and South Atlantic SST anomalies on extremes in austral summer precipitation over Grande river basin in Southeast Brazil. *International Journal of Climatology*, v. 38, p. e131-e143, 2018.

BOMBARDI, R. J.; CARVALHO, L. M. V.; JONES, C. Simulating the influence of the South Atlantic dipole on the South Atlantic convergence zone during neutral ENSO. *Theoretical and Applied Climatollogy*, v. 118, p. 251-269, 2014. DOI: 10.1007/s00704-013-1056-0.

BOMBARDI, R. J.; CARVALHO, L. M. V.; JONES, C.; REBOITA, M. S. Precipitation over eastern South America and the South Atlantic Sea surface temperature during neutral ENSO periods. *Climate Dynamics*, v. 42, p. 1553-1568, 2014. DOI: 10.1007/s00382-013-1832-7.

CARVALHO, L. M. V.; JONES, C.; LIEBMANN, B. The South Atlantic Convergence Zone: Intensity, form, persistence, and relationships with intraseasonal to interannual activity and extreme rainfall. *Journal of Climate*, v. 17, p. 88-108, 2004.

CAVALCANTI, I. F. A.; SHIMIZU, M. H. Climate Fields over South America and Variability of SACZ and PSA in HadGEM2-ES. *American Journal of Climate Change*, v. 01, p. 132-144, 2012. DOI: 10.4236/ajcc.2012.13011.

CHAVES, R. R.; NOBRE, P. Interactions between sea surface temperature over the South Atlantic Ocean and the South Atlantic Convergence Zone. *Geophys. Res. Lett.*, v. 31, n. 3, 2004.

COELHO, C. A. S.; CARDOSO, D. H. F.; FIRPO, M. A. F. Precipitation diagnostics of an exceptionally dry event in São Paulo, Brazil. *Theoretical and Applied Climatology*, v. 125, p. 769-784, 2016. DOI: 10.1007/s00704-015-1540-9.

COELHO, C. A. S.; DE OLIVEIRA, C. P.; AMBRIZZI, T.; REBOITA, M. S.; CARPENEDO, C. B.; CAMPOS, J. L. P. S.; TOMAZIELLO, A. C. N.; PAMPUCH, L. A.; CUSTÓDIO, M. S.; DUTRA, L. M. M.; DA ROCHA, R. P.; REHBEIN, A. The 2014 southeast Brazil austral summer drought: regional scale mechanisms and teleconnections. *Climate Dynamics*, v. 46, p. 3737-3752, 2016. DOI: 10.1007/s00382-015-2800-1.

CUNNINGHAM, C. C.; CAVALCANTI, I. F. A. Intraseasonal modes of variability affecting the South Atlantic Convergence Zone. *Int. J. Climatology*, v. 26, p. 1165-1180, 2006.

DE ALMEIDA, R. A. F.; NOBRE, P.; HAARSMA, R. J.; CAMPOS, E. J. D. Negative ocean-atmosphere feedback in the South Atlantic Convergence Zone. *Geophysical Research Letters*, v. 34, p. L18809, 2007. DOI: 10.1029/2007GL030401.

DERECZYNSKI, C.; SILVA, W. L.; MARENGO, J. Detection and Projections of Climate Change in Rio de Janeiro, Brazil. *American Journal of Climate Change*, v.2, p. 23-33, 2013.

DOYLE, M. E.; BARROS, V. R. Midsummer Low-Level Circulation and Precipitation in Subtropical South America and Related Sea Surface Temperature Anomalies in the South Atlantic. *Journal of Climate*, v. 15, p. 3394-3410, 2002. DOI: 10.1175/1520-0442(2002)015<3394:MLLCAP>2.0.CO;2.

DUBREUIL, V.; FANTE, K. P.; PLANCHON, O.; SANT'ANNA NETO, J. L. Os tipos de climas anuais no Brasil: uma aplicação da classificação de Köppen de 1961 a 2015. *Confins*, v. 37, 2018.

DURÁN-QUESADA, A. M.; REBOITA, M. S.; GIMENO, L. Precipitation in tropical America and the associated sources of moisture: a short review. *Hydrological Sciences Journal*, v. 57, p. 612-624, 2012.

ENFIELD, D. B.; MESTAS-NUÑEZ, A. M.; TRIMBLE, P. J. The Atlantic Multidecadal Oscillation and its relation to rainfall and river flows in the continental U.S. *Geophysical Research Letters*, v. 28, p. 2077-2080, 2001. DOI: 10.1029/2000GL012745.

ENFIELD, D. B.; MESTAS-NUÑEZ, A. M.; MAYER, D. A.; CID-SERRANO, L. How ubiquitous is the dipole relationship in tropical Atlantic sea surface temperatures? *Journal of Geophysical Research*, v. 104, p. 7841-7848, 1999. DOI: 10.1029/1998JC900109.

EPE – EMPRESA DE PESQUISA ENERGÉTICA. Plano Decenal de Expansão de Energia 2027. Ministério de Minas e Energia, Brasil, 2018. Disponível em: <http://www.epe.gov.br/sites-pt/publicacoes-dados-abertos/publicacoes/Documents/PDE%202027_aprovado_OFICIAL.pdf>.

ESCOBAR, G. C. J. Climatologia sinótica associada com episódios de Zona de Convergência do Atlântico Sul (ZCAS). In: XX CONGRESSO BRASILEIRO DE METEOROLOGIA, 2018, Maceió (AL). *Anais...* Maceió, 2018.

ESCOBAR, G. C. J.; VAZ, J. C. M.; REBOITA, M. S. Surface Atmospheric Circulation Associated With ‹Friagens' in Central-West Brazil. *Anuário do Instituto de Geociências – UFRJ*, v. 42, p. 241-254, 2019.

GARCIA, S. R. *Variabilidade do sistema de monção da América do Sul: relações com a Oscilação decadal do Pacífico*. 2006. 142 p. Dissertação (Mestrado em Meteorologia) – Instituto Nacional de Pesquisas Espaciais (INPE), São José dos Campos, 2006. Disponível em: <http://urlib.net/6qtX3pFwXQZGivnJSY/KxCDs>.

GONG, D.; WANG, S. Antarctic Oscillation: concept and applications. *Chinese Science Bulletin*, v. 43, p. 734-738, 1998. DOI: 10.1007/BF02898949.

GONG, D.; WANG, S. Definitions of Antarctic Oscillation index. *Geophys. Res. Lett.*, v. 26, p. 459-462, 1999.

GOZZO, L. F.; DA ROCHA, R. P.; REBOITA, M. S.; SUGAHARA, S. Subtropical cyclones over the southwestern South Atlantic: Climatological aspects and case study. *Journal of Climate*, v. 27, p. 8543-8562, 2014.

GRIMM, A. M.; PAL, J.; GIORGI, F. Connection between Spring conditions and peak Summer monsoon rainfall in South America: Role of soil moisture, surface temperature, and topography in Eastern Brazil. *Journal of Climate*, v. 20, p. 5929-5945, 2007.

GUIMARÃES, D. P.; REIS, R. Impactos do fenômeno ENOS sobre a temperatura no Brasil. *Revista Espinhaço*, v. 1, p. 34-40, 2012.

HAARSMA, R. J.; CAMPOS, E. J. D.; MOLTENI, F. Atmospheric response to South Atlantic SST dipole. *Geophysical Research Letters*, v. 30, p. 1864, 2003. DOI: 10.1029/2003GL017829.

HUFFMAN, G. J.; ADLER, R. F.; BOLVIN, D. T.; GU, G.; NELKIN, E. J.; BOWMAN, K. P.; HONG, Y.; STOCKER, E. F.; WOLFF, D. B. The TRMM multi-satellite precipitation analysis: quasi-global, multi-year, combined-sensor precipitation estimates at fine scale. *Journal of Hydrometeorology*, v.8, p. 38-55, 2007.

IBGE – INSTITUTO BRASILEIRO DE GEOGRAFIA E ESTATÍSTICA. Área territorial – Brasil, Grandes Regiões, Unidades da Federação e Municípios. 2018. Disponível em: <https://www.ibge.gov.br/geociencias/organizacao-do-territorio/15761-areas-dos-municipios.html?=&t=acesso-ao-produto>. Acesso em: 10 jul. 2019.

IBGE – INSTITUTO BRASILEIRO DE GEOGRAFIA E ESTATÍSTICA. *Estimativas da população*. IBGE, 2020. Disponível em: <https://www.ibge.gov.br/estatisticas/sociais/populacao/9103--estimativas-de-populacao.html?=&t=resultados>.

IPCC – INTERGOVERNMENTAL PANEL ON CLIMATE CHANGE. *Managing the Risks of Extreme Events and Disasters to Advance Climate Change Adaptation*. A Special Report of Working Groups I and II of the Intergovernmental Panel on Climate Change. Cambridge, UK; New York, NY, USA: Cambridge University Press, 2012. 582 p.

JONES, P. D.; LISTER, D. H.; OSBORN, T. J.; HARPHAM, C.; SALMON, M.; MORICE, C. P. Hemispheric and large-scale land surface air temperature variations: an extensive revision and an update to 2010. *Journal of Geophysical Research*, v. 117, p. D05127, 2012. DOI: 10.1029/2011JD017139.

JORGETTI, T.; DA SILVA DIAS, P. L.; DE FREITAS, E. D. The relationship between South Atlantic SST and SACZ intensity and positioning. *Climate Dynamics*, v. 42, p. 3077-3086, 2014. DOI: 10.1007/s00382-013-1998-z.

KAROLY, D. J. Southern Hemisphere circulation features associated with El Niño-Southern oscillation events. *Journal of Climate*, v. 2, p. 1239-1252, 1989.

KAYANO, M. T.; ANDREOLI, R. V. Relations of South American summer rainfall interannual variations with the Pacific Decadal Oscillation. *International Journal of Climatology*, v. 27, p. 531-540, 2007. DOI: 10.1002/joc.1417.

KAYANO, M. T.; ANDREOLI, R. V.; SOUZA, R. A. F. Pacific and Atlantic multidecadal variability relations to the El Niño events and their effects on the South American rainfall. *International Journal of Climatology*, v. 40, p. 2183-2200, 2020. DOI: 10.1002/joc.6326.

KERR, R. A. A North Atlantic climate pacemaker for the centuries. *Science*, v. 288, p. 1984-1986, 2000. DOI: 10.1126/science.288.5473.1984.

KNIGHT, J. R.; FOLLAND, C. K.; SCAIFE, A. A. Climate impacts of the Atlantic Multidecadal Oscillation. *Geophysical Research Letter*, v. 33, p. L17706, 2006. DOI: 10.1029/2006GL026242.

KOTTEK, M.; GRIESER, J.; BECK, C.; RUDOLF, B.; RUBEL, F. World Map of Köppen Geiger climate classification updated. *Meteorologische Zeitschrift*, v. 15, n. 3, p. 259-263, 2006.

KOUSKY, V. E. Pentad outgoing longwave radiation climatology for the South American sector. *Rev. Bras. Meteor.*, v. 3, p. 217-231, 1988.

LYRA, A.; TAVARES, P.; CHOU, S. C.; SUEIRO, G.; DERECZYNSKI, C.; SONDERMANN, M.; SILVA, A.;

MARENGO, J.; GIAROLLA, A. Climate change projections over three metropolitan regions in Southeast Brazil using the non-hydrostatic Eta regional climate model at 5-km resolution. *Theoretical and Applied Climatology*, v. 132, p. 663-682, 2018. DOI: 10.1007/s00704-017-2067-z.

MADDEN, R. A.; JULIAN, P. R. Description of global-scale circulation cells in the tropics with a 40-50 day period. *J. Atmos. Sci.*, v. 29, p. 1109-1123, 1972.

MADDEN, R. A.; JULIAN, P. R. Detection of a 40-50 day oscillation in the zonal wind in the tropical Pacific. *J. Atmos. Sci.*, v. 28, p. 702-708, 1971.

MANTUA, N. J.; HARE, S. R. The Pacific Decadal Oscillation. *Journal of Oceanogr.*, v. 58, p. 35-44, 2002.

MANTUA, N. J; HARE, S. R.; ZHANG, Y.; WALLACE, J. M.; FRANCIS, R. C. A Pacific interdecadal climate oscillation with impacts on salmon production. *Bull. Amer. Meteor. Soc.*, v. 78, p. 1069-1079, 1997.

MARENGO, J. A.; JONES, R.; ALVES, L. M.; VALVERDE, M. C. Future change of temperature and precipitation extremes in South America as derived from the PRECIS regional climate modeling system. *International Journal of Climatology*, v. 29, p. 2241-2255, 2009. DOI: 10.1002/joc.

MARENGO, J. A.; LIEBMANN, B.; GRIMM, A. M.; MISRA, V.; DIAS, P. L. S.; CAVALCANTI, I. F. A.; CARVALHO, L. M. V.; BERBERY, E. H.; AMBRIZZI, T.; VERA, C.; SAULO, C.; NOGUES-PAUGLE, J.; ZIPSER, E.; SETH, A.; ALVES, L. M. Review recent developments on the South American monsoon system. *International Journal of Climatology*, v. 32, p. 1-21, 2012.

MO, K. C.; GHIL, M. Statistics and dynamics of persistent anomalies. *J. Atmos. Sci.*, v. 44, p. 877-901, 1987.

MO, K. C.; HIGGINS, R. W. The Pacific–South American modes and tropical convection during the Southern Hemisphere winter. *Monthly Weather Review*, v. 126, p. 1581-1596, 1998.

MO, K. C.; PAEGLE, J. N. The Pacific-South American modes and their downstream effects. *Intern. J. Climatology*, v. 21, p. 1211-1229, 2001.

MONTINI, T. L.; JONES, C.; CARVALHO, L. M. V. The South American Low-Level Jet: A New Climatology, Variability, and Changes. *Journal of Geophysical Research: Atmospheres*, v. 124, p. 1200-1218, 2019. DOI: 10.1029/2018JD029634.

OLIVEIRA, A. P.; BORNSTEIN, R. D.; SOARES, J. Annual and Diurnal Wind Patterns in the City of São Paulo *Water, Air, & Soil Pollution: Focus*, v. 3, p. 3-15, 2003. DOI: 10.1023/A:1026090103764.

PHILANDER, S. G. *El Niño, La Niña, and Southern Oscillation*. San Diego: Academic Press, 1990.

PORTO, R. L.; PORTO, M. F. A.; PALERMO, M. Ponto de vista: A ressurreição do volume morto do sistema Cantareira na Quaresma. *Revista DAE*, v. 62, p. 18-25, 2014. DOI: 10.4322/dae.2014.131.

RAO, V. B.; DO CARMO, A. M. C.; FRANCHITO, S. H. Interannual variations of storm tracks in the Southern Hemisphere and their connections with the Antarctic oscillation. *International Journal of Climatology*, v. 23, p. 1537-1545, 2003. DOI: 10.1002/joc.948.

RAO, V. B.; FRANCHITO, S. H.; SANTO, C. M. E.; GAN, M. A. An update on the rainfall characteristics of Brazil: Seasonal variations and trends in 1979-2011. *International Journal of Climatology*, v. 36, p. 291-302, 2016. DOI: 10.1002/joc.4345.

REBOITA, M. S.; AMBRIZZI, T.; ROCHA, R. P. Relationship between the SAM and the SH atmospheric systems. *Revista Brasileira de Meteorologia*, v. 24, p. 48-55, 2009.

REBOITA, M. S.; DA ROCHA, R. P.; OLIVEIRA, D. M. Key Features and Adverse Weather of the Named Subtropical Cyclones over the Southwestern South Atlantic Ocean. *Atmosphere*, v. 10, p. 6, 2019.

REBOITA, M. S.; ESCOBAR, G.; LOPES, V. Climatologia Sinótica de Eventos de Ondas de Frio sobre a Região Sul de Minas Gerais. *Revista Brasileira de Climatologia*, v. 16, p. 72-92, 2015.

REBOITA, M. S.; DA ROCHA, R. P.; AMBRIZZI, T.; SUGAHARA, S. South Atlantic Ocean cyclogenesis climatology simulated by regional climate model (RegCM3). *Climate Dynamics*, v. 35, p. 1331-1347, 2010a.

REBOITA, M. S.; DA ROCHA, R. P.; DE SOUZA, M. R.; LLOPART, M. Extratropical cyclones over the southwestern South Atlantic Ocean: HadGEM2-ES and RegCM4 projections. *International Journal of Climatology*, v. 38, p. 2866-2879, 2018a. DOI: 10.1002/joc.5468.

REBOITA, M. S.; GAN, M. A.; DA ROCHA, R. P.; AMBRIZZI, T. Regimes de Precipitação na América do Sul: Uma Revisão Bibliográfica. *Revista Brasileira de Meteorologia*, v. 25, p. 185-204, 2010b.

REBOITA, M. S.; GAN, M. A.; DA ROCHA, R. P.; CUSTÓDIO, I. S. Ciclones em Superfície nas Latitudes Austrais: Parte I Revisão Bibliográfica. *Revista Brasileira de Meteorologia*, v. 32, n. 2, p. 171-186, 2017a.

REBOITA, M. S.; GAN, M. A.; DA ROCHA, R. P.; CUSTÓDIO, I. S. Ciclones em Superfície nas Latitudes

Austrais: Parte II Estudo de Casos. *Revista Brasileira de Meteorologia*, v. 32, p. 509-542, 2017b.

REBOITA, M. S.; KRUSCHE, N.; AMBRIZZI, T.; DA ROCHA, R. P. Entendendo o Tempo e o Clima na América do Sul. *Terrae Didatica*, v. 8, p. 34-50, 2012.

REBOITA, M. S.; MARRAFON, V. H. A.; LLOPART, M.; ROCHA, R. P. Cenários de mudanças climáticas projetados para o estado de Minas Gerais. *Revista Brasileira de Climatologia*, Ano 14 – Edição Especial Dossiê Climatologia de Minas Gerais, p. 110-128, 2018b.

REBOITA, M. S.; AMBRIZZI, T.; SILVA, B. A.; PINHEIRO, R. F.; DA ROCHA, R. P. The South Atlantic Subtropical Anticyclone: Present and Future Climate. *Frontiers in Earth Science*, v. 7, p. 1-15, 2019.

REBOITA, M. S.; AMBRIZZI, T.; CRESPO, N. M.; DUTRA, L. M. M.; FERREIRA, G. W. de S.; REHBEIN, A.; DRUMOND, A.; DA ROCHA, R. P.; SOUZA, C. A. Impacts of teleconnection patterns on South America climate. *Annals of the New York Academy of Sciences*, v. xx, p. nyas.14592, 2021.

REGOTO, P.; DERECZYNSKI, C.; SILVA, W. L.; SANTOS, R.; CONFALONIERI, U. Tendências de Extremos de Precipitação para o Estado do Espírito Santo. *Anuário do Instituto de Geociências – UFRJ*, v. 41, p. 365-381, 2018.

ROSSO, F. V.; BOIASKI, N. T.; FERRAZ, S. E. T.; ROBLES, T. C. Influence of the Antarctic Oscillation on the South Atlantic Convergence Zone. *Atmosphere*, v. 9, p. 431, 2018.

SANTOS, D. F.; REBOITA, M. S. Jatos de baixos níveis a leste dos Andes: Comparação entre duas reanálises. *Revista Brasileira de Climatologia*, v. 22, p. 340-362, 2018.

SAPUCCI, C. R.; REBOITA, M. S.; CARVALHO, V. S. B.; MARTINS, F. B. Condições Meteorológicas Associadas com a Ocorrência de Geadas na Serra da Mantiqueira. *Revista Brasileira de Climatologia*, v. 1, p. 153-167, 2018.

SHIMIZU, M. H.; AMBRIZZI, T. MJO influence on ENSO effects in precipitation and temperature over South America. *Theoretical and Applied Climatology*, v. 124, p. 291-301, 2016. DOI: 10.1007/s00704-015-1421-2.

SILVA, B. A.; REBOITA, M. S.; PINHEIRO, R. F. Influência do anticiclone subtropical do atlântico sul nos ventos da América do Sul. In: SEMINÁRIO DE MEIO AMBIENTE E ENERGIAS RENOVÁVEIS, UNIVERSIDADE FEDERAL DE ITAJUBÁ (SEMEAR), 2019. *Anais...* Itajubá (MG), 2019. Disponível em: <http://seminariosemear.com/assets/docs/trabalhos_revisados/semear.2019.52.pdf>.

SILVA, E. D.; REBOITA, M. S. Estudo da Precipitação no Estado de Minas Gerais – MG. *Revista Brasileira de Climatologia*, v. 13, p. 120-136, 2013.

SILVA, G. A. M.; DRUMOND, A.; AMBRIZZI, T. The impact of El Niño on South American summer climate during different phases of the Pacific Decadal Oscillation. *Theoretical and Applied Climatology*, v. 106, p. 307-319, 2011. DOI: 10.1007/s00704-011-0427-7.

SILVA, J. P. R.; REBOITA, M. S.; ESCOBAR, G. C. J. Caracterização da Zona de Convergência do Atlântico Sul em Campos Atmosféricos Recentes. *Revista Brasileira de Climatologia*, v. 25, p. 355-377, 2019.

SILVA, L. J.; REBOITA, M. S.; DA ROCHA, R. P. Relação da Passagem de Frentes Frias na Região Sul de Minas Gerais (RSMG) com a Precipitação e Eventos de Geada. *Revista Brasileira de Climatologia*, v. 14, p. 229-246, 2014.

SILVA, W. L.; DERECZYNSKI, C. Caracterização Climatológica e Tendências Observadas em Extremos Climáticos no Estado do Rio de Janeiro. *Anuário do Instituto de Geociências – UFRJ*, v. 37, p. 123-138, 2014.

SILVA, W. L.; DERECZYNSKI, C.; CHAN, C. S.; CAVALCANTI, I. Future Changes in Temperature and Precipitation Extremes in the State of Rio de Janeiro (Brazil). *American Journal of Climate Change*, v.3, p. 353-365, 2014.

SILVA DIAS, M. A. F.; DIAS, J.; CARVALHO, L. M. V.; FREITAS, E. D.; SILVA DIAS, P. L. Changes in extreme daily rainfall for São Paulo, Brazil. *Climatic Change*, v. 116, p. 705-722, 2013.

SKANSI, M. D. L. M.; BRUNET, M.; SIGRÓ, J.; AGUILAR, E.; ANDRÉS, J.; GROENING, A.; BENTANCUR, O. J.; ROSA, Y.; GEIER, C.; LEONOR, R.; AMAYA, C.; JÁCOME, H.; MALHEIROS, A.; ORIA, C.; MAX, A.; SALLONS, S.; VILLAROEL, C.; MARTÍNEZ, R.; ALEXANDER, L. V.; JONES, P. D. Warming and wetting signals emerging from analysis of changes in climate extreme indices over South America. *Global and Planetary Change*, v. 100, p. 295-307, 2013. DOI: 10.1016/j.gloplacha.2012.11.004.

SOARES, D. D. B.; LEE, H.; LOIKITH, P. C.; BARKHORDARIAN, A.; MECHOSO, C. Can significant trends be detected in surface air temperature and precipitation over South America in recent decades? *International Journal of Climatology*, v. 37, p. 1483--1493, 2017. DOI: 10.1002/joc.4792.

SOUZA, C. A.; REBOITA, M. S. Ferramenta para o Monitoramento dos Padrões de Teleconexão na América do Sul. *Revista Terrae Didatica*, v. 17, p. e02109, 2021.

SOUZA, J. N.; VASCONCELLOS, F. C. Evaluation of the Sea Surface Temperature anomalies in the Subtropical South Atlantic Ocean region. In: AMERICAN MONSOONS: PROGRESS AND FUTURE PLANS, 2019. Anais... ICTP-SAIFR, São Paulo, 2019.

STERL, A.; HAZELEGER, W. Coupled variability and air-sea interaction in the South Atlantic ocean. *Climate Dynamics*, v. 21, p. 559-571, 2003.

TANK, M. G. K.; ZWIERS, F. W.; ZHANG, X. *Guidelines on Analysis of extremes in a changing climate in support of informed decisions for adaptation*. Geneva: World Meteorological Organization, 2009. 52 p.

TEDESCHI, R. G. *As influências de tipos diferentes de ENOS na precipitação e nos seus eventos extremos sobre a América do Sul – observações, simulações e projeções*. 2013. 254 p. Tese (Doutorado em Meteorologia) – Instituto Nacional de Pesquisas Espaciais (INPE), São José dos Campos, 2013. Disponível em: <http://urlib.net/rep/8JMKD3MGP7W/3DTKRF2>.

TEDESCHI, R. G.; CAVALCANTI, I. F. A.; GRIMM, A. M. Influences of two types of ENSO on South American precipitation. *International Journal of Climatology*, v. 33, p. 1382-1400, 2013. DOI: 10.1002/joc.3519.

TEDESCHI, R. G.; GRIMM, A. M.; CAVALCANTI, I. F. A. Influence of Central and East ENSO on precipitation and its extreme events in South America during austral autumn and winter. *International Journal of Climatology*, v. 36, p. 4797-4814, 2016. DOI: 10.1002/joc.4670.

THOMPSON, D. W. J.; WALLACE, J. M. Annular modes in the extratropical circulation. Part II: Trends. *Journal of Climate*, v. 13, p. 1018-1036, 2000. DOI: 10.1175/1520-0442(2000)013<1018:AMITEC>2.0.CO;2.

TRENBERTH, K. E. Evolution of El Niño-Southern Oscillation and global atmospheric surface temperatures. *Journal of Geophysical Research*, v. 107, p. 4065, 2002. DOI: 10.1029/2000JD000298.

TRENBERTH, K. E. The definition of El Niño. *Bulletin of American Meteorological Society*, v. 78, p. 2771-2777, 1997.

VASCONCELLOS, F. C. *A oscilação Antártica-mecanismos físicos e a relação com características atmosféricas sobre a América do Sul/oceanos adjacentes*. 2012. 192 p. Tese (Doutorado em Meteorologia) – Instituto Nacional de Pesquisas Espaciais (INPE), São José dos Campos, 2012. Disponível em: <http://urlib.net/rep/8JMKD3MGP7W/3CPTMAL>.

VASCONCELLOS, F. C.; SOUZA, J. N. The anomalous wet 2020 southeast Brazil austral summer: characterization and possible mechanisms. *Atmósfera*, 2020 (aceito). DOI: 10.20937/ATM.52919.

VASCONCELLOS, F. C.; PIZZOCHERO, R. M.; CAVALCANTI, I. F. A. Month-to-Month Impacts of Southern Annular Mode Over South America Climate. *Anuário Do Instituto de Geociências – UFRJ*, v. 42, p. 783-792, 2019.

VEMADO, F.; PEREIRA FILHO, A. J. Severe Weather Caused by Heat Island and Sea Breeze Effects in the Metropolitan Area of São Paulo, Brazil. *Advances in Meteorology*, v. 2016, p. 1-13, 2016.

VENEGAS, S. A.; MYSAK, L. A.; STRAUB, D. N.; VENEGAS, S. A.; MYSAK, L. A.; STRAUB, D. N. Atmosphere – Ocean Coupled Variability in the South Atlantic. *Journal of Climate*, v. 10, p. 2904-2920, 1997. DOI: 10.1175/1520-0442(1997)010<2904:AOCVIT>2.0.CO;2.

WALLACE, J. M.; GUTZLER, D. S. Teleconnections in the geopotencial height field during the Northern Hemisphere winter. *Monthly Weather Review*, v. 109, p. 785-812, 1981.

WANG, B.; DING, Q. Changes in global monsoon precipitation over the past 56 years. *Geophysical Research Letters*, v. 33, p. 1-4, 2006.

WEARE, B. C. Empirical orthogonal function analysis of Atlantic Ocean surface temperatures. *Quarterly Journal of the Royal Meteorological Society*, v. 103, p. 467-478, 1977.

YNOUE, R. Y.; REBOITA, M. S.; AMBRIZZI, T.; SILVA, G. A. M. *Meteorologia: noções básicas*. São Paulo: Oficina de Textos, 2017.

ZILLI, M. T.; CARVALHO, L. M. V; LIEBMANN, B.; SILVA, M. A. A comprehensive analysis of trends in extreme precipitation over southeastern coast of Brazil. *International Journal of Climatology*, v. 37, p. 2269-2279, 2017. DOI: 10.1002/joc.4840.

4 | Clima da Região Centro-Oeste

Lincoln Muniz Alves
Renata Tatsch Eidt

A Região Centro-Oeste tem uma área de aproximadamente 1.607.000 km², que corresponde a 18% do território brasileiro, sendo formada pelos Estados de Goiás, Mato Grosso do Sul, Mato Grosso e o Distrito Federal. Localizada em um extenso Planalto Central, é conhecida principalmente pela diversidade de sua vegetação, tendo o Pantanal como a maior área alagada do mundo e uma grande biodiversidade. Já na região de planalto, predomina a vegetação de cerrado. Além disso, embora a região não possua área costeira, ela representa uma porção importante para a economia do país, principalmente quando associada à produtividade agrícola (exportação) e pecuária.

A diversidade dos fatores geográficos – latitude, relevo e vegetação, por exemplo – atribui à região uma complexa variabilidade climática, principalmente das temperaturas. Outra característica marcante da região é a distribuição espacial e temporal da precipitação (quantidade de chuva), ou seja, o verão é essencialmente quente e chuvoso, enquanto o inverno é seco e com temperaturas amenas. Segundo a classificação de Köppen, há três tipos de clima: Cwa (temperaturas moderadas com verões quentes e chuvosos), Aw (temperaturas elevadas, chuva no verão e seca no inverno) e Am (temperaturas elevadas com alto índice pluviométrico). O tipo Cwa é observado nas áreas mais altas de Goiás e no sul do Mato Grosso do Sul, o tipo Am encontra-se na parte norte do Mato Grosso e o Aw prevalece em todos os Estados.

4.1 Processos atmosféricos e variação sazonal

Por se situar no subtrópico, as características climáticas do Centro-Oeste sofrem influências dos sistemas atmosféricos de origem tanto tropical como extratropical. O setor norte recebe influências dos sistemas que atuam na região amazônica; o setor sul sofre a ação dos sistemas extratropicais, tais como os sistemas frontais. As variações regionais e temporais de grande escala do clima podem ser compreendidas em termos da circulação da atmosfera sobre a região. O forte aquecimento convectivo (liberação de calor latente) da atmosfera na Amazônia durante o verão resulta em um sistema típico e quase estacionário nos altos níveis, conhecido como a Alta da Bolívia. Como consequência dessa circulação, tem-se, nos baixos níveis, uma região de baixa pressão (Baixa do Chaco) e convergência de ar (Virji, 1981). A Alta da Bolívia recebe esse nome por posicionar-se, no verão, sobre a Bolívia e o Mato Grosso do Sul, porém sua intensidade e posição variam durante o ano. Esses sistemas, acoplados dinamicamente, deslocam-se para o norte, atingindo a Venezuela e a Colômbia em junho e julho, retornando, no verão, para a Bolívia, depois de passar pelo Peru e oeste da Amazônia (Kousky; Kayano, 1981). A Fig. 4.1 mostra a circulação anticiclônica associada à Alta da Bolívia.

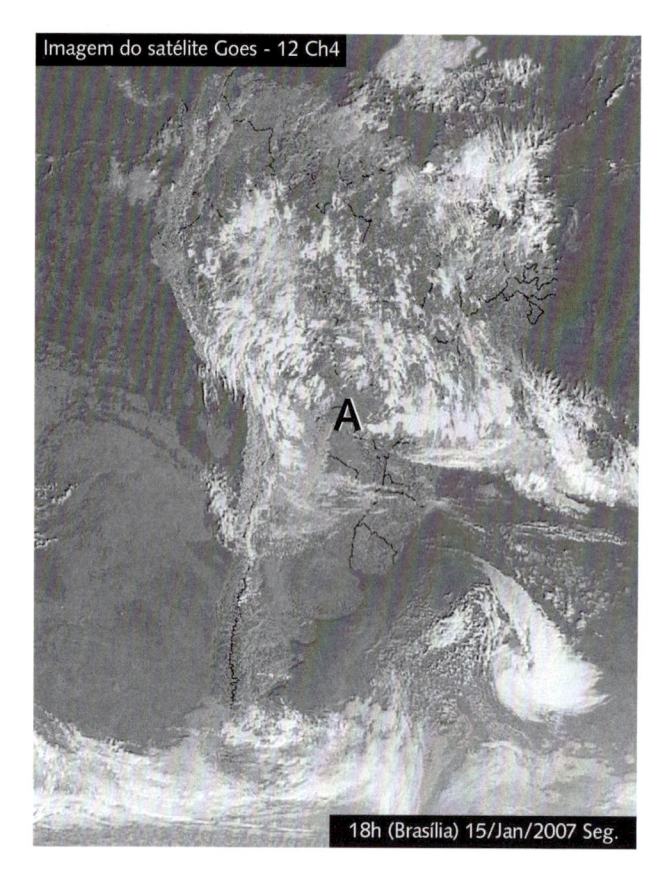

Fig. 4.1 Imagem do satélite Goes-12 para o dia 15/1/2007, às 21 GMT (18h, hora de Brasília). Observa-se a circulação anticiclônica (sentido anti-horário) associada à Alta da Bolívia. A letra "A" indica o centro aproximado da alta
Fonte: CPTEC/INPE.

Na América do Sul, essa circulação pode influenciar o clima com condições adversas, tais como secas, enchentes e condições de tempo severas associadas a complexos convectivos de mesoescala (CCMs), nas regiões Sul e Sudeste do Brasil e norte da Argentina, na saída do jato de baixos níveis (Paegle, 1998).

A grande variabilidade pluviométrica na Região Centro-Oeste está diretamente relacionada com as condições atmosféricas decorrentes da interação entre fenômenos pertencentes a várias escalas temporais e espaciais, que vão desde a escala planetária até a escala local. Uma característica marcante dessa região é a distribuição espacial da precipitação, com média em torno de 1.500 mm/ano. No entanto, observa-se no norte de Mato Grosso precipitação acumulada anual superior a 1.800 mm/ano (Fig. 4.2). A parte sul da região tem os menores totais de precipitação, com média em torno de 1.200 mm/ano.

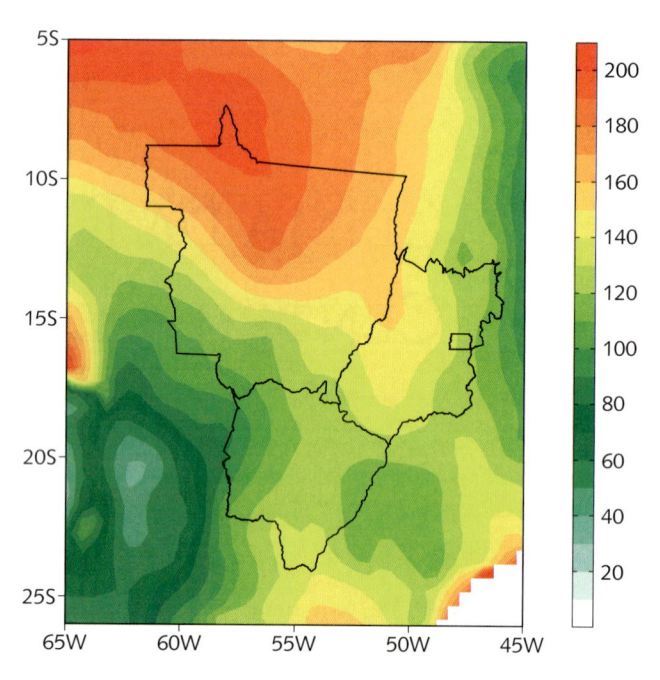

Fig. 4.2 Distribuição espacial da climatologia de precipitação média anual (mm/mês) na Região Centro-Oeste no período de 1981-2010
Fonte: CRU-TSv4.03.

O regime de precipitação da Região Centro-Oeste possui também uma variação sazonal, que define pelo menos dois regimes de precipitação. A Fig. 4.3 ilustra bem essa variação através da média climatológica (1981-2010) da precipitação e do vento em baixos níveis (850 hPa) para o período de verão (DJF) e inverno (JJA). Há duas estações bem definidas: uma seca no inverno (junho-julho-agosto) e outra chuvosa no verão (dezembro-janeiro-fevereiro). Em geral, mais de 70% do total de chuva acumulada ocorre durante o verão e o outono, enquanto os meses de inverno são excessivamente secos, contribuindo com apenas 5%, em média.

Essa variabilidade sazonal da precipitação na Região Centro-Oeste é influenciada principalmente por variações na direção dos ventos e pela circulação atmosférica associada a condições do Oceano Atlântico. O Oceano Atlântico representa uma importante fonte de umidade para o centro do Brasil (Barros et al., 2000;

Pampuch et al., 2016). A região recebe umidade da Amazônia e também a umidade proveniente do fluxo oeste da alta subtropical do Atlântico Sul. Com o deslocamento desse centro de alta pressão em função da estação do ano, ocorre também mudança no escoamento em baixos níveis que atuam sobre a região continental, favorecendo a ocorrência de regiões de convergência ou divergência de umidade.

Durante o verão (DJF) no Hemisfério Sul, a Zona de Convergência Intertropical (ZCIT) encontra-se mais deslocada para o sul, contribuindo para maior convecção na região tropical da América do Sul (Fig. 4.3). Com o continente mais aquecido nesse período, a baixa pressão relativa sobre ele favorece o escoamento do oceano para o continente. A alta subtropical do Atlântico Sul, associada ao ramo subsidente da célula de Hadley, fica mais deslocada para o oceano, com ventos de nordeste atingindo o continente. O giro anticiclônico direciona os ventos para o sul, trazendo umidade do Oceano Atlântico e também da Amazônia, favorecendo aumento de precipitação no Centro-Oeste.

Assim como o sudeste do Brasil e parte da região amazônica, a Região Centro-Oeste sofre também influência da Zona de Convergência do Atlântico Sul (ZCAS). A ZCAS se forma durante os meses de verão no sudeste da América do Sul, associada à variação na direção do escoamento em baixos níveis, e possui, entre as principais fontes, o fluxo de umidade proveniente do Oceano Atlântico (Liebmann et al., 1999; Barros et al., 2000; Quadro et al., 2012). Essa intensa faixa de convecção contribui para o aumento de chuvas nas áreas da Amazônia até o sudeste do Brasil, incluindo parte da Região Centro-Oeste.

Durante os meses de inverno (JJA) a configuração do escoamento é diferente. Nesse período, a ZCIT posicionada mais ao norte e a alta subtropical deslocada para o continente contribuem para que a precipitação fique mais concentrada no norte da América do Sul, ocorrendo menor precipitação na porção central do Brasil (Fig. 4.3). Apesar de pouco significativa, a precipitação na área situada mais ao sul concentra-se também no período de inverno, associada principalmente à atuação dos CCMs. Estes são influenciados pelo forte escoamento em baixos níveis da atmosfera a leste dos Andes, denominado jato de baixos níveis, que atua no transporte de massa de ar tropical em direção a latitudes mais altas (Marengo et al., 2004).

A evolução temporal das chuvas, durante o ano, é ilustrada pela precipitação média mensal nas estações meteorológicas de Campo Grande, Cuiabá, Goiânia e

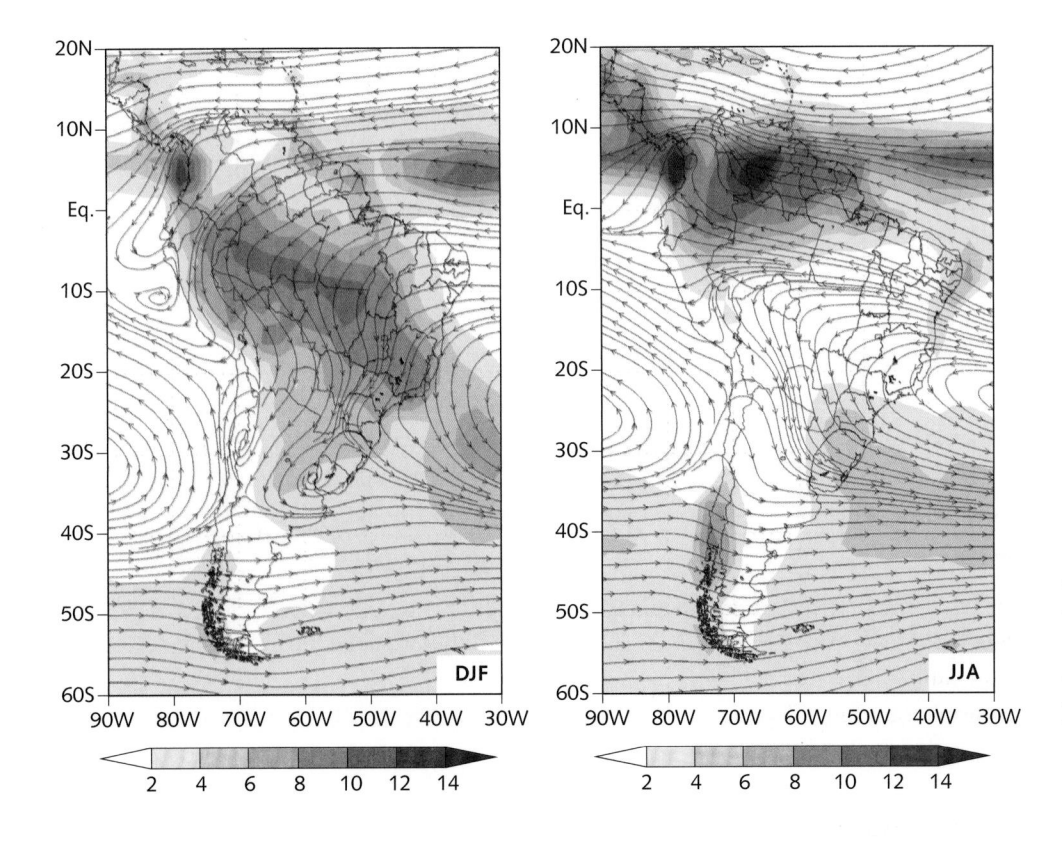

Fig. 4.3 Média climatológica (1981-2010) da precipitação (mm dia^{-1}) e direção do vento em 850 hPa para os meses de verão (DJF) e inverno (JJA) Fonte: GPCP e CFSR.

Brasília (Fig. 4.4). Climatologicamente, as chuvas significativas da região têm início a partir da primeira quinzena de outubro (Alves et al., 2005; Gan; Rao; Moscati, 2005), estendendo-se até março, com totais acumulados superiores a 200 mm/mês. Essas chuvas estão associadas à penetração de sistemas frontais do setor sul, e organizam a convecção local. O período de seca vai de maio a setembro, e os totais acumulados não ultrapassam os 50 mm/mês. Levando-se em conta o regime de chuvas em diferentes períodos climatológicos, pode-se verificar que, em geral, no período de 1981-2010, os totais acumulados nos meses de verão estão maiores e na primavera, menores, quando comparados aos períodos de 1931-1960 e 1961-1990.

O comportamento das temperaturas no Centro-Oeste é determinado, principalmente, pela posição geográfica e pelo relevo, variando desde regiões com baixa altitude, que registram temperaturas altas, até regiões altas, como as chapadas dos Estados de Goiás e Mato Grosso, que registram temperaturas baixas.

Primavera e verão são as estações que apresentam as temperaturas mais elevadas, principalmente na primavera, com médias de temperatura máxima superiores a 33 °C no norte e a 26 °C no sul. No inverno, com a frequente entrada de massas de ar frio, as temperaturas são mais amenas, com médias variando entre 20 °C e 25 °C. Por vezes, em função da intensidade dessas massas, as temperaturas podem chegar a valores bem próximos de zero grau Celsius, com geada em algumas localidades. A incursão dessas massas de ar sobre a região é denominada localmente de friagem. Durante o inverno é comum a umidade relativa do ar ficar extremamente baixa, o que propicia uma elevada amplitude térmica. As temperaturas podem ser elevadas à tarde, caindo rapidamente após o pôr do sol e chegando a valores em torno de 10 °C durante a madrugada.

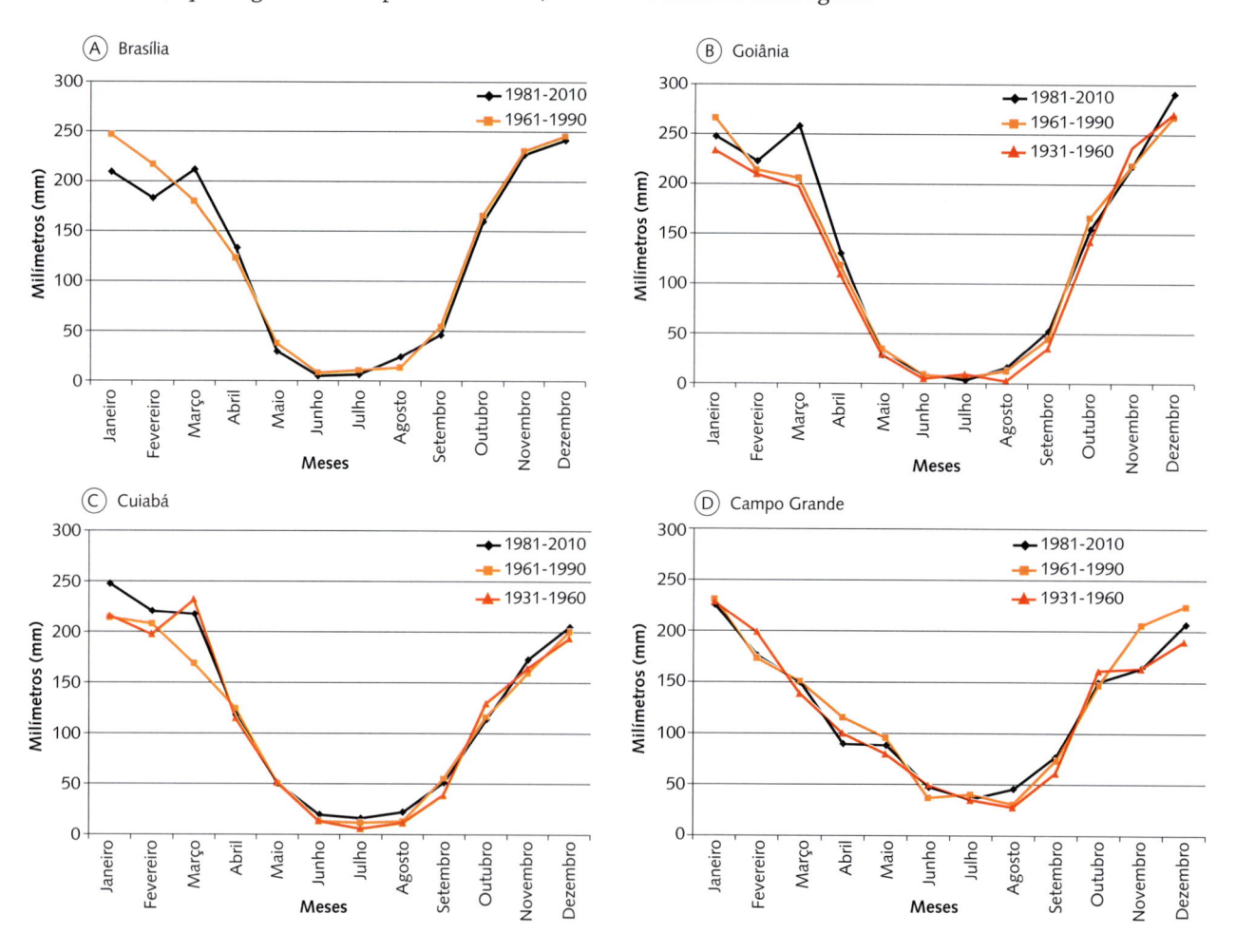

Fig. 4.4 Variação temporal da precipitação climatológica nas estações meteorológicas de Brasília, Goiânia, Cuiabá e Campo Grande
Fonte: INMET.

4.2 Variabilidade climática

Anomalias de TSM são forçantes importantes para a variabilidade da precipitação sobre regiões continentais, uma vez que interferem no padrão de circulação atmosférica. Anomalias na circulação atmosférica associadas ao Padrão Pacífico-América do Sul (PSA) contribuem para um dipolo de precipitação sobre o sudeste da América do Sul. Esse modo de variabilidade interfere no regime de chuvas sobre a América do Sul e pode alterar o posicionamento da ZCAS (Cunningham; Cavalcanti, 2006; Carvalho et al., 2011), afetando, assim, as chuvas sobre o Centro-Oeste.

O trabalho de Chan, Behera e Yamagata (2008) mostra que configurações do Oceano Índico também podem afetar remotamente o regime de chuvas no centro do Brasil. Os autores verificaram que, durante a sua fase positiva, o Dipolo do Oceano Índico (IOD) está associado a um dipolo de precipitação sobre a América do Sul na primavera do HS. Nessa fase, o anticiclone sobre o Oceano Atlântico Sul é intensificado pela propagação de um trem de ondas de Rossby, o que contribui para divergência de umidade na região central do Brasil (redução de chuvas) e convergência na bacia La Plata (aumento de chuvas).

Padrões remotos de anomalias de TSM no Oceano Pacífico não apresentam a mesma importância no regime climático do Centro-Oeste do que no do sul do Brasil, por exemplo. Em estudo conduzido por Eidt (2018), verificou-se que a Região Sul sofre atuação de trens de ondas provenientes do Oceano Pacífico que atingem o sudeste da América do Sul, porém a variabilidade das chuvas da região mais central do Brasil não apresentou influências de trens de onda. As condições climáticas do Centro-Oeste parecem estar principalmente associadas a anomalias no escoamento em baixos níveis e ao fluxo de umidade que atua sobre a região. Nesse sentido, anomalias de TSM no Atlântico Sul se mostram mais importantes, uma vez que contribuem diretamente para variações na circulação atmosférica acima, próximo à costa da América do Sul, interferindo no fluxo que chega sobre a região central do Brasil.

A TSM no Atlântico pode influenciar a circulação atmosférica acima através de anomalias ciclônicas ou anticiclônicas, o que interfere na umidade que chega até a região continental e favorece eventos mais secos ou chuvosos. Pampuch et al. (2016) verificaram que essa circulação atmosférica, associada a padrões de tripolo de anomalias de TSM no Atlântico Sul, contribui para variações no transporte de umidade que chega no Brasil. Com o foco do trabalho para a Região Sudeste, viu-se que determinadas configurações oceânicas podem favorecer convergência ou divergência de umidade no continente.

Um dipolo de anomalias de TSM no Atlântico Tropical também pode apresentar influência no clima do centro do Brasil em anos de La Niña. De acordo com Pezzi e Cavalcanti (2001), quando o Atlântico Tropical Norte encontra-se mais aquecido que o Sul, existe redução de chuvas no Nordeste do Brasil e anomalias opostas de precipitação na região central da América do Sul, contribuindo para o aumento de chuvas em parte do centro do Brasil. Variações interanuais no dipolo de anomalias de TSM no Atlântico Sul também interferem na estação chuvosa sobre o Brasil. Bombardi e Carvalho (2011) verificaram que anomalias positivas (negativas) de TSM no Atlântico Tropical Sul estão associadas a um atraso (adiantamento) da estação chuvosa sobre o Centro-Oeste e Sudeste do Brasil e redução (aumento) da precipitação acumulada.

4.3 Extremos climáticos de precipitação

Diferente das regiões tropicais, a resposta da atmosfera em relação a anomalias de TSM nas regiões extratropicais ocorre em um período de tempo menor, sendo necessários estudos com escalas menores do que a sazonal (Ciasto; Thompson, 2004).

Extremos climáticos secos e chuvosos são apresentados nas Figs. 4.5 e 4.6, identificados a partir do Índice de Precipitação Padronizado (SPI), desenvolvido inicialmente por McKee, Doesken e Kleist (1993). A região delimitada compreende a parte central da Região Centro-Oeste (21,25-11,25° S, 58,75-48,75° W), englobando a maior porção dos Estados (Mato Grosso, Mato Grosso do Sul e Goiás). A partir dos períodos identificados, compostos de variáveis oceânicas e atmosféricas permitem verificar a influência dessas variáveis para a geração de anomalias da circulação atmosférica associadas aos extremos de precipitação.

A precipitação no Centro-Oeste apresenta, em geral, sinal oposto ao Sul do Brasil. Esse padrão é identificado principalmente no verão (Fig. 4.5), em função do sistema do tipo monção que atua sobre a América do Sul.

Nesse caso, para o mês de dezembro, verifica-se que há uma forte convergência de umidade ao norte em casos chuvosos, com anomalia ciclônica sobre a região confluindo com o fluxo de leste. Em casos secos, a anomalia na direção do fluxo é oposta, e favorece divergência de umidade na região.

Já nos meses de inverno (Fig. 4.6), verifica-se a forte influência de anomalias de fluxo de umidade vindas de nordeste, direcionando umidade para o sul do continente e favorecendo maior precipitação no sul da Região Centro-Oeste. Percebe-se que a precipitação na Região Centro-Oeste recebe principalmente umidade proveniente do oceano e da região amazônica, cujo fluxo é canalizado pela cordilheira dos Andes. Anomalia anticiclônica no fluxo de umidade sobre o sudeste da América do Sul e enfraquecimento do fluxo proveniente da Amazônia favorecem períodos mais secos no centro do país.

Em casos secos, tanto em dezembro quanto junho, houve predominância de anomalias negativas de TSM do Atlântico, próximo ao extremo sul da América do Sul, e circulação anticiclônica anômala no sudeste do continente. Nos eventos chuvosos há principalmente anomalia ciclônica no sudeste da América do Sul, com anomalias positivas de TSM no Oceano Atlântico Subtropical (verão) e próximo à costa do sul da América do Sul (inverno), e negativas na região equatorial nas duas estações do ano.

4.4 Mudanças climáticas

Para o Centro-Oeste, as projeções derivadas tanto dos modelos climáticos globais do quinto relatório de avaliação (AR5) do Painel Intergovernamental sobre Mudanças Climáticas (IPCC, sigla em inglês) quanto dos modelos climáticos regionais (MCR) para a América do Sul (Ambrizzi et al., 2019) são unânimes no que se refere às projeções de mudanças de temperatura. Ambas indicam um clima mais quente, com um aumento em torno de 3 °C, para o final do século XXI em todos os cenários de emissões dos gases de efeito estufa.

Também são projetadas mudanças no regime de precipitação. Os resultados do modelo climático regional RegCM4, forçado com modelos globais do CMIP5 e

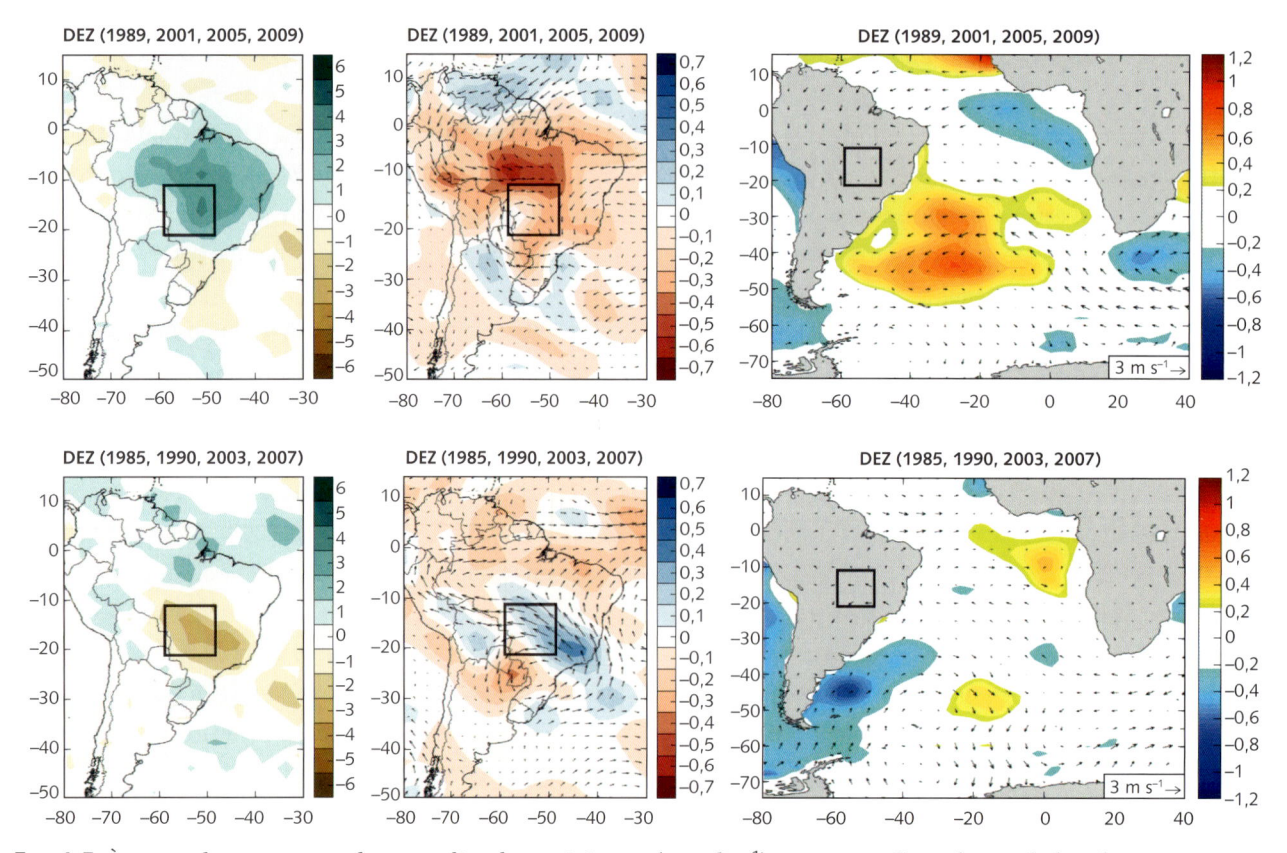

Fig. 4.5 À esquerda, compostos de anomalias de precipitação (mm dia^{-1}); no centro, fluxo de umidade e divergência (500-1.000 hPa); e à direita, TSM (°C) e vento em 850 hPa para o Centro-Oeste. Anos chuvosos (cima) e secos (baixo) em dezembro
Fonte: GPCP, ERSST e CFSR.

forçamento radiativo RCP8.5 (Giorgi et al., 2014; Llopart et al., 2014; Da Rocha et al., 2014) são mostrados na Fig. 4.7. A média do conjunto de modelos projeta diminuição dos totais sazonais em relação ao clima atual no norte da região em todas as estações do ano; entretanto, reduções drásticas, da ordem de 60%, são projetadas durante os meses de inverno (JJA). Para o verão austral (DJF) e média anual, é projetado aumento da precipitação em grande parte do centro-sul do Centro-Oeste para o final do século XXI.

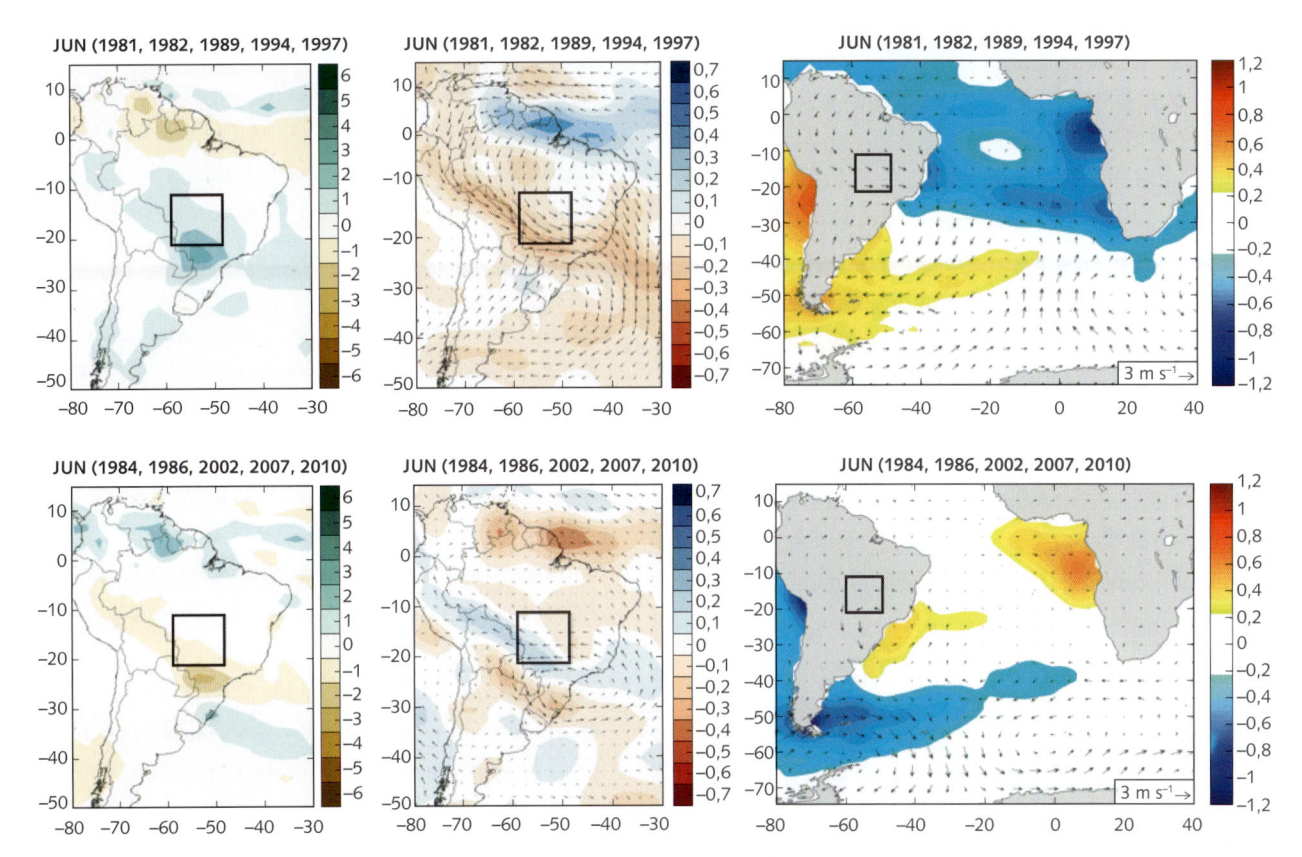

Fig. 4.6 À esquerda, compostos de anomalias de precipitação (mm dia^{-1}); no centro, fluxo de umidade e divergência (500-1.000 hPa); e à direita, TSM (°C) e vento em 850 hPa para o Centro-Oeste. Anos chuvosos (cima) e secos (baixo) em junho
Fonte: GPCP, ERSST e CFSR.

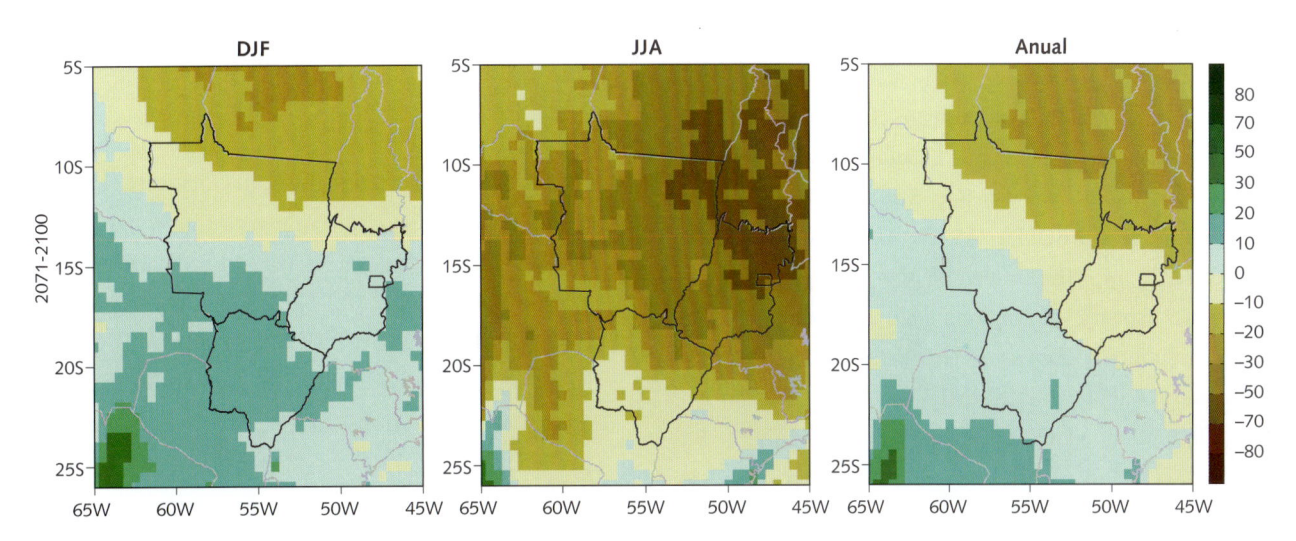

Fig. 4.7 Projeções regionais de mudança da precipitação para a Região Centro-Oeste, para o final do século XXI, pelo modelo RegCM4 no cenário de emissões RCP8.5

4.5 Considerações finais

Localizada no subtrópico, a Região Centro-Oeste possui uma variabilidade sazonal bem definida na precipitação e temperatura, apresentando diferenças marcantes entre verão (chuvoso) e inverno (seco). Essa variabilidade sazonal é fortemente influenciada por variações na direção dos ventos e fluxo de umidade associado a condições do Oceano Atlântico. Extremos chuvosos ou secos na região podem ocorrer devido a anomalias no escoamento em baixos níveis e ao fluxo de umidade que atua sobre a região, bem como ao deslocamento e intensidade da ZCAS.

A porção norte do Centro-Oeste recebe grande influência de sistemas atmosféricos de origem tropical, com umidade proveniente da Amazônia, e a porção sul sofre a ação de sistemas extratropicais, como passagem de sistemas frontais. Por apresentarem características distintas e diferente resposta a fatores remotos e locais, é interessante que mais estudos sejam feitos analisando-se separadamente as porções norte e sul, a fim de se obter uma melhor compreensão sobre a variabilidade climática da região.

Por fim, a alteração climática projetada pelo IPCC AR5, decorrente do aquecimento global, é um problema que afetará os recursos naturais, a economia e a sociedade, e o tempo é curto demais para optarmos pela inação. Portanto, é fundamental avaliar os impactos e suas implicações na elaboração das políticas públicas de planejamento e desenvolvimento regional.

Referências bibliográficas

ALVES, L. M.; MARENGO, J. A.; CAMARGO JR., H.; CASTRO, C. Início da estação chuvosa na região Sudeste do Brasil: Parte 1 – Estudos Observacionais. *Rev. Bras. Meteor.*, v. 20, n. 3, p. 385-394, 2005.

AMBRIZZI, T.; REBOITA, M. S.; DA ROCHA, R. P.; LLOPART, M. The state of the art and fundamental aspects of regional climate modeling in South America. *Annals of the New York Academy of Sciences*, 1436(1), 98-120, 2019.

BARROS, V. R.; GONZÁLEZ, M.; LIEBMANN, B.; CAMILLONI, I. Influence of the South Atlantic convergence zone and South Atlantic sea surface temperature on interannual summer rainfall variability in Southeastern South America. *Theor. Appl. Climatology*, v. 67, p. 123-133, 2000.

BOMBARDI, R. J.; CARVALHO, L. M. V. The South Atlantic dipole and variations in the characteristics of the South American Monsoon in the WCRP-CMIP3 multi-model simulations. *Climate Dynamics*, v. 36, n. 11/12, p. 2091-2102, 2011.

CARVALHO, L. M. V.; SILVA, A. E.; JONES, C.; LIEBMANN, B.; DIAS, P. L. S.; ROCHA, H. R. Moisture transport and intraseasonal variability in the South America monsoon system. *Climate Dynamics*, v. 36, n. 9/10, p. 1865-1880, 2011.

CHAN, S. C.; BEHERA, S. K.; YAMAGATA, T. Indian Ocean dipole influence on South American rainfall. *Geophysical Research Letters*, v. 35, n. 14, 2008.

CIASTO, L. M.; THOMPSON, D. W. J. North Atlantic atmosphere–ocean interaction on intraseasonal time scales. *Journal of Climate*, v. 17, n. 8, p. 1617-1621, 2004.

CUNNINGHAM, C. C.; CAVALCANTI, I. F. A. Intraseasonal modes of variability affecting the South Atlantic Convergence Zone. *Int. J. Climatology*, v. 26, p. 1165-1180, 2006.

DA ROCHA, R. P.; REBOITA, M. S.; DUTRA, L. M. M. et al. Interannual variability associated with ENSO: present and future climate projections of RegCM4 for South America-CORDEX domain. *Clim. Change*, v. 125, p. 95-109, 2014.

EIDT, R. T. *Influências de anomalias extratropicais de TSM dos oceanos Pacífico Sul e Atlântico Sul na precipitação das regiões Sul e Centro-Oeste do Brasil*. 2018. 163 p. Dissertação (Mestrado em Meteorologia) – Instituto Nacional de Pesquisas Espaciais (INPE), São José dos Campos, 2018.

GAN, M. A.; RAO, V. B.; MOSCATI, M. C. L. South American monsoon indices. *Atmos. Sci. Lett.*, v. 6, n. 4, p. 219-223, 2005.

GIORGI, F.; COPPOLA, E.; RAFFAELE, F.; DIRO, G. T.; FUENTES-FRANCO, R.; GIULIANI, G.; MAMGAIN, A.; LLOPART, M.; MARIOTTI, L.; TORMA, C. Changes in extremes and hydroclimatic regimes in the crema ensemble projections. *Climatic Change*, v. 125, p. 39-51, 2014.

KOUSKY, V. E.; KAYANO, M. T. A climatological study of the trospospheric circulation over the Amazon region. *Acta Amazonica*, v. 11, n. 4, p. 743-758, 1981.

LIEBMANN, B.; KILADIS, G. N.; MARENGO, J. A.; AMBRIZZI, T.; GLICK, J. D. Submonthly convective variability over South America and the South Atlantic convergence zone. *Journal of Climate*, v. 12, p. 1877--1891, 1999.

LLOPART, M.; COPPOLA, E.; GIORGI, F.; DA ROCHA, R. P.; CUADRA, S. Climate change impact on precipation for the amazon and la plata basin. *Climatic Change*, v. 125, p. 111-125, 2014. DOI: 10.1007/s10584-014-1140-1.

MARENGO, J. A.; SOARES, W.; SAULO, C.; NICOLINI, M. Climatology of the low level jet east of the Andes as derived from the NCEP/NCAR reanalyses. *Journal of Climate*, v. 17, p. 2261-2280, 2004.

MCKEE, T. B.; DOESKEN, N. J.; KLEIST, J. The relationship of drought frequency and duration to time scales. In: *Proceedings of the 8th Conference on Applied Climatology*. Boston, MA: American Meteorological Society, 1993. p. 179-183.

PAEGLE, J. A comparative review of South American low level jets. *Meteorologica*, v. 3, p. 73-82, 1998.

PAMPUCH, L. A.; DRUMOND, A.; GIMENO, L.; AMBRIZZI, T. Anomalous patterns of SST and moisture sources in the South Atlantic Ocean associated with dry events in southeastern Brazil. *International Journal of Climatology*, v. 36, n. 15, p. 4913-4928, 2016.

PEZZI, L. P.; CAVALCANTI, I. The relative importance of ENSO and Tropical Atlantic sea surface temperature anomalies for seasonal precipitation over South America: a numerical study. *Climate Dynamics*, v. 17, p. 205-212, 2001.

QUADRO, M. F. L.; DIAS, M. A. F. D. S.; HERDIES, D. L.; GONÇALVES, L. G. G. D. Climatological analysis of the precipitation and umidity transport on the SACZ region using the new generation of reanalysis. *Revista Brasileira de Meteorologia*, v. 27, n. 2, p. 152-162, 2012.

VIRJI, H. A preliminary study of summertime tropospheric circulation patterns over South America estimated from cloud winds. *Monthly Weather Review*, v. 109, p. 599-610, 1981.

5 | Clima da Região Sul

Alice M. Grimm

O clima do sul do Brasil apresenta grandes contrastes nos regimes de precipitação e temperatura. Parte deles deve-se à situação geográfica da região, na transição entre os trópicos e as latitudes médias, e o relevo acidentado também contribui para esses contrastes. O regime de precipitação da Região Sul do Brasil apresenta transição bem clara: ao norte domina o típico regime de monção, com estação chuvosa iniciando-se na primavera e terminando no início do outono, resultando em grande diferença de precipitação entre verão e inverno, enquanto ao sul há distribuição aproximadamente uniforme de chuva ao longo do ano e o regime é mais característico de latitudes médias, com chuvas relativamente mais fortes no inverno. Efeitos topográficos também são notáveis, e as maiores precipitações da região associam-se à ascensão sobre barreira topográfica.

A situação geográfica da Região Sul, nos subtrópicos, garante a maior amplitude do ciclo anual de temperatura no Brasil, com o maior contraste entre o inverno e o verão. Além disso, o planalto meridional e as serras produzem contrastes marcantes na distribuição de temperaturas, sendo esta a única região do Brasil com precipitação em forma de neve.

Neste capítulo, descreve-se esse clima rico em contrastes e nuances, de forma a relacionar campos atmosféricos, como pressão, vento e umidade, com chuva e temperatura. A influência do relevo também é enfatizada. Embora a chuva e a temperatura sejam descritas apenas para a Região Sul, os outros campos atmosféricos são mostrados para uma área maior, pois necessitam ser colocados em contexto mais amplo. Vários autores focalizaram aspectos do clima da Região Sul do Brasil ou de uma região um pouco maior, o sudeste da América do Sul, como Maack (2002), Grimm, Ferraz e Gomes (1998), Grimm, Barros e Doyle (2000) e Barros, Grimm e Doyle (2002).

Os dados de temperatura aqui utilizados são médias mensais em estações do Instituto Nacional de Meteorologia (INMET). Dados de precipitação provêm da Agência Nacional de Águas (ANA). Todos os outros parâmetros meteorológicos foram obtidos do conjunto de dados da reanálise NCEP/NCAR. O período da análise foi 1961-2000.

Além das variabilidades espacial e sazonal do clima médio na Região Sul, há também variabilidade climática em torno desse estado médio, em várias escalas de tempo. Por exemplo, há significativo impacto sobre a chuva em certas fases da mais importante oscilação climática intrassazonal, a Oscilação de Madden-Julian (Grimm, 2019), e há significativas variações interanuais de chuva e temperatura em razão dos episódios El Niño e La Niña (Grimm; Ferraz; Gomes, 1998; Barros; Grimm; Doyle, 2002) e suas diferentes manifestações

(Tedeschi; Grimm; Cavalcanti, 2015, 2016; Cai et al., 2020). Contudo, como essas oscilações climáticas são tratadas em outros capítulos, não serão detalhadas aqui. Há, ainda, oscilações de período mais longo, interdecenais, que podem produzir alterações no estado médio por certos períodos (Grimm; Saboia, 2015; Grimm et al., 2016). A superposição de efeitos de diferentes oscilações climáticas pode ocasionar eventos muito extremos de precipitação ou seca (Grimm et al., 2020). Além dessas variações naturais, há ainda mudanças climáticas antropogênicas, cujos efeitos são difíceis de separar dos efeitos da variabilidade interdecenal, mas que também podem introduzir alterações.

5.1 Temperatura, umidade, pressão e vento na superfície

5.1.1 Temperatura

O ciclo anual de temperaturas (nas regiões com dados observados disponíveis, Fig. 5.1) tem amplitude maior no sul da região (com diferença em torno de 11 °C entre as médias de janeiro e julho) do que no norte (com diferença em torno de 7 °C), o que é coerente com a maior diferença entre radiação solar recebida no verão e no inverno em latitudes mais altas do que em latitudes mais baixas. Há, contudo, outros fatores que influenciam a temperatura, além da radiação solar recebida, e que desviam a direção de seu gradiente (ou a direção de sua máxima variação) da direção meridional que se esperaria apenas com o efeito da variação da radiação solar recebida com a latitude. O fator mais evidente é a topografia, que determina as regiões mais frias do sul e as únicas em que há precipitação sob a forma de neve, além de ser a principal responsável pelo componente zonal do gradiente da temperatura em todas as estações do ano. O outro fator é a advecção de ar quente do norte durante praticamente o ano todo. Além disso, as temperaturas do litoral norte da Região Sul são influenciadas pela corrente marítima quente do Brasil, que estende o clima quente e úmido dos trópicos para o sul. O maior conteúdo de umidade relacionado com a superfície mais quente do mar também contribui para diminuir a amplitude do ciclo anual de temperaturas nessa região (Fig. 5.1). A distribuição espacial das temperaturas e a forte influência do relevo nos meses mais representativos das diversas estações do ano estão na Fig. 5.2.

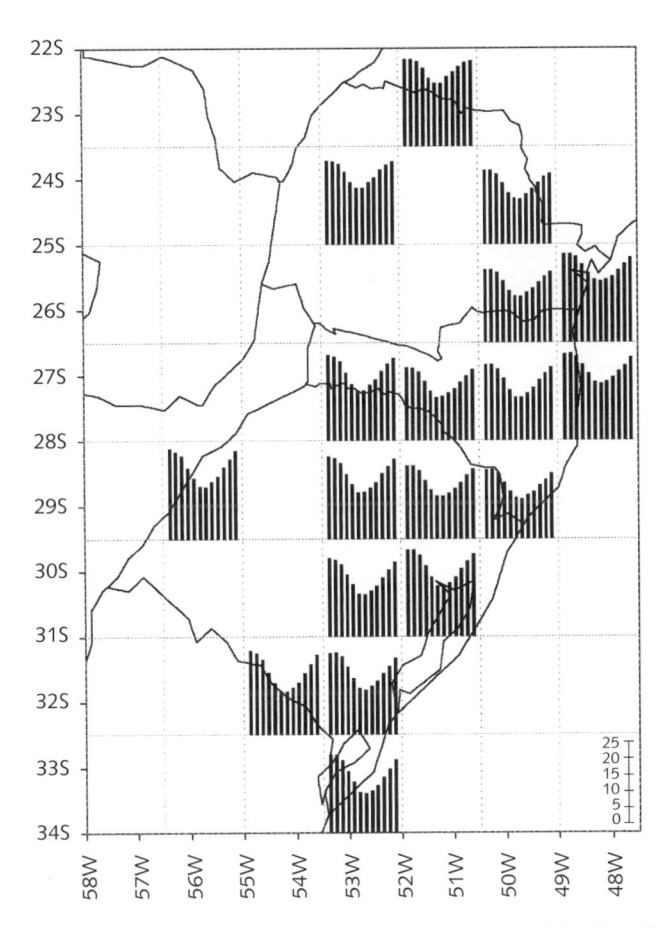

Fig. 5.1 Regimes de temperatura na Região Sul do Brasil. As temperaturas médias mensais estão representadas em áreas de 1,5°×1,5° de longitude e latitude, nas quais existem dados, com escala em °C

Durante o inverno, o gradiente de temperatura aproxima-se mais da direção meridional do que nas outras estações do ano, refletindo melhor a diferente quantidade de radiação solar recebida em cada latitude (Fig. 5.2, julho). Os valores médios de julho variam de 11 °C no sul a 18 °C no norte. Há, contudo, um efeito muito significativo do relevo, com menores temperaturas nas mais altas elevações, produzindo também um componente zonal nesse gradiente. Na serra catarinense, a temperatura média em julho é tão baixa quanto no extremo sul. As altitudes produzem frequente ocorrência de geadas no inverno e, em certos locais, precipitação em forma de neve. O efeito do relevo sobre o padrão de temperaturas é até mais notável nas outras estações do ano (Fig. 5.2, outros meses).

No verão, o gradiente de temperatura é predominantemente zonal, quando as diferenças entre o aquecimento do continente e o do oceano têm mais importância do que as diferenças de radiação (Fig. 5.2, janeiro). Enquanto no litoral a temperatura média de janeiro está em torno de 22 °C, no extremo oeste da região ela sobe para aproximadamente 25 °C. Contudo, as regiões mais frias são aquelas com maiores altitudes, cuja temperatura média é menor que 20 °C.

As estações de transição têm temperaturas semelhantes entre si, mas há diferenças: na parte sul é um pouco mais quente em abril do que em outubro, enquanto no extremo norte é um pouco mais quente em outubro do que em abril (Fig. 5.2, abril e outubro).

5.1.2 Umidade

A umidade específica, que descreve a quantidade de vapor de água no ar, é bem maior no verão sobre a Região Sul, quando alcança mais de 18 g/kg, do que no inverno, quando cai para menos de 11 g/kg. O conteúdo de umidade decresce para o sul. Esses aspectos são coerentes com o fato de que a maior precipitação mensal observada ocorre no verão, no norte da região (como será visto mais adiante). Nas estações de transição não há simetria:

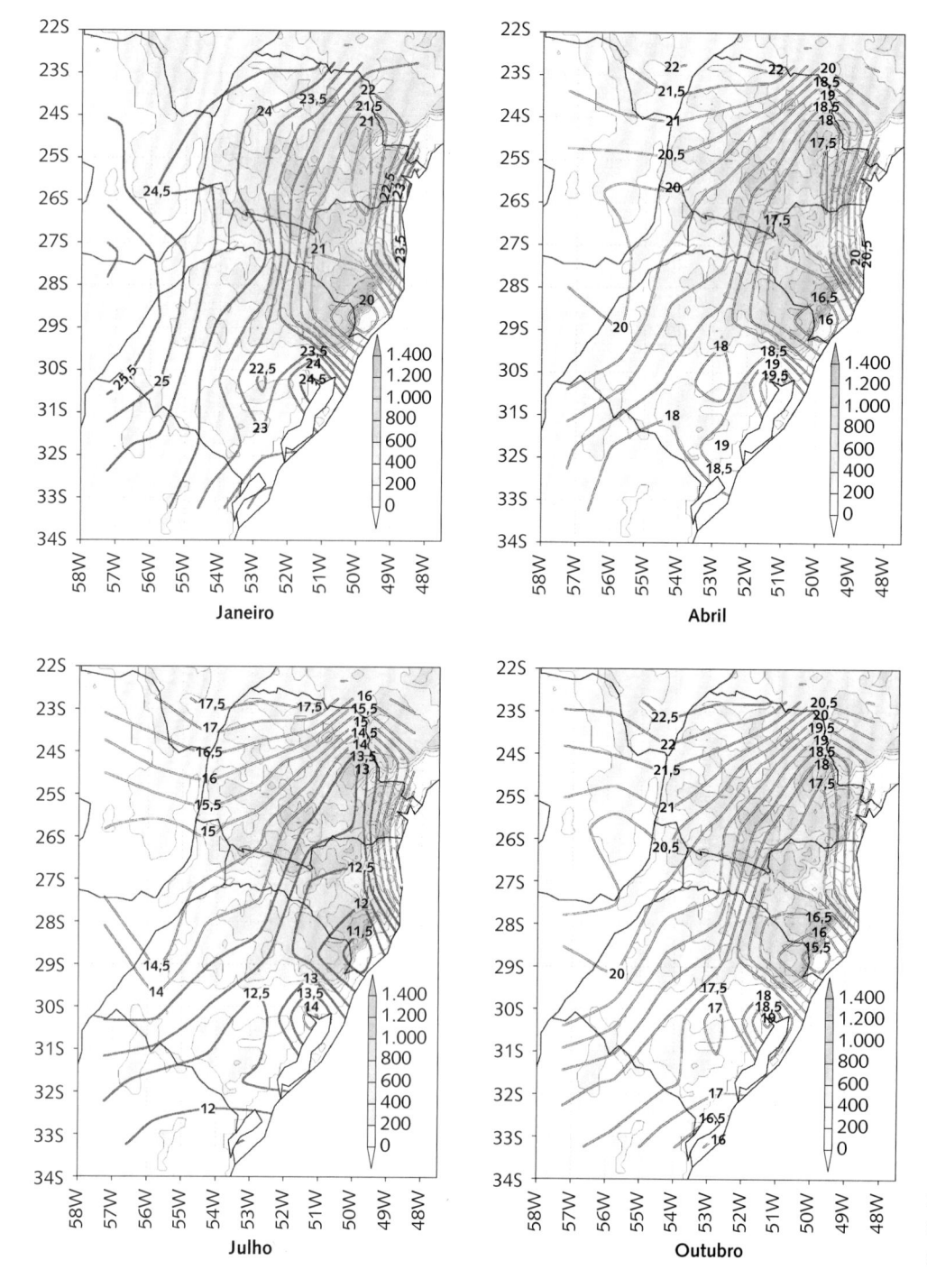

Fig. 5.2 Temperatura média mensal representada sobre o relevo da Região Sul (°C)

a umidade específica média é um pouco maior em abril do que em outubro. A Fig. 5.3 mostra esses aspectos, incluindo uma área mais ampla do continente.

5.1.3 Pressão e vento

Na Fig. 5.4, o continente sul-americano aparece entre os dois sistemas de alta pressão quase estacionários do Atlântico Sul (parte direita inferior da figura) e do Pacífico Sul (parte esquerda inferior da figura), aos quais está associada a circulação anticiclônica e subsidente.

A principal influência sobre os ventos de superfície na Região Sul do Brasil é o sistema de alta pressão do Atlântico Sul. Esse padrão está presente em todas as estações do ano, porém é mais forte no inverno (Fig. 5.4, julho), quando está mais para o norte e para o oeste, penetrando sobre o continente. No verão, está deslocado mais para leste e para o sul (Fig. 5.4, janeiro). Esse centro de alta pressão produz sobre a Região Sul vento médio na superfície de leste/nordeste, de intensidade fraca, associado à divergência de ar a partir do centro de alta pressão. Essa divergência é mais forte junto da superfície, por causa do atrito. Em níveis mais altos, o vento tende a soprar paralelamente às isóbaras. Essa situação média pode variar muito, de acordo com o relevo e com os sistemas de tempo que atravessam a região. Os mapas aqui apresentados não têm resolução para mostrar essas peculiaridades.

Os movimentos sazonais do centro de alta pressão no Atlântico Sul determinam a maior ou menor penetração de ventos em baixos níveis na costa e, consequentemente, a maior ou menor precipitação orográfica na Serra do Mar. No semestre quente, essa penetração cresce na Região Sul (Fig. 5.4, janeiro), enquanto no semestre frio cresce mais na Região Nordeste do Brasil, sendo insignificante na Região Sul (Fig. 5.4, julho).

Outro sistema de pressão importante para o sul do Brasil é um centro de baixa pressão intermitente no noroeste da Argentina, Paraguai e sul da Bolívia, originado da interação entre os Andes, os ventos de oeste em altos níveis e o aquecimento da superfície. Essa baixa pressão aprofunda-se antes da passagem das frentes frias e

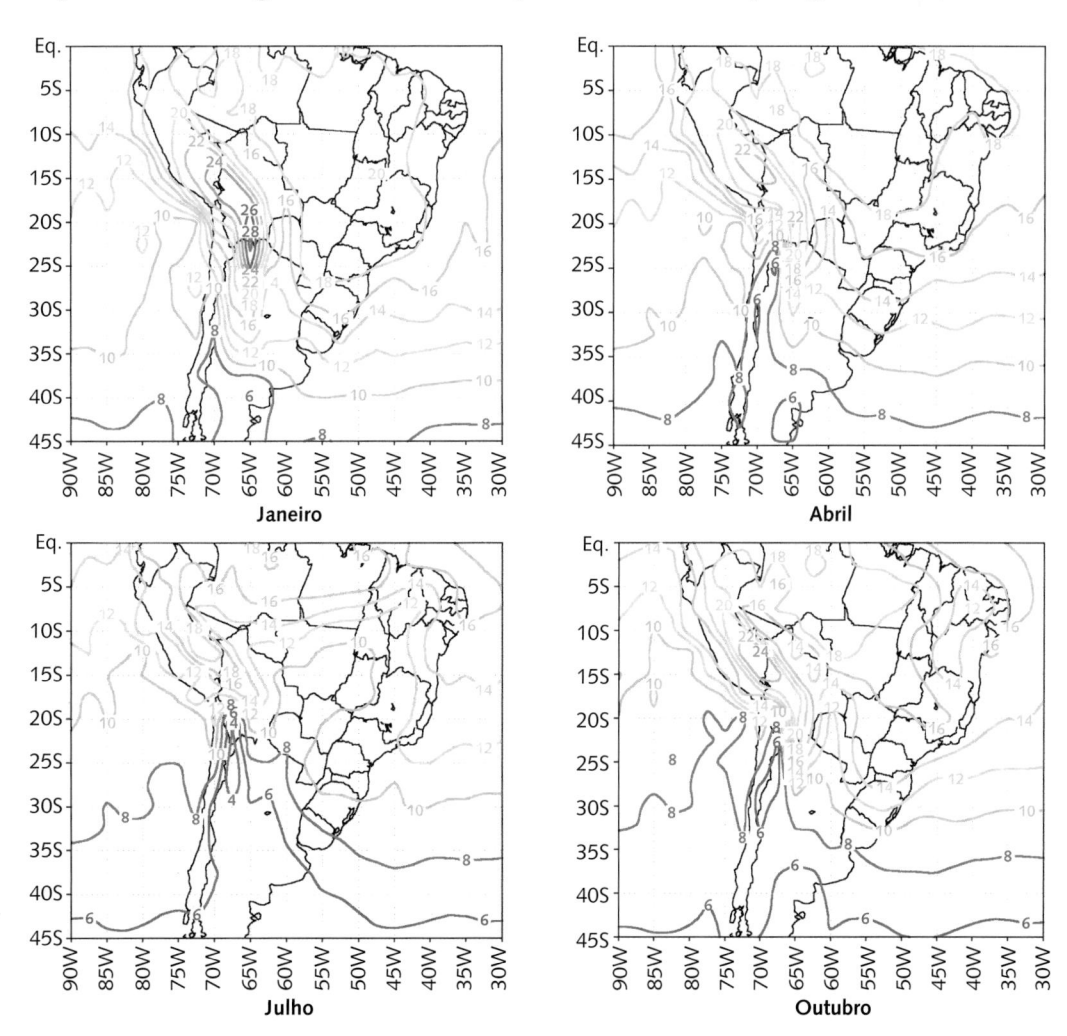

Fig. 5.3 Umidade específica média mensal em 1.000 hPa (g/kg)

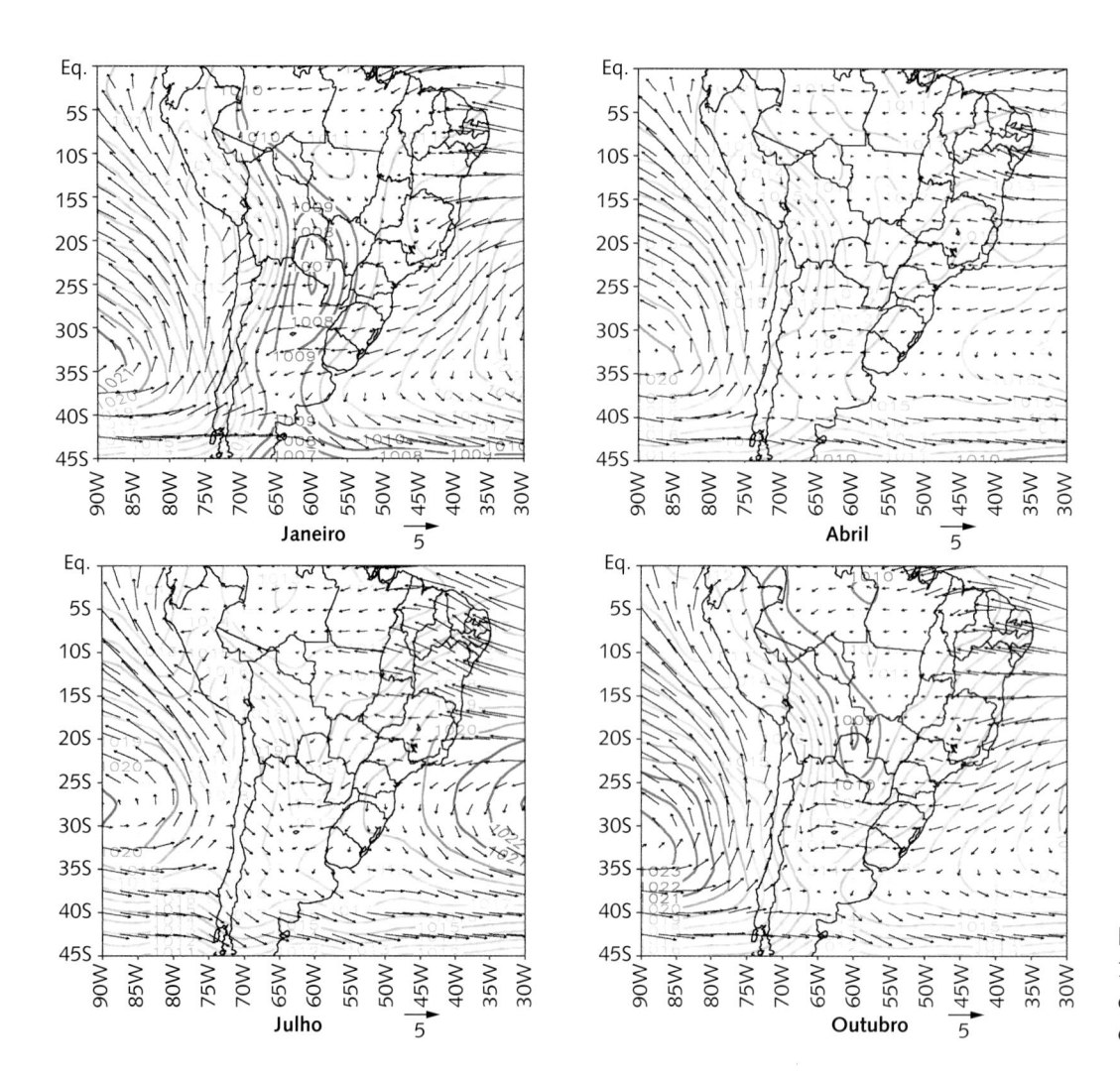

Fig. 5.4 Vento em 1.000 hPa (m/s) e pressão ao nível do mar (hPa)

diminui um ou dois dias depois. É um sistema quente, menos intenso no inverno, que afeta apenas a baixa troposfera (até 700 hPa) e com frequência é acompanhado por subsidência e, consequentemente, por ausência de nebulosidade. Esse centro de baixa pressão estende-se e aprofunda-se no verão (Baixa do Chaco) e fortalece o gradiente zonal subtropical de pressão e, com isso, o componente meridional do vento, ajudando a fortalecer os ventos de noroeste em baixos níveis que conectam os trópicos com a Região Sul.

5.2 Circulação atmosférica
5.2.1 Circulação média na baixa troposfera

O vento em 850 hPa (Fig. 5.5) é uma melhor descrição do vento na baixa troposfera do que o vento em superfície (Fig. 5.4), pois o vento médio em superfície (ou em 1.000 hPa) é fraco, devido ao efeito do atrito, que também produz um componente divergente que se enfraquece logo acima da superfície. Em 850 hPa o efeito do atrito é muito menor, e o vento sopra quase paralelo às isóbaras, enquanto em 1.000 hPa tem significativo componente cruzando as isóbaras. O vento em 850 hPa tem componente predominante de norte, enquanto a média na superfície tende a ser de leste/nordeste.

Na Fig. 5.5 fica bem claro o deslocamento do padrão de circulação em baixos níveis associado ao deslocamento, entre verão e inverno, da alta do Atlântico Sul. No verão, o centro de baixa pressão continental desenvolve-se sobre a região do Chaco e estende-se para leste (Fig. 5.4, janeiro). A alta sobre o Atlântico é deslocada para leste, e sua circulação no lado oeste não penetra muito o continente. Essa circulação converge com o fluxo transequatorial que penetra no continente ao norte, é desviado para sudeste e gira em torno da baixa continental, caracterizando a Zona de Convergência do Atlântico Sul (ZCAS, marcada na Fig. 5.5, janeiro). A ZCAS pode influenciar a precipitação no norte da Região Sul, dependendo de seus deslocamentos latitudinais. Na Fig. 5.5 que representa a média de janeiro, parte do fluxo de noroeste converge para a ZCAS e parte converge para a Região Sul. Geralmente, a maior parte do fluxo dirige-se ou para a ZCAS ou para o Sul, de maneira que chuva aumentada na ZCAS frequentemente está associada a pouca chuva no sul e vice-versa (Grimm; Zilli, 2009).

No inverno, o centro de baixa pressão térmica continental é fraco, e a alta do Atlântico Sul estende-se sobre o continente (Fig. 5.4, julho). A circulação meridional a ela associada também se desloca para oeste, mas ainda atinge o sul do Brasil (Fig. 5.5, julho). Não há fluxo transequatorial para o Sul, e o fluxo médio que penetra no continente ao sul do equador vem apenas do Oceano Atlântico Sul.

Nas estações de transição, a circulação tem características intermediárias, com ventos de norte mais fortes na primavera (Fig. 5.5, abril e outubro).

Em nenhuma época do ano observa-se vento médio de sul em baixos níveis sobre a Região Sul, e o componente norte é bem significativo, sendo mais forte no inverno e na primavera. Nos ventos de norte e noroeste, surge frequentemente uma corrente de jato de baixos níveis, que pode aumentar muito o transporte de umidade para o sul do Brasil. Esse jato a leste dos Andes, cuja máxima intensidade está localizada entre 15° S e 20° S, sobre a Bolívia, pode penetrar mais para o sul, próximo da fronteira oeste da Região Sul, produzindo muita chuva e vento.

Ao se analisar os campos de umidade específica (Fig. 5.3) e os ventos em 850 hPa (Fig. 5.5), pode-se ver que os ventos de baixos níveis transportam umidade para o sul do Brasil desde a região tropical da América do Sul, durante o ano todo, e especialmente do Atlântico Sul durante o inverno (ver seção 5.3).

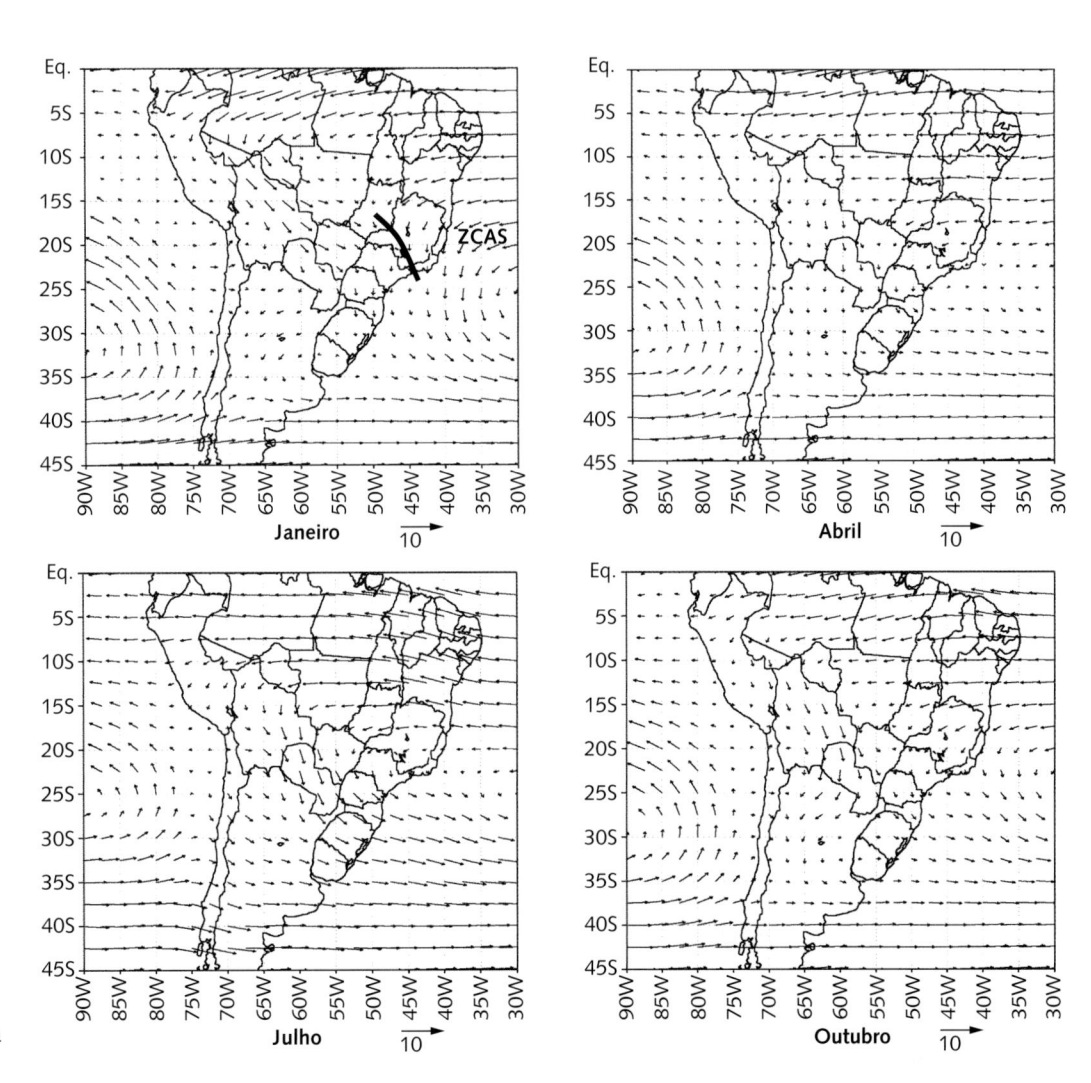

Fig. 5.5 Vento em 850 hPa (m/s)

5.2.2 Circulação média na alta troposfera

Os ventos médios na alta (e média) troposfera sobre a Região Sul são predominantemente de oeste, especialmente no inverno (Fig. 5.6). Embora eles sejam, na média, de oeste, apresentam no dia a dia perturbações ondulatórias associadas a perturbações de pressão, típicas das circulações subtropicais e de latitudes médias e associadas a sistemas de tempo que passam pelo sul do Brasil. No inverno, ventos de oeste estendem-se para o norte, atingindo o sudeste/centro do Brasil (Fig. 5.6, julho), enquanto no verão restringem-se ao extremo sul, pois se estabelece sobre grande parte do continente uma circulação anticiclônica em torno da Alta da Bolívia (Fig. 5.6, janeiro), que é gerada em resposta à liberação de calor nos principais centros de precipitação durante a monção sul-americana. Nas estações de transição, o jato subtropical de altos níveis está centrado sobre o sul do Brasil/nordeste da Argentina, o que influencia os máximos de precipitação na região e a ocorrência de complexos convectivos de mesoescala (ver seção 5.3).

5.3 FLUXOS DE UMIDADE E CICLO ANUAL DE PRECIPITAÇÃO

5.3.1 Fluxos de umidade

Embora haja valores relativamente altos de evaporação no sul do Brasil em todas as estações do ano (mais no verão), a maior contribuição à água que precipita provém do transporte de umidade vinda do norte/noroeste. A diferença média entre precipitação e evaporação é positiva em todo o sul do Brasil, com a exceção de uma pequena área no inverno, o que indica a importância do transporte de umidade para a região (Rao; Cavalcanti; Hada, 1996; Labraga; Frumento; López, 2000). A maior contribuição a esse saldo deve-se à convergência do transporte horizontal médio de vapor, sendo a con-

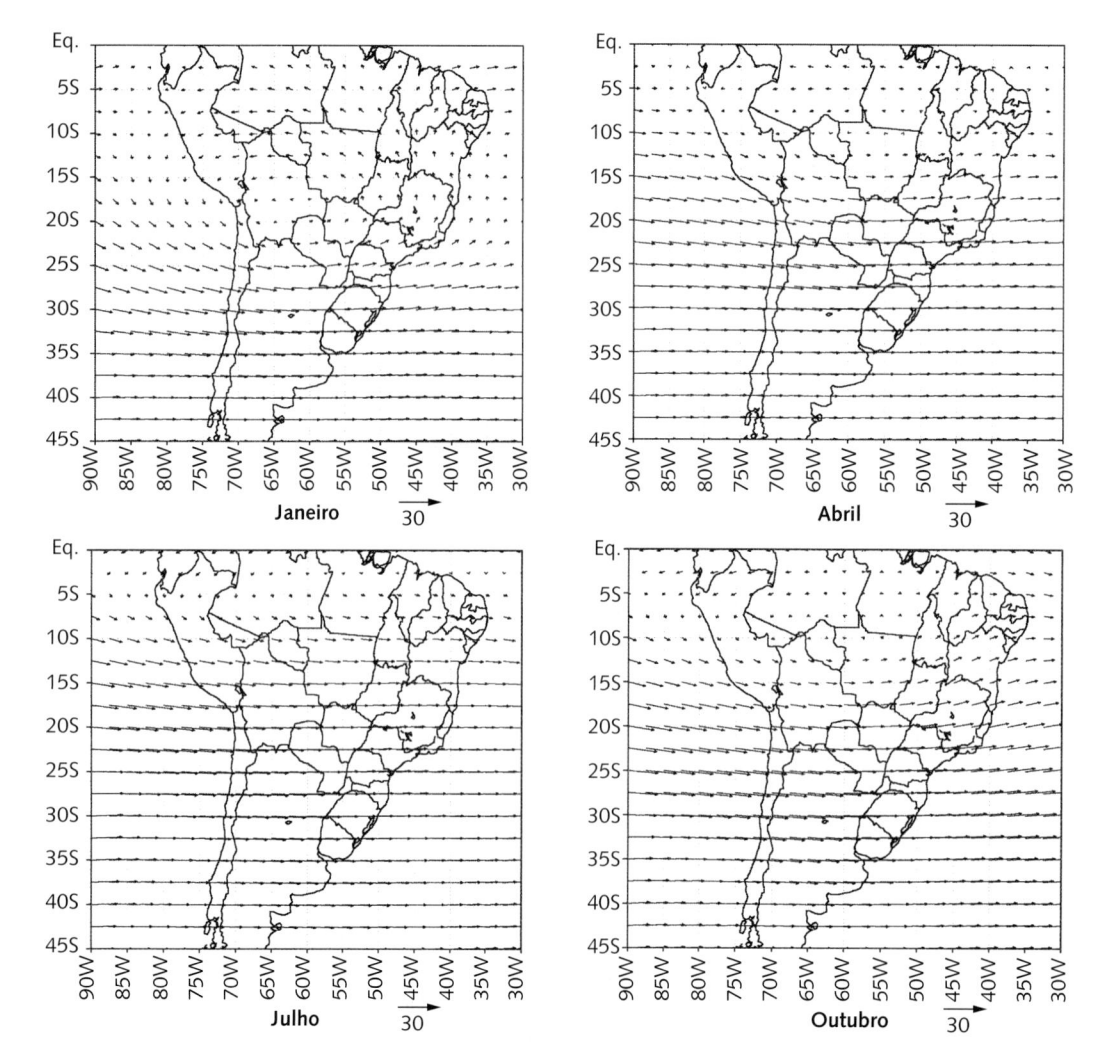

Fig. 5.6 Vento em 200 hPa (m/s)

tribuição da convergência do transporte transiente (devido a perturbações na velocidade do vento e campo de umidade) bem menor e positiva apenas no sudeste da Região Sul no inverno (Labraga; Frumento; López, 2000). Portanto, é a contribuição do transporte horizontal médio de umidade que será descrita com mais detalhes. A contribuição da convergência vertical de vapor, em razão da passagem de vento sobre a topografia, é importante em áreas no nordeste da Região Sul (Labraga; Frumento; López, 2000), onde há topografia íngreme junto ao litoral.

Uma vez que a maior parte do vapor de água na atmosfera está contida na baixa troposfera, a maior parte do transporte de umidade é realizada pelos ventos na baixa troposfera (Fig. 5.5). Portanto, como os Andes e o planalto da Bolívia impedem a passagem do vento em baixos níveis do Pacífico, só há duas fontes de vapor de água disponíveis para o sul do Brasil: o Oceano Atlântico e a faixa tropical do continente. Os campos de fluxo de umidade confirmam essa constatação (Fig. 5.7).

No verão, parte do transporte de vapor dos trópicos para sudeste dirige-se para o sul do Brasil e outras áreas do sudeste da América do Sul, e outra parte converge na região da ZCAS com o fluxo proveniente do Oceano Atlântico, que pouco avança sobre o continente (Fig. 5.7, janeiro).

No inverno, o fluxo de umidade que atinge o Sul origina-se no Oceano Atlântico, entre 10° S e 20° S, como um fluxo de oeste que se desvia para sudeste após penetrar profundamente no continente, coerente com o deslocamento para oeste da alta subtropical do Atlântico Sul (Fig. 5.7, julho).

Nas estações de transição (abril e outubro), o transporte de vapor segue mais o padrão de julho do que o de janeiro, com o transporte de vapor vindo basicamente do Atlântico Sul.

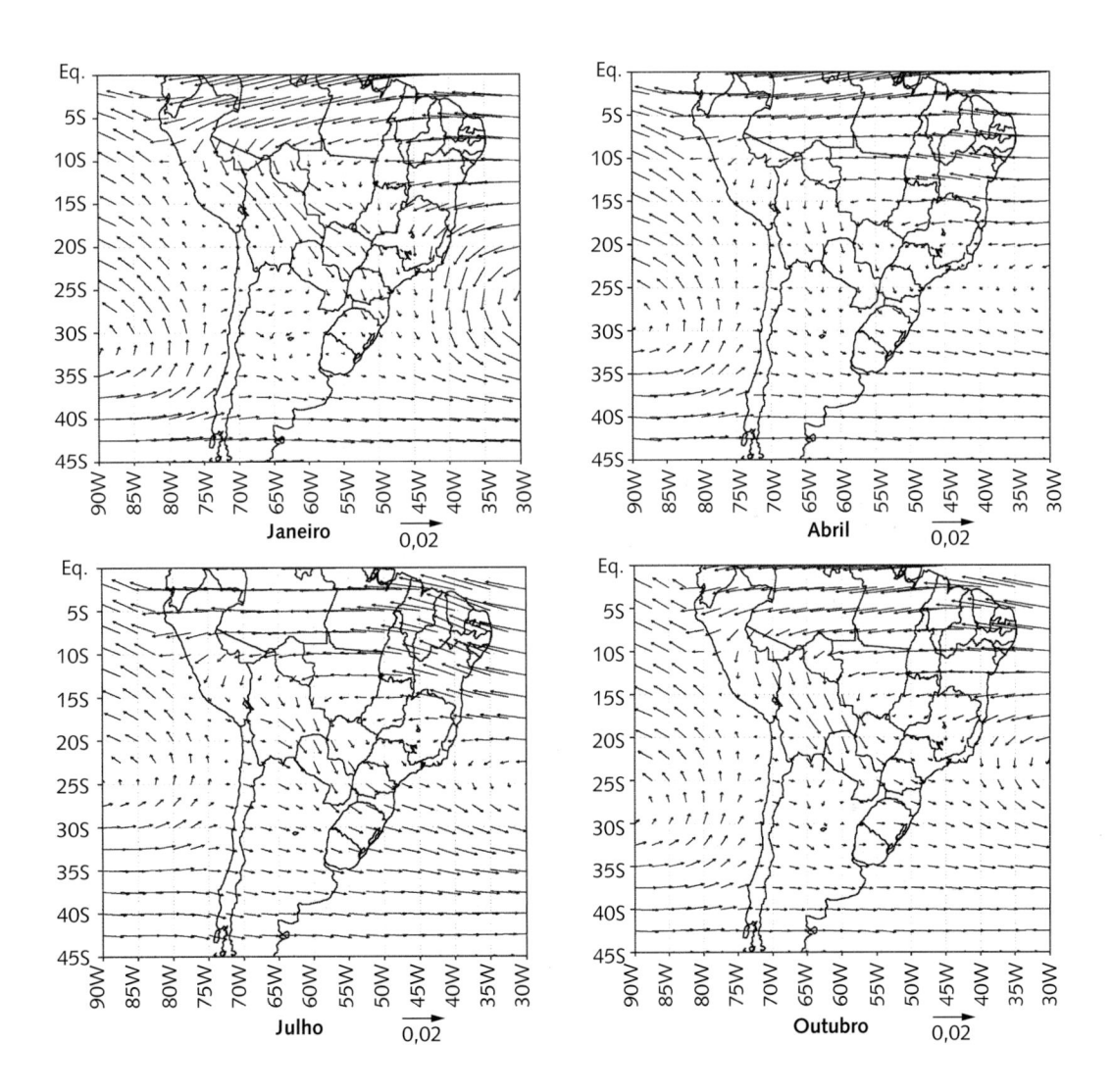

Fig. 5.7 Fluxo de umidade verticalmente integrado (m g s^{-1} kg^{-1})

Os campos de precipitação têm regiões de máximos valores razoavelmente coerentes com as regiões de máximo transporte horizontal médio de umidade na Região Sul (Fig. 5.8), com exceção da região mais afetada por efeito topográfico, na Serra do Mar, no leste do Paraná (Fig. 5.9), onde a convergência vertical de umidade tem efeito dominante, ao menos no semestre quente. Isso indica que a presença de vapor de água é o fator restritivo para a quantidade de precipitação. No verão, nota-se que a máxima convergência horizontal de umidade situa-se mais ao norte na Região Sul, enquanto no inverno situa-se mais ao sul, o que é coerente com as regiões de maior precipitação nessas estações.

5.3.2 Ciclo anual de precipitação
Principais mecanismos da precipitação

O ciclo anual de precipitação na Região Sul foi detalhado em Grimm, Ferraz e Gomes (1998). Há uma transição entre dois regimes adjacentes: monções de verão ao norte e máximos de inverno em latitudes médias, que são os responsáveis pelos máximos de precipitação em janeiro e julho, respectivamente (Figs. 5.10 e 5.11).

O regime de chuvas de verão associado ao sistema de monção sul-americano é visível no norte da região, enquanto mais ao sul há máximos de precipitação em diferentes épocas do ano, indicando que, além da monção, há outros mecanismos atuantes, que produzem chuva mais bem distribuída durante todo o ano.

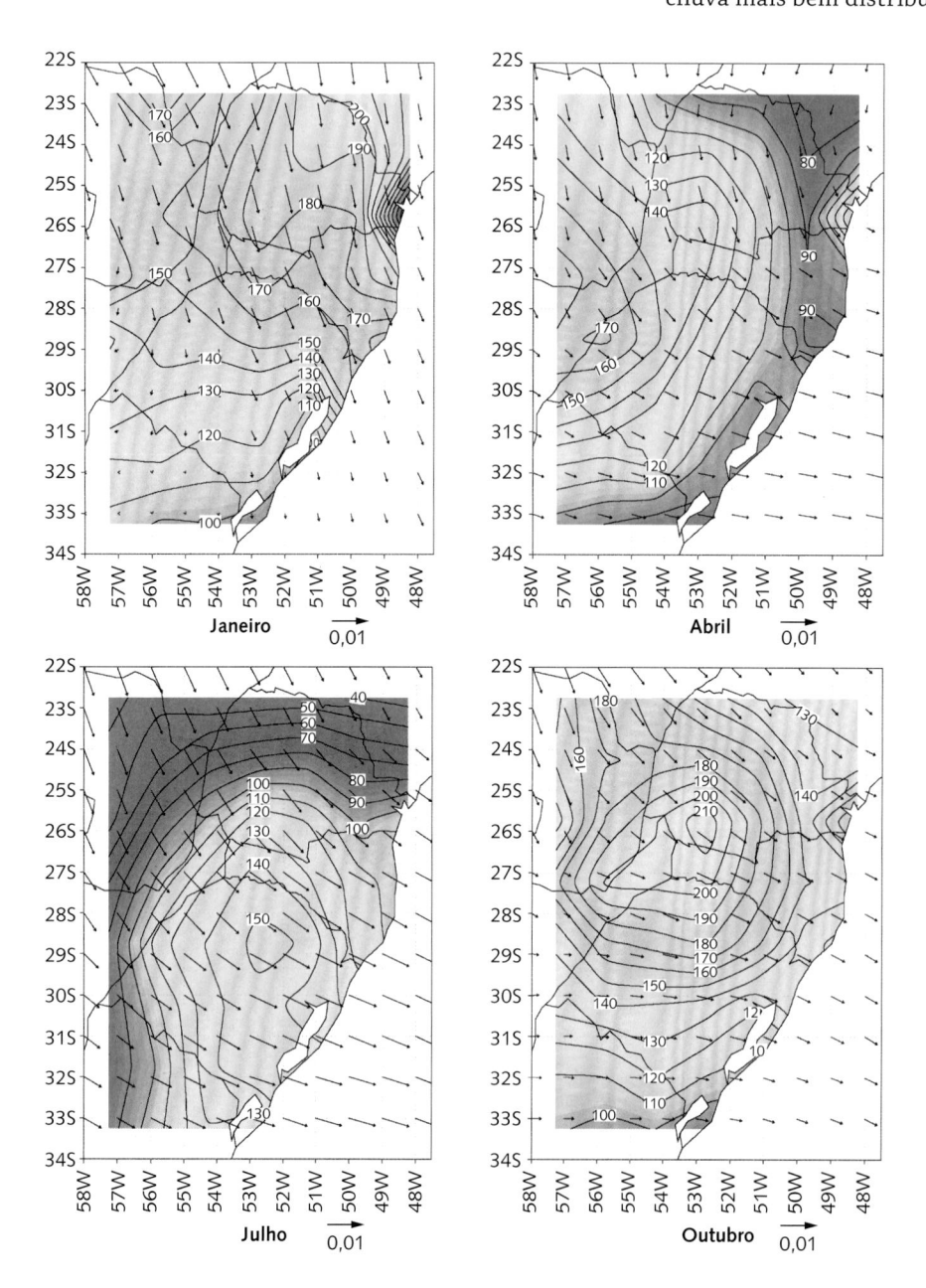

FIG. 5.8 Precipitação total mensal média (mm) representada com as setas do fluxo de umidade verticalmente integrado (m g s^{-1} kg^{-1})

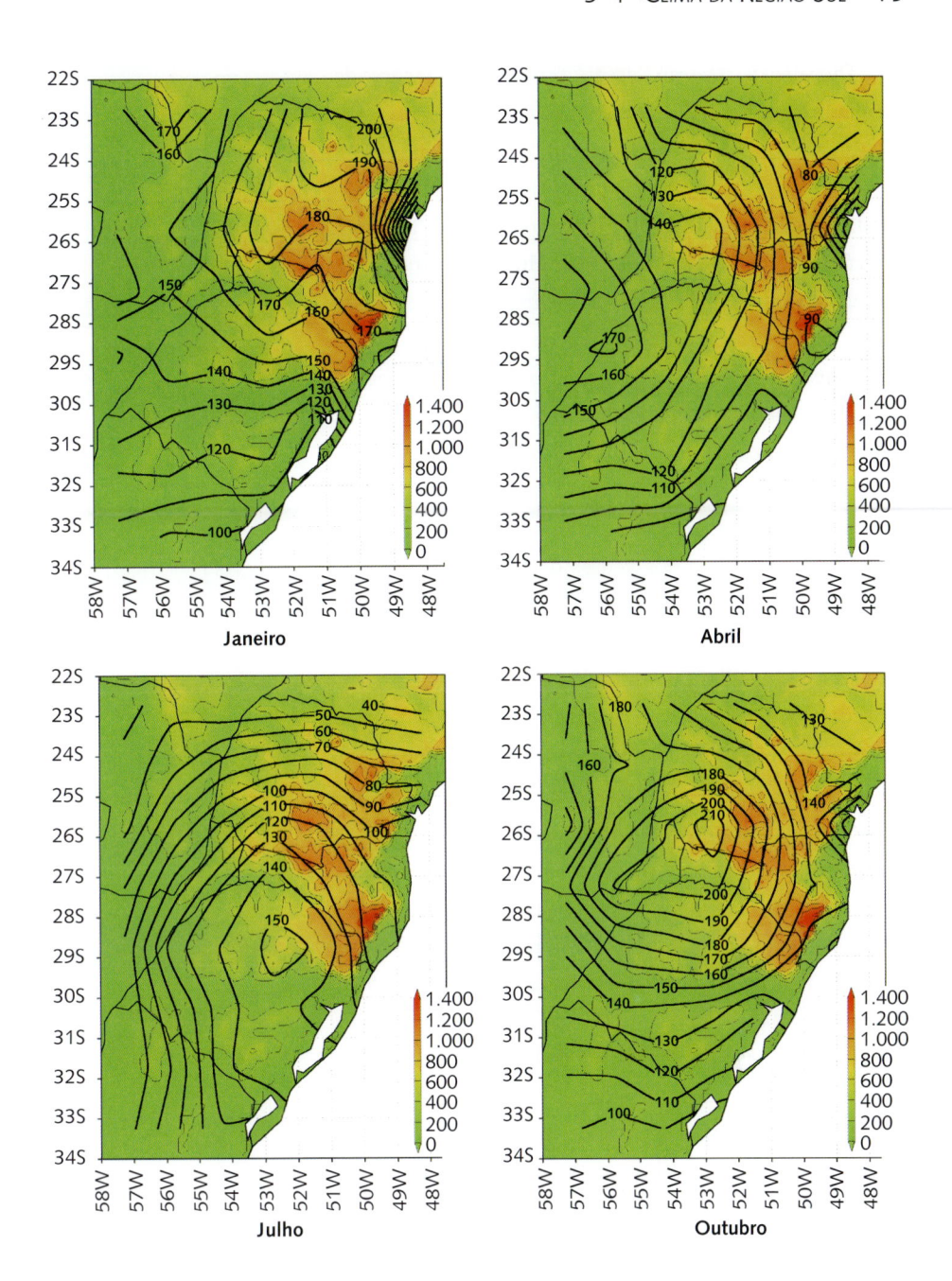

Fig. 5.9 Precipitação total mensal média representada sobre o relevo da Região Sul (mm)

Durante o verão, o aquecimento da superfície e o aporte de umidade para dentro do continente, e então para o sul, tendem a instabilizar a atmosfera, produzindo mais convecção, em associação com o sistema de monção da América do Sul. Tanto o aquecimento quanto a convergência de umidade são maiores mais ao norte da Região Sul, nas proximidades da ZCAS, razão pela qual essa é a área onde a chuva de verão é mais intensa (Figs. 5.8 e 5.9). Tanto durante o verão quanto nas estações de transição (ou seja, no semestre quente, de outubro a abril), os Complexos Convectivos de Mesoescala (CCM) são frequentes e respondem por grande parte da precipitação total, especialmente nas estações de transição (Fig. 5.12). O CCM é um sistema com espessa cobertura de nuvens frias, com forma aproximadamente circular (diâmetro da ordem de algumas centenas de quilômetros) e tempo de vida mínimo de seis horas, mais longo do que um sistema convectivo isolado. A intensificação desses complexos relaciona-se com a mudança sazonal do jato subtropical de altos níveis – que no outono e na primavera está nessa região – e sua interação com o vento de baixos níveis, úmido e quente, vindo do norte e frequentemente intensificado como jato de baixos níveis (Salio; Nicolini; Zipser, 2007; Moraes et al., 2020).

Durante o inverno, assim como nas estações de transição (semestre frio, de maio a setembro), a maior convergência de umidade está deslocada para sul em relação ao verão, e no inverno está sobre o Rio Grande do Sul. As condições baroclínicas mais intensas ocorrem no inverno, por causa do maior gradiente latitudinal de temperatura na região (Fig. 5.2). As ondas baroclínicas nos ventos de oeste, mais intensas no inverno, proporcionam frequente ciclogênese (formação e intensificação de centros de baixa pressão) e maior penetração de frentes, com a correspondente alternância de massas de ar. O sudeste da Região Sul é a área mais afetada, o que explica o máximo de precipitação no inverno (Figs. 5.10 e 5.11). Como já mencionado, as ondas baroclínicas dos ventos de oeste também produzem significativa convergência transiente de umidade no sudeste da região durante o inverno, o que se soma à convergência média. Embora essas ondas trafeguem em latitudes médias, no inverno essa circulação de latitudes médias penetra nos subtrópicos. Além disso, o efeito dinâmico dos Andes tende a desviar esses sistemas para nordeste, de modo que eles passam sobre o sul do Brasil (e às vezes continuam para o nordeste). A atividade sinótica associada a esses sistemas é responsável pela maior parte da precipitação no sudeste da América do Sul durante o semestre frio, pois, além do inverno, também nas estações de transição há frequente ciclogênese, que tem importante influência na organização da precipitação na Região Sul do Brasil (Rao; Cavalcanti; Hada, 1996; Rosa et al., 2013). A costa sul do Brasil/Uruguai apresenta alta frequência de formação de ciclones, sobretudo no inverno e na primavera. Mas um número significativo de ciclones também se forma ao norte, no Chaco, Paraguai e Rio Grande do Sul. Embora a ciclogênese esteja sempre associada às ondas nos ventos de oeste em ar superior (devido à instabilidade baroclínica), a sua intensificação pode vir do gradiente de temperatura da superfície do mar ao longo da costa sul do Brasil no inverno, provocado pela confluência da corrente das Malvinas (fria) com a corrente do Brasil (quente).

Na costa leste da Região Sul, notadamente no Paraná, há significativa contribuição de efeito orográfico para a precipitação. Os ventos em superfície (Fig. 5.4) tendem a divergir da alta subtropical do Atlântico e dirigir-se perpendicularmente à costa, onde uma ascensão íngreme lhes é imposta pela Serra do Mar, próximo à costa (Fig. 5.9). Labraga, Frumento e López (2000)

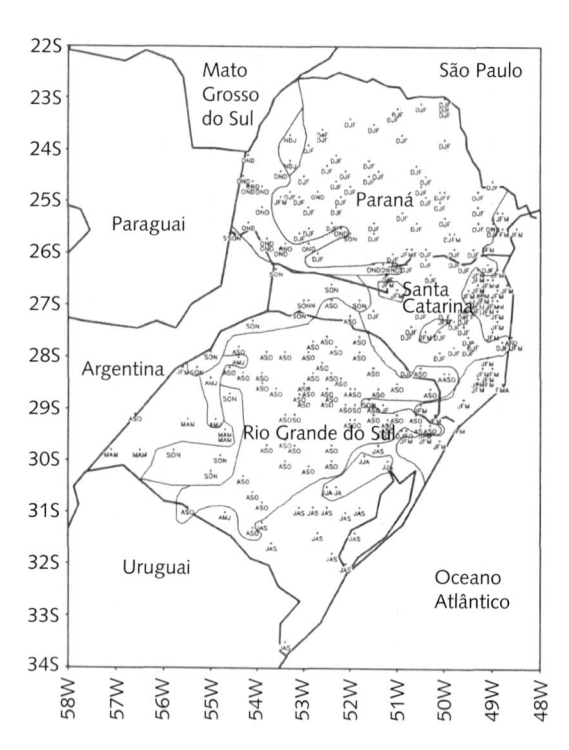

Fig. 5.10 Três meses consecutivos de maior precipitação na Região Sul do Brasil, indicados pelas letras iniciais Fonte: Grimm, Ferraz e Gomes (1998).

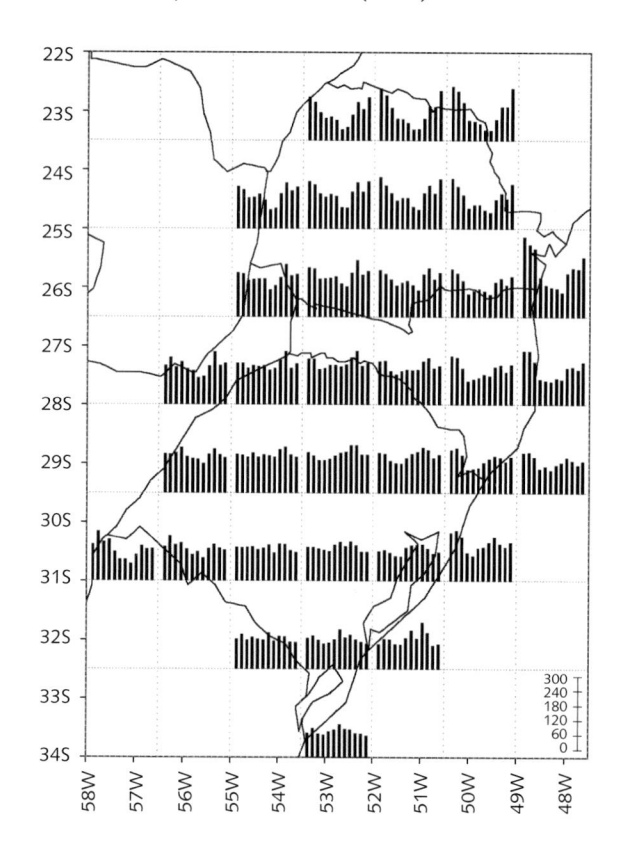

Fig. 5.11 Regimes de precipitação na Região Sul do Brasil. Os totais mensais médios de precipitação estão representados em cada área de 1,5°×1,5° de longitude e latitude, com escala em mm

mostram que essa é uma região em que a convergência vertical de umidade é significativa, efeito que ajuda a produzir a mais forte precipitação de verão de toda a região, no leste do Paraná (Figs. 5.9 e 5.11). Embora essa precipitação não se repita mais para sul, onde o gradiente de altitude é menor próximo à costa, esse máximo na costa, em janeiro-fevereiro-março, ocorre somente quando há barreira orográfica (Fig. 5.10). Isso se dá basicamente no semestre quente, mais forte no verão, porque o anticiclone não penetra no continente e os ventos perpendiculares à costa no sul do Brasil são mais fortes (comparar janeiro e julho na Fig. 5.4).

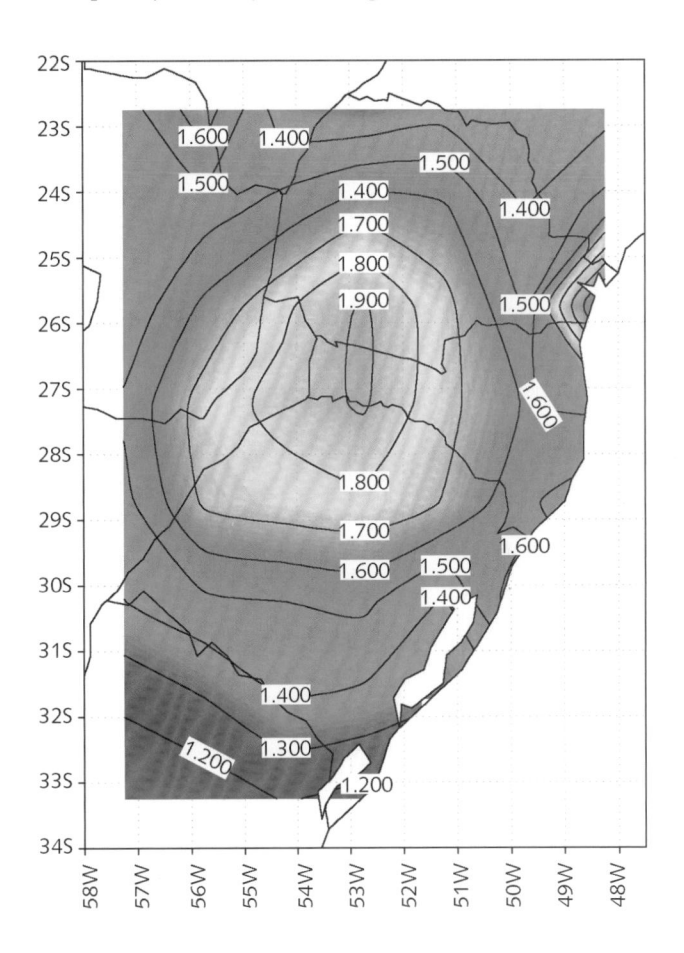

Fig. 5.12 Precipitação total anual na Região Sul (mm)

Ciclo anual de precipitação e trimestre mais chuvoso

A maior parte do Paraná e centro-leste de Santa Catarina mostram ciclo anual de precipitação unimodal, com um único máximo na estação chuvosa de verão, indicando regime subtropical de monções de verão (Fig. 5.11). Há uma região de transição, onde o pico da estação chuvosa muda do verão para o início da primavera, e então para o final do inverno, por meio de uma descontinuidade de fase (Figs. 5.10 e 5.11). No sudeste do Rio Grande do Sul, o máximo de precipitação ocorre no inverno, o que caracteriza um regime de latitudes médias, onde a chuva resulta de penetrações frontais associadas a ciclones extratropicais migratórios. Nessa região a ciclogênese é mais ativa nessa época do ano (Gan; Rao, 1991).

Regimes bimodais e até trimodais ocorrem em grande parte do sul do Brasil, confirmando o caráter de região de transição. O trimestre de máxima precipitação varia consideravelmente ao longo da região (ver Fig. 5.10). No nordeste da região, abrangendo a maior parte do Paraná e de Santa Catarina, predomina o regime de monções de verão, com máximo de precipitação no trimestre dezembro-janeiro-fevereiro ou janeiro-fevereiro-março. No oeste, a maior precipitação ocorre na primavera, mais ao norte, e no outono, mais ao sul, havendo também máximos relativos em ambas as estações, e até no verão (Figs. 5.10 e 5.11). Na maior parte do Rio Grande do Sul, os regimes são bimodais e até trimodais (Fig. 5.11), com maior concentração de precipitação no trimestre agosto-setembro-outubro (Fig. 5.10). Apenas no sudeste do Rio Grande do Sul o trimestre de máxima precipitação é julho-agosto-setembro (Fig. 5.10).

O regime trimodal, com máximos relativos no início da primavera, verão e outono, predominante no noroeste do Rio Grande do Sul, oeste de Santa Catarina e sudoeste do Paraná, e também presente no nordeste da Argentina e sudeste do Paraguai, é bastante influenciado pelos complexos convectivos de mesoescala. Segundo Zipser et al. (2006), essa é uma das regiões de mais fortes tempestades no globo. Esses CCMs estão presentes tanto no verão como nas estações de transição, quando seu papel é até mais importante na precipitação, como é possível constatar na localização dos máximos de precipitação nessas estações (Figs. 5.8 e 5.9), e contribuem significativamente para os totais anuais de precipitação (Fig. 5.12), através de tempestades convectivas extremas (Rasmussen et al., 2016).

Portanto, com exceção do nordeste da Região Sul, não há uma estação chuvosa bem marcada. Da mesma forma, eventos extremos de precipitação não têm localização muito preferencial em qualquer estação do ano, sendo sua distribuição razoavelmente homogênea, com exceção da parte nordeste (norte/leste do Paraná e leste de Santa Catarina), onde predominam chuvas extremas no verão (Teixeira; Satyamurty, 2007).

5.4 Considerações finais

Neste capítulo foram descritas as características médias mais gerais do clima na Região Sul, e as conexões entre os diferentes elementos do clima e mecanismos que explicam essas características. Além da influência da diferente radiação solar que atinge cada latitude e dos importantes aspectos de relevo, o clima do sul do Brasil é determinado basicamente pela posição e pela intensidade da alta subtropical do Atlântico Sul, um sistema semipermanente de pressão, e da circulação anticiclônica associada. No verão, essa alta desloca-se para sudeste, com pouca penetração no continente, enquanto no inverno o deslocamento é para noroeste, aumentando significativamente a pressão na superfície sobre o continente, com a penetração de ventos de leste até o centro do Brasil. A circulação associada a esse sistema e também a um sistema de baixa continental, mais forte no verão (Baixa do Chaco), condiciona a circulação em baixos níveis e os importantes fluxos de umidade e advecção de temperatura para a região. Esses fluxos de norte/noroeste podem ser muito intensificados quando ocorrem episódios do jato de baixos níveis a leste dos Andes. Em altos níveis, a posição latitudinal dos ventos de oeste varia ao longo do ano, e suas ondas baroclínicas são importantes mecanismos para precipitação durante o semestre mais frio. No verão, a convergência de umidade e o aquecimento da superfície tendem a instabilizar a atmosfera e a produzir precipitação, principalmente na área norte da Região Sul. Durante o semestre mais quente, notadamente nas estações de transição, contribuem os complexos convectivos de mesoescala que se originam principalmente no oeste da região e se deslocam para leste. Esses complexos resultam da interação do jato subtropical de altos níveis, que no outono e na primavera está nessa região, com o vento de baixos níveis, úmido e quente, vindo do norte.

Os fatores que alteram os sistemas de pressão mencionados e os ventos de altos níveis, produzindo alterações nos quadros médios sazonais, são as variações climáticas. A Região Sul é especialmente sensível às alterações produzidas pelos eventos El Niño e La Niña, cujos efeitos são descritos no Cap. 7.

Referências bibliográficas

BARROS, V.; GRIMM, A. M.; DOYLE, M. E. Relationship between temperature and circulation in Southeastern South America and its influence from El Niño and La Niña events. *J. Meteor. Soc. Japan*, v. 80, p. 21-32, 2002.

CAI, W.; MCPHADEN, M. J.; GRIMM, A. M. et al. Climate impacts of the El Niño-Southern Oscillation on South America. *Nature Reviews Earth & Environment*, v. 1, p. 215-231, 2020. DOI: 10.1038/s43017-020-0040-3.

GAN, M. A.; RAO, V. B. Surface cyclogenesis over South America. *Monthly Weather Review*, v. 119, p. 1293-1303, 1991.

GRIMM, A. M. Madden-Julian Oscillation impacts on South American summer monsoon season: precipitation anomalies, extreme events, teleconnections, and role in the MJO cycle. *Climate Dynamics*, v. 53, p. 907-932, 2019. DOI: 10.1007/s00382-019-04622-6.

GRIMM, A. M.; SABOIA, J. P. J. Interdecadal variability of the South American precipitation in the monsoon season. *Journal of Climate*, v. 28, n. 2, p. 755-775, 2015. DOI: 10.1175/JCLI-D-14-00046.1.

GRIMM, A. M.; ZILLI, M. T. Interannual variability and seasonal evolution of summer monsoon rainfall in South America. *Journal of Climate*, v. 22, p. 2257-2275, 2009.

GRIMM, A. M.; BARROS, V. R.; DOYLE, M. E. Climate variability in Southern South America associated with El Niño and La Niña events. *Journal of Climate*, v. 13, p. 35-58, 2000.

GRIMM, A. M.; FERRAZ, S. E. T.; GOMES, J. Precipitation anomalies in Southern Brazil associated with El Niño and La Niña events. *Journal of Climate*, v. 11, p. 2863-2880, 1998.

GRIMM, A. M.; ALMEIDA, A. S.; BENETI, C. A. A.; LEITE, E. A. The combined effect of climate oscillations in producing extremes: the 2020 drought in southern Brazil. *Brazilian Journal of Water Resources*, 25, e48, 2020. DOI: 10.1590/2318-0331.252020200116.

GRIMM, A. M.; LAUREANTI, N. C.; RODAKOVISKI, R. B.; GAMA, C. B. Interdecadal variability and extreme precipitation events in South America during the monsoon season. *Climate Research*, v. 68, n. 2-3, p. 277-294, 2016. DOI: 10.3354/cr01375.

LABRAGA, J. C.; FRUMENTO, O.; LÓPEZ, M. The atmospheric water vapor cycle in South America and the tropospheric circulation. *Journal of Climate*, v. 13, p. 1899-1915, 2000.

MAACK, R. *Geografia Física do Estado do Paraná*. 3. ed. Curitiba: Imprensa Oficial do Estado do Paraná, 2002.

MORAES, F. D. S.; AQUINO, F. E.; MOTE, T. L.; DURKEE, J. D.; MATTINGLY, K. S. Atmospheric characteristics favorable for the development of mesoscale convective complexes in southern Brazil. *Climate Research*, v. 80, p. 43-58, 2020.

RAO, V. B.; CAVALCANTI, I. F. A.; HADA, K. Annual variations of rainfall over Brazil and water vapor characteristics over South America. *J. Geophys. Res.*, v. 101, p. 26539-26551, 1996.

RASMUSSEN, K. L.; CHAPLIN, M. M.; ZULUAGA, M. D.; HOUZE, R. A. Contribution of Extreme Convective Storms to Rainfall in South America. *Journal of Hydrometeorology*, v. 17, p. 353-367, 2016.

ROSA, M. B.; FERREIRA, N. J.; GAN, M. A.; MACHADO, L. H. R. Energetics of cyclogenesis events over the southern coast of Brazil. *Revista Brasileira de Meteorologia*, v. 28, n. 3, 2013. DOI: 10.1590/S0102-77862013000300001.

SALIO, P.; NICOLINI, M.; ZIPSER, E. J. Mesoscale convective systems over Southeastern South America and their relationship with the South American Low Level Jet. *Monthly Weather Review*, v. 135, p. 1290-1309, 2007.

TEDESCHI, R. G.; GRIMM, A. M.; CAVALCANTI, I. F. A. Influence of Central and East ENSO on extreme events of precipitation in South America during austral spring and summer. *International Journal of Climatology*, v. 35, p. 2045-2064, 2015. DOI: 10.1002/joc.4106.

TEDESCHI, R. G.; GRIMM, A. M.; CAVALCANTI, I. F. A. Influence of Central and East ENSO on precipitation and its extreme events in South America during austral autumn and winter. *International Journal of Climatology*, v. 36, p. 4797-4814, 2016. DOI: 10.1002/joc.4670.

TEIXEIRA, M. S.; SATYAMURTY, P. Dynamical and Synoptic Characteristics of Heavy Rainfall Episodes in Southern Brazil. *Monthly Weather Review*, v. 135, p. 598-617, 2007.

ZIPSER, E. J.; CECIL, D. J.; LIU, C.; NESBITT, S. W.; YORTY, D. P. Where are the most intense thunderstorms on Earth? *Bull. Amer. Meteor. Soc.*, v. 87, p. 1057-1070, 2006.

PARTE II
VARIABILIDADE CLIMÁTICA

6 | Variabilidade intrassazonal

Charles Jones
Mary Toshie Kayano
Pedro Leite da Silva Dias
Leila M. V. Carvalho

A Oscilação de Madden-Julian (OMJ), identificada nos anos 1970, caracteriza-se por uma célula de circulação zonal direta no plano equatorial, que se propaga para leste em um período de 30 a 60 dias. Existe uma vasta literatura sobre essa oscilação, que documenta principalmente sua estrutura, suas características de propagação e seus efeitos.

A OMJ é o modo equatorial mais importante na escala intrassazonal, com impactos nas distribuições anômalas de precipitação nos trópicos e subtrópicos. Para Kayano e Kousky (1999), a escala temporal da OMJ condiciona seus impactos mais marcantes em áreas de estações chuvosas curtas, como o nordeste do Brasil (NEB), o sudeste da África e o nordeste da Austrália. Sob a ótica dos sistemas de monções, trabalhos recentes mostraram que a OMJ influencia tais sistemas, em particular o sistema das Américas, além de desempenhar um papel importante na variabilidade do clima na escala subsazonal (Alvarez et al., 2016). Um exemplo é a modulação da Zona de Convergência do Atlântico Sul (ZCAS) pela OMJ. Outro aspecto importante é a possibilidade de a OMJ influenciar fenômenos de mais baixa frequência, como o El Niño-Oscilação Sul (ENOS).

Como a OMJ desempenha papel fundamental na precipitação de algumas áreas da América do Sul, neste capítulo são revisados seus principais aspectos e efeitos no clima do Brasil. Para uma revisão de aspectos mais específicos da OMJ, o leitor poderá consultar alguns artigos de revisão sobre a OMJ (Madden; Julian, 1994; Zhang, 2005; Zhang, 2013).

6.1 Características da OMJ
6.1.1 Aspectos gerais

Madden e Julian (1971), por meio de análise espectral cruzada nas variáveis de radiossonda na ilha de Cantão, verificaram forte coerência entre pressão à superfície, vento zonal e temperatura em vários níveis para um largo intervalo de períodos, que se tornava máxima nos períodos entre 41 e 53 dias. Com análise espectral e análise espectral cruzada dos dados de outras estações, os autores detectaram picos e forte coerência para o período de 40-50 dias. Pelas análises dos ângulos de fases, concluíram que as oscilações resultavam de uma propagação para leste de uma célula de circulação zonal direta no plano equatorial (ver Figura 3 em Madden; Julian, 1994).

No Hemisfério Leste (entre 0° E e 180° E), a OMJ tem forte acoplamento com a convecção cúmulo e propaga-se lentamente, enquanto no Hemisfério Oeste (180° W a 0° E) o acoplamento com a convecção é mais fraco e a propagação é mais rápida. Estudos mais recentes, que usaram anomalias de Radiação de Onda Longa (ROL), confirmaram esse modelo da relação entre OMJ e convecção tropical, que é também verificado em estudos teóricos (Dias et al., 2013). De fato, os sinais da OMJ, identificados pelas anomalias de ROL, são fortes no Pacífico Oeste e no Oceano Índico, quase imperceptíveis no Pacífico Leste e fracos sobre a África e a América do Sul.

6.1.2 Propagação

A propagação da OMJ foi demonstrada em vários estudos para diversas variáveis. Com utilização de ROL, Weickmann, Lussky e Kutzbach (1985) mostraram que a convecção profunda associada à OMJ organiza-se em sistemas que se propagam para leste entre 60° E e 160° E, a uma velocidade de fase de aproximadamente 5 m/s. Essa velocidade de fase, relativamente baixa, distingue a OMJ de ondas de Kelvin convectivamente acopladas, que têm velocidade de fase de 15-17 m/s. Na região onde a convecção é mais fraca, ao redor e a leste da linha da data, sobre a região de águas superficiais frias, a OMJ propaga-se mais rapidamente, com uma velocidade de fase de 30-35 m/s.

Knutson e Weickmann (1987), por meio de análises de composições das anomalias do potencial de velocidade nos altos níveis, ROL e vento zonal em 250 hPa e 850 hPa, mostraram que a OMJ propaga-se ao redor de todo o globo. Vale ressaltar que a velocidade de fase da OMJ pode variar de um evento para outro, bem como com a fase do ciclo de vida de um mesmo evento.

Wang e Rui (1990) detectaram três classes das OMJs no Hemisfério Leste, durante o período de 1975 a 1985, de acordo com suas propriedades de propagação (ver Figura 5 em Wang; Rui, 1990). De acordo com os autores, as OMJs que se propagam para leste predominam no verão austral, e as que têm um ramo de propagação para norte, no inverno austral. Essas diferenças sazonais refletem os efeitos da OMJ nos sistemas de monção da região, notados na Índia durante o inverno austral e na Austrália durante o verão austral.

Matthews (2000) propôs dois mecanismos para a propagação para leste da convecção associada à OMJ e para a sua regeneração. Segundo o autor, um desses mecanismos é de caráter local, atuando no Índico/Pacífico Oeste, e o outro é de escala global. No mecanismo local, as anomalias convectivas (de qualquer sinal) no oeste têm como resposta uma onda equatorial de Rossby que cria, a leste, novas anomalias de sinal oposto, enquanto as anomalias a oeste se reduzem e as novas se expandem para leste, por meio da onda equatorial de Kelvin, que é uma resposta a essas anomalias. No outro mecanismo, a convecção aumentada no Pacífico Oeste excita anomalias negativas de pressão ao nível médio do mar (PNM), que se expandem rapidamente para leste como uma onda equatorial de Kelvin seca, a uma velocidade de fase de 35 m/s no Pacífico Leste. As regiões montanhosas dos Andes e do Himalaia retardam a OMJ a oeste.

6.1.3 Estrutura horizontal e vertical

Para ilustrar a estrutura horizontal da OMJ, foram selecionadas algumas variáveis diárias para o período de 1979-1995 do conjunto de reanálises do Centro Europeu (ECMWF), chamado ERA-40. Tais variáveis são PNM (pressão ao nível médio do mar), potencial de velocidade em 200 hPa e água precipitável (PW), no domínio global entre 30° N e 30° S, e estão em uma resolução horizontal de 2,5 graus em latitude e longitude. Os dados do ERA-40 utilizados aqui foram obtidos do servidor de dados do ECMWF. Em vez dos valores diários, utilizaram-se médias das variáveis a cada 5 dias, chamadas pêntadas. Com o uso de ondaletas, as variáveis em pêntadas foram filtradas para a escala de 6-18 pêntadas (30-90 dias), que representa a escala intrassazonal. A formulação do filtro foi baseada na equação 29 de Torrence e Compo (1998). O método das Funções Ortogonais Empíricas Estendidas (FOEE) foi aplicado às variáveis para a obtenção dos padrões evolutivos. A descrição desse método pode ser encontrada em Weare e Nasstrom (1982) para o caso geral, e, para o caso da OMJ, em Kayano e Kousky (1999). Aqui foram usados 10 intervalos de tempo a cada pêntada. Os padrões evolutivos foram obtidos separadamente para o inverno (maio a setembro – MJJAS) e verão (novembro a março – NDJFM). A variável PW foi utilizada como variável base e sujeita à análise de FOEE. Os padrões do potencial de velocidade e de PNM foram obtidos pela projeção da componente principal de PW nos campos dessas variáveis.

Os padrões evolutivos da PNM, do potencial de velocidade e da PW mostram-se similares aos encontrados por Kayano e Kousky (1999), que utilizaram os dados de reanálises dos Centros Nacionais de Previsão Ambiental (NCEP) para o período de 1979-1995. Para as análises de verão e inverno, os dois primeiros modos formam um par de modos que descrevem evoluções similares e explicam (soma das variâncias dos dois modos), respectivamente, 12,1% e 10,25% da variância intrassazonal de verão e inverno. Esses padrões ilustram a propagação para leste da OMJ (Figs. 6.1 a 6.6). Nas duas estações do ano, os padrões nos tempos 5 dias e 30 dias são similares e de sinais opostos, o que indica dominância de OMJ com período aproximado de 50 dias. Os padrões de potencial de velocidade em 200 hPa mostram um padrão de onda zonal número 1 propagando-se ao redor do globo, enquanto os padrões de PNM mostram, em alguns tempos, um padrão de onda zonal número zero, e, em outros, um padrão de onda zonal número 1. Os padrões de potencial de velocidade mostram inclinações no plano horizontal para leste durante o verão e para oeste durante o inverno. Essas características foram notadas anteriormente (Knutson; Weickmann, 1987; Kayano; Kousky, 1999). Kayano e Kousky (1999) relacionaram as inclinações do eixo de máximas magnitudes dos padrões de correlações para o potencial de velocidade a mudanças na circulação nas latitudes médias em resposta à convecção associada à OMJ.

Outra característica notável nos padrões de PNM é sua forte assimetria zonal. Para Zhang (2005), tal assimetria pode decorrer da circulação de grande escala (ondas de Rossby e de Kelvin) ou de sistemas de mesoescala. Os padrões de PW mostram algumas diferenças sazonais: os padrões de inverno apresentam estrutura zonal mais bem definida do que os de verão, e os sinais da OMJ em PW sobre a América do Sul, em particular sobre o NEB, são mais fortes nos padrões de verão. Kayano e Kousky (1999) encontraram anomalias de ROL relacionadas à OMJ mais pronunciadas sobre o NEB durante o verão e sobre a América Central durante o inverno.

A estrutura horizontal e vertical da OMJ foi investigada por Sperber (2003) e Kiladis, Straub e Haertel (2005). Esses autores verificaram que o vapor d'água, a temperatura, a divergência e os ventos mostram uma inclinação para oeste com a altura em relação ao centro convectivo. Sperber (2003) notou que a inclinação para oeste da OMJ é mais notável no Pacífico Oeste. Nos baixos níveis, a leste do centro convectivo, esses trabalhos mostraram convergência, movimentos ascendentes e anomalias positivas de umidade; a oeste, divergência, movimentos descendentes e condições secas; e nos altos níveis, a leste do centro convectivo, subsidência, esfriamento e condições secas. Essas condições favorecem o desenvolvimento de novos centros convectivos a leste e inibem o desenvolvimento dos centros a oeste de um centro já existente.

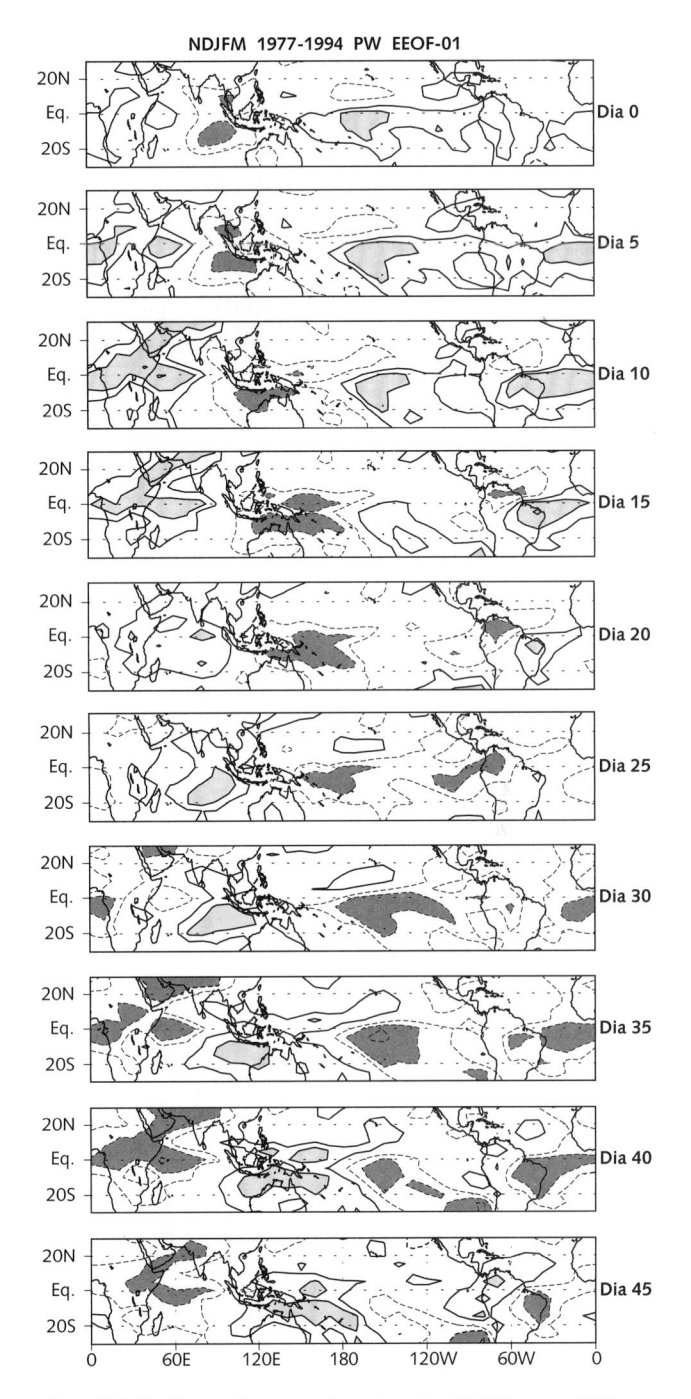

FIG. 6.1 Padrões de verão da primeira FOEE para PW. O intervalo de contorno é 0,20. Hachuras fracas (fortes) são estatisticamente significativas ao nível de 95% e indicam valores maiores (menores) do que 0,40 (−0,40). A linha de zero foi omitida

6.1.4 Mecanismos dinâmicos

Vários mecanismos dinâmicos foram propostos para explicar os processos de formação e manutenção da variabilidade intrassazonal:

→ O papel da não linearidade associada aos processos de advecção na geração de variabilidade de baixa frequência (Ripa, 1982, 1983a, 1983b).

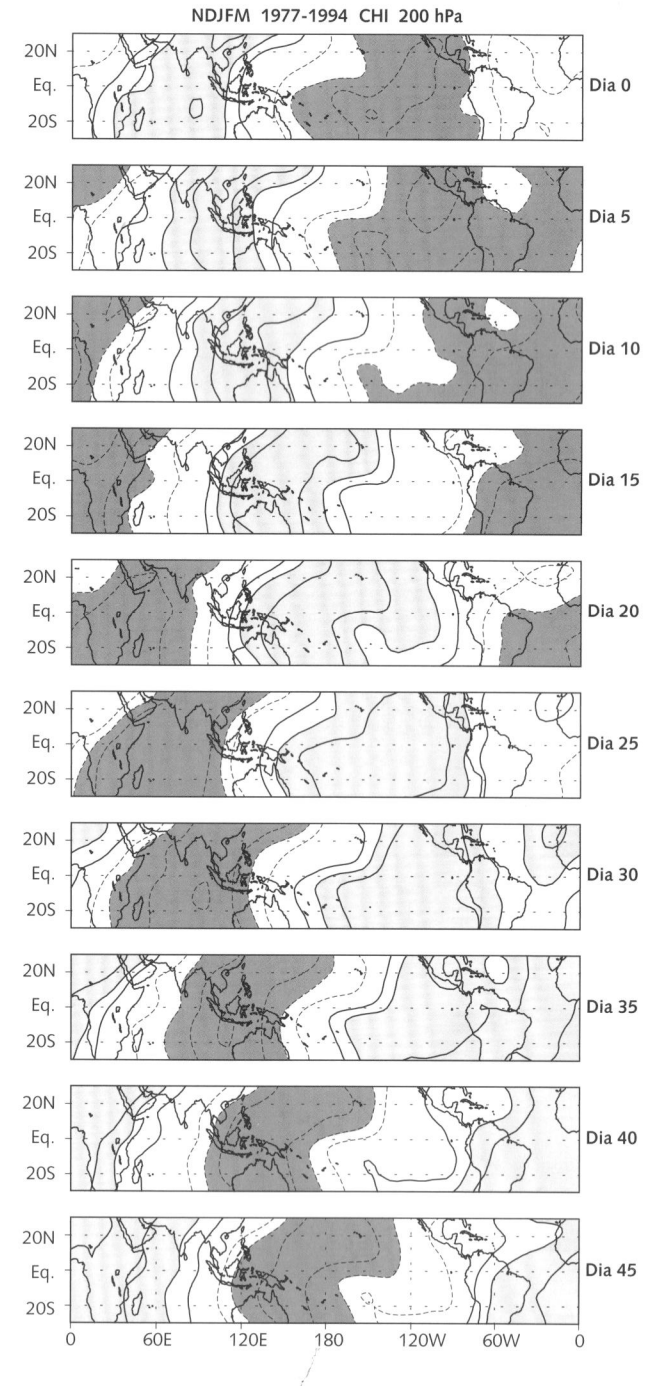

Fig. 6.2 Padrões de verão da primeira FOEE para potencial de velocidade. As convenções gráficas são as mesmas da Fig. 6.1

→ O papel do aquecimento convectivo na geração da variabilidade de baixa frequência através da interação entre ondas de gravidade inerciais (geradas pela liberação de calor latente na convecção) e ondas de Rossby associadas aos transientes sinóticos (Raupp; Silva Dias, 2009, 2010).

→ O papel das interações entre ondas oceânicas que alteram a temperatura da superfície do oceano (por exemplo, ondas de Kelvin) e ondas atmosféricas geradas pela convecção, num mecanismo semelhante à excitação do El Niño (Battisti, 1988; Ramirez; Silva Dias; Raupp, 2017).

→ O papel das interações de modos lineares através da termodinâmica na geração de variabilidade de baixa frequência em modelos oceano-atmosfera acoplados, lineares e simplificados (Hirst, 1986; Hirst; Lau, 1990).

→ A excitação da variabilidade intrassazonal através da turbulência atmosférica em escala sinótica equatorial (Biello; Majda, 2005).

Os resultados dos modelos teóricos (Raupp; Silva Dias, 2009, 2010) indicam que a variabilidade intrassazonal está intimamente relacionada com a variabilidade da precipitação nas escalas temporais mais curtas (por exemplo, a variação diurna), através da interação não linear. Portanto, melhorar a qualidade da previsão meteorológica na escala intrassazonal passa forçosamente por aprimorar a capacidade dos modelos de reproduzir o ciclo diurno da precipitação nos trópicos. Os resultados recentes de Ramirez, Silva Dias e Raupp (2017) também indicam que a variabilidade intrassazonal pode ter importante impacto na variabilidade interanual, decadal e multidecadal através das interações não lineares envolvendo o acoplamento entre o oceano e atmosfera. A melhoria da qualidade das previsões climáticas em escalas temporais mais longas depende fortemente da capacidade de os modelos reproduzirem realisticamente a estrutura da variabilidade intrassazonal. Em resumo, a variabilidade intrassazonal executa um importante papel no sistema acoplado atmosfera/oceano, como um elo entre a variabilidade diurna e a escala interanual (e mais longas).

6.2 Influência da OMJ na ocorrência de extremos na precipitação

Alguns estudos identificaram importantes sinais associados a uma modulação da OMJ na ocorrência de precipitação intensa, especialmente sobre as Américas. Mo e Higgins (1998) examinaram eventos secos e úmidos na Califórnia durante o inverno boreal e verificaram que anomalias de precipitação na costa oeste da América do Norte mostram um padrão de três células. Precipitação intensa na Califórnia, em geral, é acompanhada de condições secas sobre os Estados de Washington, British Columbia e ao longo da costa sudeste do Alasca, e de precipitação reduzida sobre o

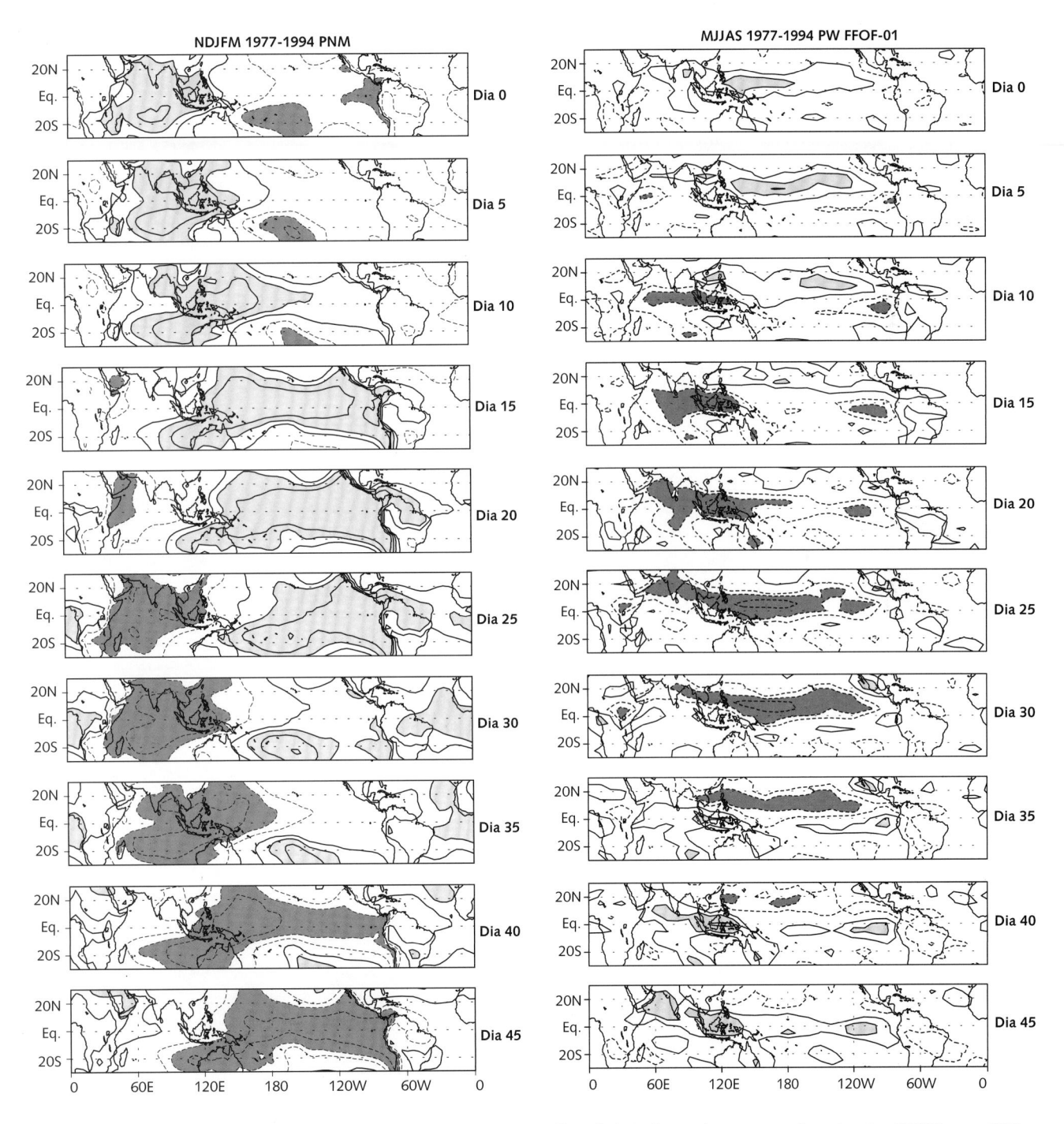

FIG. 6.3 Padrões de verão da primeira FOEE para pressão ao nível médio do mar. As convenções gráficas são as mesmas da Fig. 6.1

FIG. 6.4 Padrões de inverno da primeira FOEE para PW. As convenções gráficas são as mesmas da Fig. 6.1

Pacífico Leste Subtropical. Eventos úmidos (secos) na Califórnia são favorecidos durante a fase da OMJ associada à convecção intensa perto de 50° E (120° E) no Pacífico Tropical. Higgins et al. (2000) examinaram a precipitação ao longo da costa oeste dos Estados Unidos e concluíram que eventos extremos ocorrem em todas as fases do ENOS, mas que uma grande fração desses eventos tende a ocorrer durante anos neutros antes do início do ENOS, o que, em geral, está associado à intensa atividade intrassazonal tropical. Jones (2000) concluiu que a frequência de extremos de precipitação na Califórnia é mais alta durante períodos com alta atividade convectiva tropical associada à OMJ do que em períodos em que a oscilação encontra-se inativa.

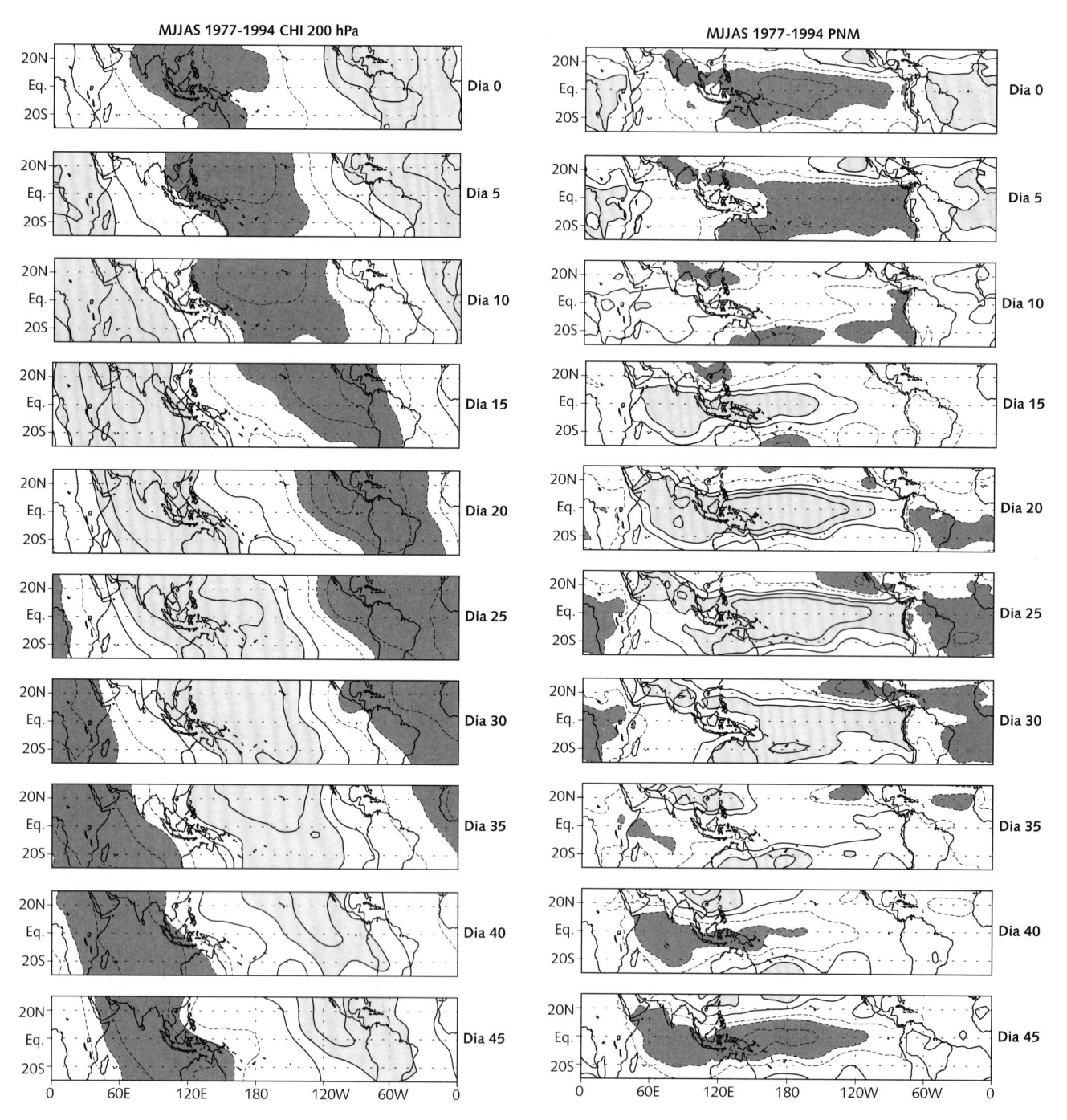

FIG. 6.5 Padrões de inverno da primeira FOEE para potencial de velocidade. As convenções gráficas são as mesmas da Fig. 6.1

FIG. 6.6 Padrões de inverno da primeira FOEE para pressão ao nível médio do mar. As convenções gráficas são as mesmas da Fig. 6.1

Similarmente, foram encontradas importantes modulações da OMJ em eventos de precipitação extrema na América do Sul. Carvalho, Jones e Liebmann (2004) verificaram que a OMJ modula a intensidade da ZCAS com persistência maior que três dias. Além disso, eles detectaram que fases da OMJ caracterizadas por supressão de convecção sobre a Indonésia e aumento de convecção sobre o Pacífico Central aumentam o percentil de 95% da precipitação diária sobre as Regiões Norte e Nordeste do Brasil. Por outro lado, padrões opostos são observados durante o aumento de convecção sobre a Indonésia e a supressão de convecção no Pacífico Central. Liebmann et al. (2004) investigaram a variabilidade de extremos de precipitação e associações com a ZCAS e o jato de baixos níveis na América do Sul. Eles realizaram composições de dados da OMJ e de dados relativos a anomalias de precipitação, obtendo relações estatisticamente significativas associadas à precipitação na região de saída do jato de baixos níveis e sobre a ZCAS. Eles verificaram ainda que variações lentas no padrão de anomalias de precipitação nessas regiões são uma consequência direta da entrada de perturbações sinóticas moduladas por variações da OMJ.

Jones et al. (2004) investigaram relações entre a propagação para leste da OMJ e ocorrências globais de precipitação extrema. Os resultados mostraram uma frequência mais alta de extremos no Oceano Índico, na Indonésia e no Pacífico Oeste durante períodos ativos da OMJ do que em situações inativas da oscilação. Além disso, a região leste da América do Sul mostra fortes sinais de um aumento na frequência de extremos durante situações ativas da OMJ. Os autores também realizaram experimentos numéricos para investigar o impacto da OMJ na previsibilidade de eventos extremos de precipitação. Análises estatísticas indicaram um maior sucesso na previsão de extremos durante fases ativas da OMJ em várias regiões da África tropical, no Oceano Índico, na Indonésia, no Pacífico Oeste e na América do Sul. Similarmente, extensas áreas nos subtrópicos e nas latitudes médias do Pacífico Norte, na região oeste da América do Norte e em grandes áreas sobre o Atlântico Norte mostram um aumento na previsibilidade de extremos durante fases ativas da OMJ. Os experimentos de previsibilidade indicaram que o número médio das previsões corretas de extremos durante fases ativas da OMJ é aproximadamente o dobro do número de previsões corretas de extremos durante fases inativas da oscilação, em regiões onde a influência da OMJ é estatisticamente significativa.

6.3 Previsão da OMJ
6.3.1 Aspectos gerais

Desde a descoberta da OMJ, a comunidade científica procura obter simulações realistas da oscilação em modelos numéricos globais. Os primeiros estudos obtiveram sucesso nas simulações com sinais intrassazonais que se propagam para leste; todavia, elas não representavam com fidelidade as características básicas da OMJ, e algo fundamental nos mecanismos que sustentam a oscilação não era representado nos modelos de circulação geral.

Os primeiros estudos simulavam oscilações que se propagavam para leste com velocidades de fase próximas das velocidades de ondas acopladas de Kelvin (~20 m s^{-1}); portanto, superiores às velocidades observadas da OMJ (~5 m s^{-1}). Além disso, as simulações numéricas tendiam a apresentar espectros de potências com baixas amplitudes na faixa intrassazonal (20-100 dias), ou simplesmente ausência de sinais estatisticamente significativos. Outros problemas nos primeiros estudos de simulações numéricas da OMJ dizem respeito ao fato de a estrutura zonal da oscilação (números de onda 2 e 3) e a sazonalidade não serem realisticamente simuladas.

Por exemplo, Lin et al. (2006) avaliaram 14 modelos acoplados de circulação geral e determinaram que problemas variados ainda persistem. Em resumo, a variância total em escala intrassazonal, na maioria dos modelos, é mais fraca do que a observada. Cerca de metade dos modelos tem sinais associados a ondas equatoriais acopladas à convecção, especialmente com sinais de ondas de Kelvin e Rossby gravidade mista/gravidade inercial para leste. Todavia, geralmente as variâncias são mais fracas do que as observadas, e as velocidades de fase, mais rápidas. Em relação à OMJ, somente dois modelos apresentaram variâncias comparáveis à observada e relativa consistência na propagação de sinais para leste. Avanços significativos têm sido observados nos últimos anos na representação da OMJ em modelos globais. Atribui-se essa melhora principalmente ao aprimoramento de parametrizações de processos convectivos e de acoplamento de oceano e atmosfera (Wang et al., 2018).

6.3.2 Impacto da OMJ na qualidade da previsão

Devido à importância da OMJ, alguns estudos investigaram a destreza de representação da oscilação em modelos numéricos de previsão e o impacto da OMJ na destreza das previsões nos subtrópicos e nas latitudes médias. Lau e Chang (1992) analisaram uma estação de previsões globais de 30 dias, com o modelo de previsão do NCEP durante o experimento *Dynamical Extended Range Forecasts* (DERF). Os resultados mostraram que esse modelo previu bem o padrão global de variabilidade intrassazonal até 10 dias, com o crescimento de erro de modos tropicais e extratropicais de baixa frequência menor (maior) do que a persistência quando as amplitudes da OMJ foram altas (baixas).

No estudo de Ferranti et al. (1990), realizou-se um número limitado de previsões numéricas com o modelo do ECMWF, para investigar os impactos nas previsões de tempo nos extratrópicos associados a erros na região tropical. Algumas das rodadas numéricas relaxaram a atmosfera tropical para as análises de verificação, enquanto outras rodadas foram relaxadas para as condições iniciais. Embora esse estudo tenha se baseado somente em quatro casos de OMJ ativa, demonstrou-se o impacto potencial da OMJ na destreza de previsões nos extratrópicos.

Com uma versão mais recente de experimentos DERF, Hendon et al. (2000) verificaram que previsões nos trópicos e latitudes médias do Hemisfério Norte durante o inverno tiveram menor destreza quando foram inicializadas durante ou antes de períodos de OMJ ativos. Eles atribuíram a redução da destreza à inabilidade do modelo numérico em sustentar a OMJ além de aproximadamente 7 dias, o que contribuiu para o crescimento errôneo e excessivo das fontes tropicais de ondas de Rossby. Jones et al. (2000) e Seo et al. (2005) analisaram também resultados de diferentes experimentos DERF e concluíram que as habilidades dos modelos do NCEP em prever a OMJ estendem-se somente a aproximadamente 7 dias.

Com relação à América do Sul, Nogués-Paegle, Mo e Paegle (1998) mostraram que a variabilidade intrassazonal da OMJ modula a destreza de previsões de tempo na região pan-americana. Jones e Schemm (2000) também utilizaram resultados DERF e mostraram que as destrezas das previsões na região da América do Sul são maiores quando há atividade convectiva associada à OMJ em períodos inativos da oscilação, especialmente sobre a ZCAS.

Motivados pela deficiência da representação da OMJ em modelos numéricos globais, vários estudos empíricos de previsão da OMJ foram propostos. Embora as técnicas estatísticas sejam diferentes, os modelos empíricos tendem a mostrar destreza em previsões da OMJ em mais ou menos 10 a 25 dias no futuro, o que é consistente com os resultados de previsibilidade numérica da OMJ obtidos por Waliser et al. (2003). Dada a influência da OMJ na variabilidade de tempo e os impactos na qualidade de previsões de tempo, o monitoramento contínuo da oscilação, o desenvolvimento de técnicas diagnósticas e o melhoramento da representação da OMJ em modelos numéricos de previsão oferecem perspectivas encorajadoras para se estender o limite prático de previsão de tempo para além de 5 dias.

6.4 O PROJETO SUBSSAZONAL-SAZONAL

Dada a importância de variabilidades intrassazonais, e da OMJ em particular, em controlar variações de tempo em escalas globais, os programas de pesquisa do *World Weather Research Program* (WWRP) e *World Climate Research Program* (WCRP) estabeleceram o projeto de previsibilidade denominado *sub-seasonal to seasonal prediction* (S2S). O S2S visa explorar a previsibilidade e melhorar a previsão de tempo nas escalas subsazonais (de 2-6 semanas) e sazonais (três meses). A melhoria da previsão de tempo nessas escalas é de fundamental importância para aprimoramento de tomada de decisões e prevenção de impactos de desastres naturais (Vitart et al., 2017; Vitart; Robertson, 2018).

Andrade, Coelho e Cavalcanti (2019), por exemplo, estudaram a previsão subsazonal de precipitação nos modelos do S2S e determinaram que os modelos retêm destreza principalmente até uma semana de previsão, seguida de um rápido decréscimo depois disso. Eles confirmaram que fases ativas da OMJ e ENOS aumentam e estendem a destreza de previsão. Bombardi et al. 2017) usaram três modelos participantes do projeto S2S para investigar a destreza de previsão do início e término da estação de monções em várias regiões do globo. Determinaram que, embora a previsão de precipitação em geral seja restrita, os modelos analisados indicam destreza na previsão do início e término da estação de monções em escalas subssazonais (aproximadamente 30 dias). Essas conclusões foram encontradas para os sistemas de monções na América do Sul, leste da Ásia e norte da Austrália, e pouca destreza de previsão foi encontrada para a monção na Índia. Hirata e Grimm (2018) analisaram o modelo *Climate Forecast System* (CFSv2) do NCEP para estudar a destreza de previsão da estação chuvosa durante 2010-2011, que foi relacionado com um período de persistência da ZCAS. Eles determinaram que o modelo CFS pode realizar previsões com sucesso em até duas semanas de antecedência.

6.5 Considerações finais

Neste capítulo foi feita uma revisão sobre a OMJ, com características gerais, aspectos evolutivos, estrutura horizontal e vertical, efeitos sobre a América do Sul, previsão e impactos na destreza de previsão estendida. As principais características sazonais da OMJ foram ilustradas para algumas variáveis da reanálise ERA-40 do ECMWF.

A revisão da previsibilidade da OMJ mostra que ela tem melhorado bastante nos últimos anos, sendo possível prever as características gerais da oscilação com até duas a três semanas de antecedência (Vitart; Robertson, 2018). Um aumento na melhoria de previsão em escalas intrassazonais oferece enormes oportunidades para uma melhoria na tomada de decisões para prevenção de impactos de desastres meteorológicos.

Referências bibliográficas

ALVAREZ, M. S.; VERA, C. S.; KILADIS, G. N.; LIEBMANN, B. Influence of the Madden Julian Oscillation on precipitation and surface air temperature in South America. *Clim. Dyn.*, 46, 245-262, 2016. DOI: 10.1007/s00382-015-2581-6. Disponível em: <http://link.springer.com/10.1007/s00382-015-2581-6>. Acesso: Oct. 3, 2019.

ANDRADE, F. M.; COELHO, C. A. S.; CAVALCANTI, I. F. A. Global precipitation hindcast quality assessment of the Subseasonal to Seasonal (S2S) prediction project models. *Clim. Dyn.*, v. 52, p. 5451-5475, 2019. DOI: 10.1007/s00382-018-4457-z.

BATTISTI, D. S. Dynamics and thermodynamics of a warming event in a coupled tropical atmosphere-ocean model. *J. Atmos. Sci.*, v. 45, p. 2889-2919, 1988. DOI: 10.1175/1520-0469(1988)045,2889: DATOAW.2.0.CO;2.

BIELLO, J. A.; MAJDA, A. J. A new multiscale model for the Madden-Julian oscillation. *J. Atmos. Sci.*, v. 62, p. 1694-1721, 2005. DOI:10.1175/JAS3455.1.

BOMBARDI, R. J.; PEGION, K. V.; KINTER, J. L.; CASH, B. A.; ADAMS, J. M. Sub-seasonal Predictability of the Onset and Demise of the Rainy Season over Monsoonal Regions. *Front. Earth Sci.*, v. 5, n. 14, 2017. DOI: 10.3389/feart.2017.00014. Disponível em: <http://journal.frontiersin.org/article/10.3389/feart.2017.00014/full>. Acesso em: Sep. 20, 2019.

CARVALHO, L. M. V.; JONES, C.; LIEBMANN, B. The South Atlantic Convergence Zone: Intensity, form, persistence, and relationships with intraseasonal to interannual activity and extreme rainfall. *Journal of Climate*, v. 17, p. 88-108, 2004.

DIAS, J.; SILVA DIAS, P. L.; KILADIS, G. N.; GEHNE, M.; DIAS, J.; DIAS, P. L. S.; KILADIS, G. N.; GEHNE, M. Modulation of Shallow-Water Equatorial Waves due to a Varying Equivalent Height Background. *J. Atmos. Sci.*, v. 70, p. 2726-2750, 2013. DOI:10.1175/JAS-D-13-04.1. Disponível em: <http://journals.ametsoc.org/doi/abs/10.1175/JAS-D-13-04.1>. Acesso em: Oct. 3, 2019.

FERRANTI, L.; PALMER, T. N.; MOLTENI, F.; KLINKER, K. Tropical-extratropical interaction associated with the 30-60 day oscillation and its impact on medium and extended range prediction. *J. Atmos. Sci.*, v. 47, p. 2177-2199, 1990.

HENDON, H. H.; LIEBMANN, B.; NEWMAN, M.; GLICK, J. D.; SCHEMM, J. E. Medium-range forecast errors associated with active episodes of the Madden-Julian oscillation. *Monthly Weather Review*, v. 128, p. 69-86, 2000.

HIGGINS, R. W.; SCHEMM, J.-K. E.; SHI, W.; LEETMAA, A. Extreme precipitation events in the western United States related to tropical forcing. *Journal of Climate*, v. 13, p. 793-820, 2000.

HIRATA, F. E.; GRIMM, A. M. Extended-range prediction of South Atlantic convergence zone rainfall with calibrated CFSv2 reforecast. *Clim. Dyn.*, v. 50, p. 3699-3710, 2018. DOI: 10.1007/s00382-017-3836-1. Disponível em: <http://link.springer.com/10.1007/s00382-017-3836-1>. Acesso em: Sep. 21, 2019.

HIRST, A. C. Unstable and damped equatorial modes in simple coupled ocean-atmosphere models. *J. Atmos. Sci.*, v. 43, p. 606-630, 1986. DOI: 10.1175/1520-0469(1986)043,0606:UADEMI.2.0.CO;2.

HIRST, A. C.; LAU, K.-M. Intraseasonal and interannual oscillations in coupled ocean – atmosphere models. *Journal of Climate*, v. 3, n. 7, 1990.

JONES, C. Occurrence of extreme precipitation events in California and relationships with the Madden-Julian oscillation. *Journal of Climate*, v. 13, p. 3576-3587, 2000.

JONES, C.; SCHEMM, J.-K. E. The influence of intraseasonal variations on medium-range weather forecasts over South America. *Monthly Weather Review*, v. 128, p. 486-494, 2000.

JONES, C.; WALISER, D. E.; SCHEMM, J. K. E.; LAU, W. K. M. Prediction skill of the Madden and Julian Oscillation in dynamical extended range forecasts. *Climate Dynamics*, v. 16, p. 273-289, 2000.

JONES, C.; CARVALHO, L. M. V.; HIGGINS, R. W.; WALISER, D. E.; SCHEMM, J. K. E. Climatology of tropical intraseasonal convective anomalies: 1979--2002. *Journal of Climate*, v. 17, p. 523-539, 2004.

KAYANO, M. T.; KOUSKY, V. E. Intraseasonal (30-60 day) variability in the tropics: principal modes and their evolution. *Tellus*, v. 51A, p. 373-386, 1999.

KILADIS, G. N.; STRAUB, K. H.; HAERTEL, P. T. Zonal and vertical structure of the Madden-Julian oscillation. *J. Atmos. Sci.*, v. 62, p. 2790-2809, 2005.

KNUTSON, T. R.; WEICKMANN, K. M. 30-60 day atmospheric oscillations: Composite life cycles of convection and circulation anomalies. *Monthly Weather Review*, v. 115, p. 1407-1436, 1987.

LAU, K.-M.; CHANG, F. C. Tropical intraseasonal oscillation and its prediction by the NMC Operational Model. *Journal of Climate*, v. 5, p. 1365-1378, 1992.

LIEBMANN, B.; KILADIS, G. N.; VERA, C. S.; SAULO, A. C.; CARVALHO, L. M. V. Subseasonal variations of rainfall in South America in the vicinity of the low-level jet East of the Andes and comparison to those in the South Atlantic Convergence Zone. *Journal of Climate*, v. 17, n. 19, p. 3829-3842, 2004.

LIN, J. L.; KILADIS, G. N.; MAPES, B. E.; WEICKMANN, K. M.; SPERBER, K. R.; LIN, W. et al. Tropical intraseasonal variability in 14 IPCC AR4 climate models. Part I: Convective signals. *Journal of Climate*, v. 19, n. 12, p. 2665-2690, 2006.

MADDEN, R. A.; JULIAN, P. R. Detection of a 40-50 day oscillation in the zonal wind in the tropical Pacific. *J. Atmos. Sci.*, v. 28, p. 702-708, 1971.

MADDEN, R. A.; JULIAN, P. R. Observations of the 40-50-day tropical oscillation – A review. *Monthly Weather Review*, v. 122, p. 814-837, 1994.

MATTHEUS, A. J. Propagation mechanisms for the Madden-Julian oscillation. *Quart. J. Roy. Meteor. Soc.*, v. 126, p. 2637-2652, 2000.

MO, K. C.; HIGGINS, R. W. Tropical influences on California precipitation. *Journal of Climate*, v. 11, p. 412-430, 1998.

NOGUÉS-PAEGLE, J., MO, K. C.; PAEGLE, J. Predictability of the NCEP-NCAR reanalysis model during austral summer. *Monthly Weather Review*, v. 126, p. 3135-3152, 1998.

RAMIREZ, E.; SILVA DIAS, P. L.; RAUPP, C. F. Multiscale Atmosphere-Ocean Interactions and the Low-Frequency Variability in the Equatorial Region. *J. Atmos. Sci.*, v. 74, p. 2503-2523, 2017. DOI: 10.1175/JAS-D-15-0325.1.

RAUPP, C. F. M.; SILVA DIAS, P. L. Interaction of equatorial waves through resonance with the diurnal cycle of tropical heating. *Tellus*, 62A, 706-718, 2010. DOI: 10.1111/j.1600-0870.2010.00463.x.

RAUPP, C. F. M.; SILVA DIAS, P. L. Resonant wave interactions in the presence of a diurnally varying heat source. *J. Atmos. Sci.*, v. 66, p. 3165-3183, 2009. DOI: 10.1175/2009JAS2899.1.

RIPA, P. Nonlinear wave-wave interactions in a one-layer reduced-gravity model on the equatorial b plane. *J. Phys. Oceanogr.*, v. 12, p. 97-111, 1982. DOI: 10.1175/1520-0485(1982)012,0097:NWIIAO.2.0.CO;2.

RIPA, P. Weak interactions of equatorial waves in a one-layer model. Part I: General properties. *J. Phys. Oceanogr.*, v. 13, p. 1208-1226, 1983a. DOI: 10.1175/1520-0485(1983)013,1208:WIOEWI.2.0.CO;2.

RIPA, P. Weak interactions of equatorial waves in a one-layer model. Part II: Applications. *J. Phys. Oceanogr.*, v. 13, p. 1227-1240, 1983b. DOI: 10.1175/1520-0485(1983)013,1227:WIOEWI.2.0.CO;2.

SEO, K. H.; SCHEMM, J. K. E.; JONES, C.; MOORTHI, S. Forecast skill of the tropical intraseasonal oscillation in the NCEP GFS dynamical extended range forecasts. *Climate Dynamics*, v. 25, p. 265-284, 2005.

SPERBER, K. R. Propagation and the vertical structure of the Madden-Julian oscillation. *Monthly Weather Review*, v. 131, p. 3018-3037, 2003.

TORRENCE, C.; COMPO, G. P. A practical guide to wavelet analysis. *Bull. Amer. Meteor. Soc.*, v. 79, p. 61-78, 1998.

VITART, F.; ROBERTSON, A. W. The sub-seasonal to seasonal prediction project (S2S) and the prediction of extreme events. *npj Clim. Atmos. Sci.*, v. 1, n. 3, 2018. DOI: 10.1038/s41612-018-0013-0. Disponível em: <http://www.nature.com/articles/s41612-018-0013-0>. Acesso em: 20 set. 2019.

VITART, F. et al. The Subseasonal to Seasonal (S2s) Prediction Project Database. *Bull. Am. Meteorol. Soc.*, v. 98, p. 163-173, 2017. DOI: 10.1175/Bams-D-16-0017.1.

WALISER, D. E.; LAU, K. M.; STERN, W.; JONES, C. Potential predictability of the Madden-Julian oscillation. *Bull. Amer. Meteor. Soc.*, v. 84, p. 33-50, 2003.

WANG, B.; RUI, H. Synoptic climatology of transient tropical intraseasonal convection anomalies. *Meteorology and Atmospheric Physics*, v. 44, p. 43-61, 1990.

WANG, B. et al. Dynamics-oriented diagnostics for the Madden-Julian Oscillation. *J. Clim.*, JCLI-D-17-0332.1, 2018. DOI: 10.1175/JCLI-D-17-0332.1. Disponível em: <http://journals.ametsoc.org/doi/10.1175/JCLI-D-17-0332.1>.

WEARE, B. C.; NASSTROM, J. S. Example of extended orthogonal function analysis. *Monthly Weather Review*, v. 110, p. 481-485, 1982.

WEICKMANN, K. M.; LUSSKY, G. R.; KUTZBACH, J. E. A global-scale analysis of intraseasonal fluctuations of outgoing longwave radiation and 250 mb streamfunction during northern winter. *Monthly Weather Review*, v. 113, p. 941-961, 1985.

ZHANG, C. Madden-Julian Oscillation Bridging Weather and Climate. *Bull. Am. Meteorol. Soc.*, v. 94, p. 1849-1870, 2013.

ZHANG, C. D. Madden-Julian Oscillation. *Reviews of Geophysics*, v. 43, p. 1-36, 2005.

7 | Variabilidade climática interanual

Alice M. Grimm

A variabilidade interanual do clima no Brasil apresenta significativa contribuição para a variância da precipitação em várias regiões e, embora essa contribuição seja geralmente menor do que a da variabilidade sinótica e intrassazonal, representa um importante modulador dessa variabilidade de mais alta frequência. Neste capítulo, a variabilidade interanual é abordada principalmente do ponto de vista de seu impacto sobre a precipitação, o mais importante parâmetro climático, embora a temperatura também seja abordada em regiões onde existam estudos disponíveis sobre esse parâmetro. Portanto, a importância da variabilidade interanual será avaliada de acordo com seu impacto sobre a chuva, e mais enfatizada na estação chuvosa das várias regiões do Brasil (Grimm, 2003, 2011).

Além dos impactos da variabilidade interanual, também serão abordados seus mecanismos. Preliminarmente, pode-se dizer que a principal fonte de variabilidade climática interanual global é o fenômeno El Niño-Oscilação Sul (ENOS), uma oscilação acoplada do oceano-atmosfera, que produz alterações na temperatura da superfície do mar (TSM), na pressão, no vento e na convecção tropical, principalmente no Oceano Pacífico, mas com reflexos em muitos lugares do planeta, incluindo o Brasil. As fases opostas dessa oscilação são denominadas episódios El Niño (EN) e La Niña (LN). A descrição dessa oscilação e das características de suas fases extremas está em inúmeros trabalhos (Philander, 1990; Diaz; Markgraf, 1992; Allan; Lindesay; Parker, 1996; Trenberth; Caron, 2000; Wang et al., 2016), além de páginas da internet, de modo que não necessita ser detalhada aqui.

Durante episódios EN, a TSM do Oceano Pacífico Equatorial Central e Leste fica mais alta do que o normal, aumentando a convecção atmosférica nessas regiões, enquanto esfria no Pacífico Oeste, onde a convecção e a precipitação diminuem, e nos subtrópicos ao norte e ao sul (Fig. 7.1). Nos trópicos, anomalias positivas de TSM aumentam o fluxo de calor e umidade para a atmosfera, diminuindo a pressão na superfície e aumentando a convergência de baixos níveis e, portanto, a convecção. Com o aumento da convecção, aumenta a formação de nuvens e a liberação de calor latente para a atmosfera, o que produz expansão da coluna atmosférica e divergência em altos níveis. A diminuição da TSM tropical produz anomalias opostas e pode, por meio de diversos mecanismos, perturbar a circulação atmosférica em locais remotos, produzindo variações na precipitação, na temperatura e mesmo em TSM extratropicais.

Pela amplitude do tema da variabilidade interanual e da multiplicidade de oscilações interanuais contidas nas séries climáticas, apresentam-se aqui apenas os modos mais importantes de variabilidade, com ênfase na influência de ENOS.

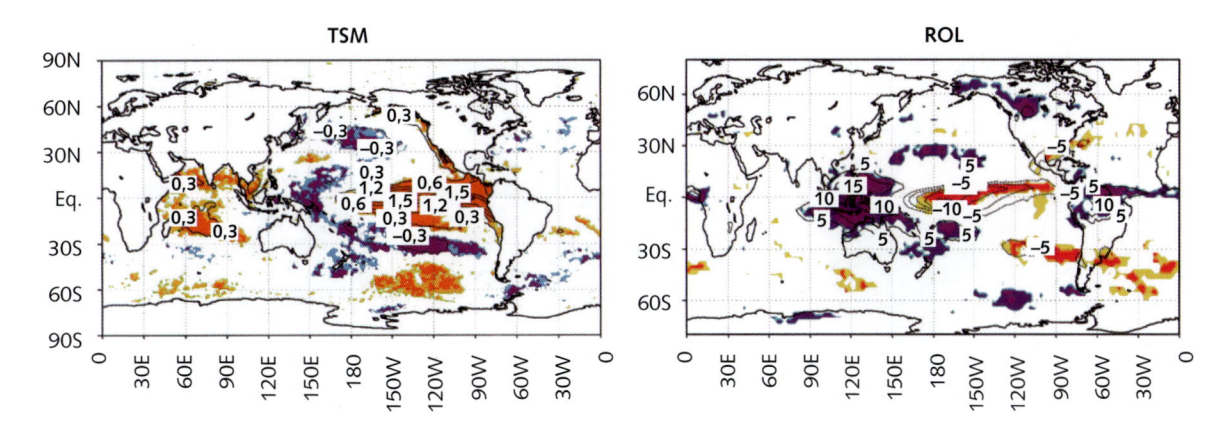

Fig. 7.1 Anomalias médias de TSM (K) e Radiação de Onda Longa (ROL, Wm^{-2}, representando convecção e precipitação) em episódios EN (1955-2002), durante o semestre SONDJF

7.1 Descrição da variabilidade interanual no Brasil

7.1.1 Precipitação

A variabilidade da precipitação será descrita por meio da Análise de Componentes Principais (ACP) da precipitação no período 1955-2000. Foram usadas mais de 10 mil séries de precipitação na América do Sul, interpoladas numa grade de 2° × 2°, mas são mostrados apenas os componentes sobre o Brasil. Foram usados totais sazonais e anuais de precipitação. A ACP permite separar os principais componentes da variabilidade interanual desses totais, mostrando tanto sua distribuição espacial como sua variação no tempo (Wilks, 1995). Para enfatizar as variações nas regiões com chuva significativa em cada estação do ano, foi feita a ACP com a matriz de covariância dos dados, em vez da matriz de correlação. O primeiro modo obtido em ambos os procedimentos é o mesmo em todas as estações do ano, exceto no inverno, quando chove muito pouco na maior parte do Brasil (Grimm, 2003).

Total anual

O primeiro modo de variabilidade interanual de precipitação total anual (Fig. 7.2) é associado ao fenômeno ENOS, como mostrado pela correlação entre seus componentes principais e a TSM, indicando que ENOS é a principal fonte de variabilidade interanual do clima no Brasil (comparar a correlação com TSM na Fig. 7.2 com a TSM anômala da Fig. 7.1). Esse modo mostra anomalias positivas (negativas) de precipitação durante LN (EN) no norte/nordeste do Brasil e anomalias negativas (positivas) ao sul de 20° S, sobre o sul do Brasil. Esse modo é inteiramente coerente com o primeiro modo interanual de ROL e vento em 250 hPa, obtido por Kousky e Kayano (1994).

Outono

No outono, a estação chuvosa no nordeste/norte e no sul do Brasil (Grimm, 2003, 2011), o primeiro modo exibe variabilidade intensa nessas regiões, em sentidos contrários: chuva acima (abaixo) do normal no nordeste e parte leste do norte do Brasil corresponde à chuva abaixo (acima) do normal no sul (Fig. 7.3). Esse padrão tem semelhança com o primeiro modo de variação dos totais anuais (Fig. 7.2). As anomalias de TSM associadas a esse modo no Pacífico são semelhantes ao padrão ENOS (Fig. 7.1), e elas são as principais responsáveis pela variabilidade da chuva no sul do Brasil, que é bastante afetado por eventos ENOS. Contudo, a variabilidade da precipitação no nordeste também está relacionada às anomalias de TSM no Oceano Atlântico, além das anomalias do Oceano Pacífico. O gradiente anômalo de TSM entre o Atlântico Tropical Norte (ATN) e o Atlântico Tropical Sul (ATS) é apontado como a principal influência sobre as anomalias de chuva na região, pois atua sobre a posição da Zona de Convergência Intertropical (ZCIT), que condiciona a estação chuvosa no nordeste.

Estatisticamente, a qualidade da estação chuvosa no nordeste associa-se mais ao gradiente de TSM no Atlântico Tropical do que ao ENOS (por exemplo, o índice Niño 3). Além disso, a influência de ENOS pode ser considerada forte, porque, além de afetar diretamente o clima no nordeste por meio de anomalias atmosféricas, indiretamente também afeta o gradiente de TSM no Atlântico.

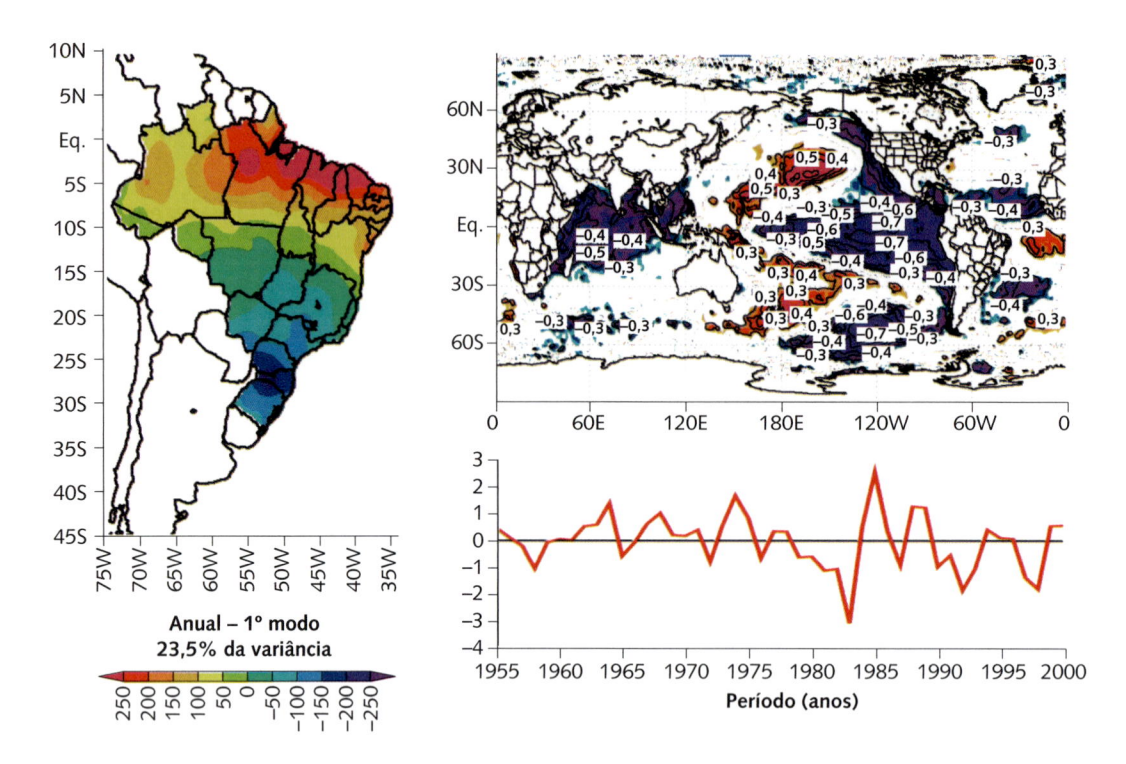

Fig. 7.2 Distribuição espacial (à esquerda) e temporal (canto inferior à direita) do primeiro modo de variabilidade da precipitação total anual, com a variância explicada e o mapa dos coeficientes de correlação entre sua série temporal e a TSM (canto superior à direita). Neste mapa, valores em tons de vermelho (azul) indicam correlação significativa positiva (negativa) com nível de confiança melhor que 95%

Essa influência de ENOS no Atlântico é máxima no outono e, assim, pode afetar o gradiente meridional de TSM no Atlântico Tropical. O impacto de episódios ENOS é bem mais forte quando ocorrem anomalias de TSM de mesmo sinal no Pacífico Leste e no ATN, quando o efeito direto das anomalias atmosféricas produzidas por ENOS sobre a chuva no nordeste está em fase com o efeito do gradiente de TSM (Fig. 7.3). O gradiente meridional de TSM no Atlântico Tropical está "em fase" com ENOS quando é positivo em eventos quentes e negativo em eventos frios.

Inverno

A variabilidade de interesse no inverno é aquela que afeta a Região Sul e o extremo norte do Brasil, as únicas regiões extensas em que ocorre significativa precipitação no inverno (há uma estreita faixa com estação chuvosa no inverno na costa sul do nordeste) (Grimm, 2003). O primeiro modo de variabilidade mostra variações em sentidos contrários nessas regiões, relacionadas com eventos ENOS, como mostra a correlação com TSM no Oceano Pacífico (Fig. 7.3). Contudo, há possível influência de TSM no Oceano Atlântico Sul, nas proximidades da costa sul do Brasil. A influência de ENOS na precipitação do sul do Brasil, principalmente no inverno seguinte ao início de um episódio, foi demonstrada em alguns estudos (Grimm; Ferraz; Gomes, 1998; Grimm; Barros; Doyle, 2000). Essa influência tem causado fortes enchentes na Região Sul associadas a episódios EN, o que é coerente com a relação entre mais chuva e aumento da TSM no Pacífico Leste. No norte da América do Sul, episódios EN (LN) causam decréscimo (aumento) na chuva.

Durante o inverno, assim como nas estações de transição (ou seja, no semestre frio, de maio a setembro), ocorrem condições baroclínicas mais intensas sobre o Sul do Brasil, devido ao maior gradiente latitudinal de temperatura na região. As ondas baroclínicas nos ventos de oeste trafegam normalmente em latitudes médias, mas são mais intensas no inverno e deslocadas em direção aos subtrópicos, causando frequente ciclogênese (formação e intensificação de centros de baixa pressão) e maior penetração de frentes. A costa sul do Brasil apresenta alta frequência de formação de ciclones, sobretudo no inverno e na primavera. Embora a ciclogênese esteja sempre associada às ondas nos ventos de oeste em ar superior (por causa da instabilidade baroclínica), a sua intensificação pode receber contribuição do gradiente de TSM ao longo da costa sul do Brasil no inverno, provocado pela confluência da corrente das Malvinas (fria) com a corrente do Brasil (quente). A influência desse mecanismo pode estar refletida na correlação significativa no Atlântico Sul, em que TSM acima da normal, relacionada com intensa corrente do Brasil, aparece associada ao aumento de precipitação no sul (Fig. 7.3).

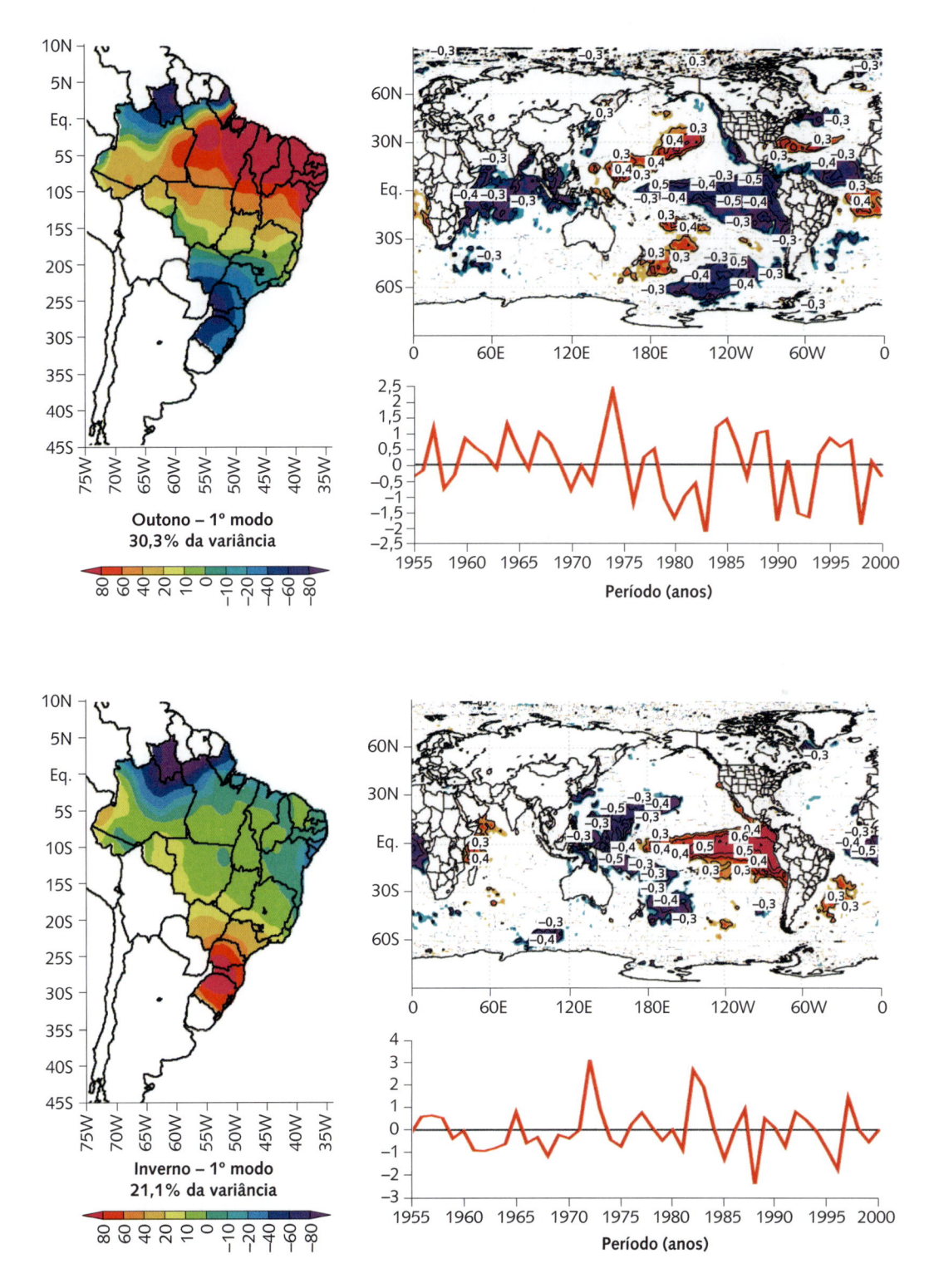

FIG. 7.3 Distribuição espacial e temporal dos primeiros modos de variabilidade da precipitação de outono e inverno, com a variância explicada e o mapa dos coeficientes de correlação entre sua série temporal e a TSM. Valores em tons de vermelho (azul) indicam correlação significativa positiva (negativa) com nível de confiança de 95%

Primavera

A primavera é o início da estação chuvosa em grande parte do Brasil, onde vigora o regime de monções, com pouca chuva no inverno e quase toda precipitação concentrada no semestre quente (Grimm, 2003). Mesmo na Região Sul, onde não vigora o típico regime de monções, há significativa precipitação na primavera, grande parte dela resultante de Complexos Convectivos de Mesoescala (CCM), que são frequentes e respondem por grande parte da precipitação total, especialmente nas estações de transição. Também são frequentes os ciclones.

O primeiro modo (Fig. 7.4) exibe um padrão dipolo com regiões de variações inversas no centro-leste e sul do Brasil. A posição climatológica da ZCAS situa-se no sul dessa região centro-leste. Portanto, esse modo descreve também o efeito de uma extensão ou enfraquecimento da convecção ao norte da ZCAS. Esse primeiro modo apresenta a mais forte correlação com anomalias de TSM associadas a ENOS, mostrando que a primavera é a estação mais propícia às teleconexões com o Oceano Pacífico Tropical. Em razão dessas mais fortes teleconexões, o impacto de ENOS sobre a chuva no sul do Brasil é mais forte na primavera.

Verão

O verão é a estação chuvosa na maior parte do Brasil, dada a predominância do regime de monção. O primeiro modo de variabilidade da precipitação (Fig. 7.4) é semelhante ao da primavera, com padrão dipolo entre o centro-leste e o sul. A área com fortes componentes no centro-leste é mais extensa do que na primavera, enquanto no sul é menor. Esse modo é semelhante ao segundo modo de variabilidade dos totais anuais de precipitação. Seria possível pensar que ele representa a persistência das anomalias de precipitação da primavera, mas não é o que ocorre. A relação desse modo com a TSM indica que há pouco forçamento remoto, ao contrário da primavera. A mais extensa e forte anomalia de TSM associada a esse modo encontra-se no Atlântico Sudoeste, junto da costa sudeste do Brasil. Essa anomalia deve-se à influência da atmosfera sobre o oceano. Maior (menor) nebulosidade associada a maior chuva no centro-leste (estendendo-se sobre o oceano) diminui (aumenta) a chegada de radiação à superfície do mar e, portanto, a TSM. O mesmo processo provoca a anomalia de TSM observada durante a primavera na costa sudeste do Brasil. No caso do verão, o modo relacionado com ENOS é o segundo (não mostrado), que apresenta áreas de variabilidade oposta no norte e centro-leste (diferentemente da primavera).

Relação entre o primeiro modo de primavera e verão

Os primeiros modos de primavera e verão, embora exibam o mesmo padrão dipolo, têm origens diferentes e não representam a persistência de anomalias semelhantes da primavera para o verão. Ao contrário, resultados de Grimm e Zilli (2009) indicam que há significativa tendência de inversão da polaridade desse dipolo da primavera para o verão. Estudos anteriores (Grimm, 2003, 2004; Grimm; Pal; Giorgi, 2007) demonstraram que as anomalias de precipitação na primavera e no verão no centro-leste do Brasil apresentam significativa relação inversa, principalmente em episódios ENOS, quando as anomalias na primavera são mais fortes. Essa relação afeta a existente entre os primeiros modos de variabilidade interanual da precipitação na primavera e no verão, indicando a sua importância num contexto mais amplo.

Os padrões dipolo estão associados a uma anomalia de circulação rotacional no sudeste do Brasil, que conduz fluxo de umidade para o centro-leste do Brasil (se é ciclônica) ou para o sudeste da América do Sul (se é anticiclônica). Na primavera, essa anomalia de circulação parece ser forçada remotamente, mas, após fortes anomalias de chuva no centro-leste do Brasil na primavera, ela tende a inverter seu sentido no auge do verão, invertendo o padrão dipolo de anomalias de precipitação (Fig. 7.5). Essa inversão parece ser determinada por interações locais, tendo em vista a baixa correlação entre TSM remota e PC1 de verão (Fig. 7.4), além de outras evidências observacionais.

A hipótese proposta para explicar essa inversão sugere que as anomalias de precipitação remotamente forçadas na primavera produzem anomalias de umidade do solo e de temperatura junto à superfície, as quais alteram a pressão e a divergência de vento, o que, em conjunção com a topografia acidentada do sudeste do Brasil, inverte essa anomalia de circulação e as anomalias de chuva. As anomalias de TSM junto à costa sudeste do Brasil, associadas ao primeiro modo de primavera, também podem ajudar a reverter a anomalia de circulação, pois

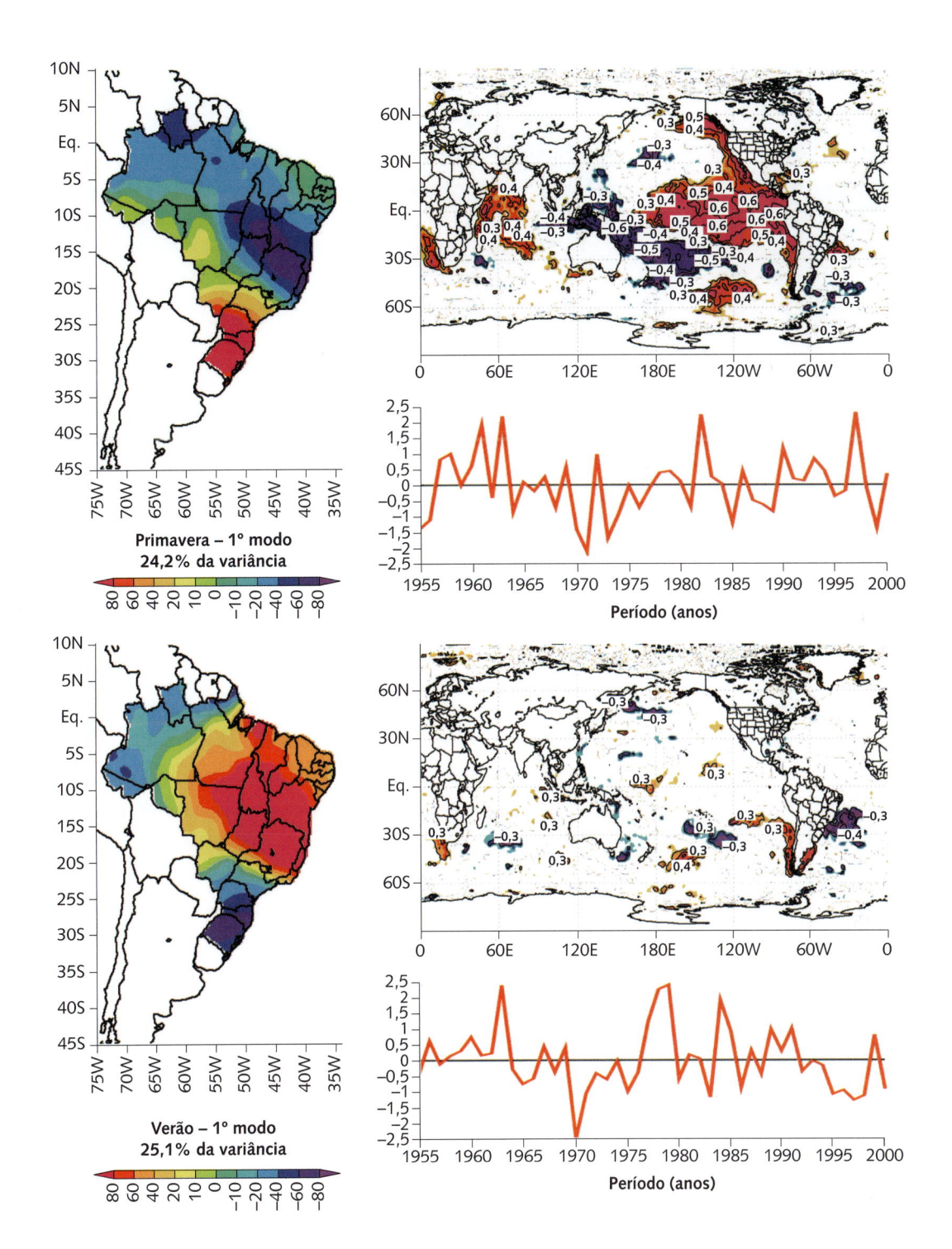

Fig. 7.4 Distribuição espacial e temporal dos primeiros modos de variabilidade da precipitação de primavera e verão, com a variância explicada e o mapa dos coeficientes de correlação entre sua série temporal e a TSM. Valores em tons de vermelho (azul) indicam correlação significativa positiva (negativa) com nível de confiança acima de 95%

pode haver influência da TSM sobre a atmosfera (Grimm, 2003; Chaves; Nobre, 2004). Análises diagnósticas e de modelagem numérica confirmam os elos necessários para a hipótese proposta e a importância da topografia em ancorar essa circulação no centro-leste, particularmente no sudeste do Brasil. O forçamento remoto, que é forte na primavera, no verão é fraco, e os processos locais são mais fortes. Esses processos são termicamente forçados, mas fortalecidos pelo efeito topográfico das montanhas no sudeste do Brasil. A tendência à inversão entre a primavera e o verão, cujos meses centrais são novembro e janeiro, respectivamente, não tem relação com a inversão

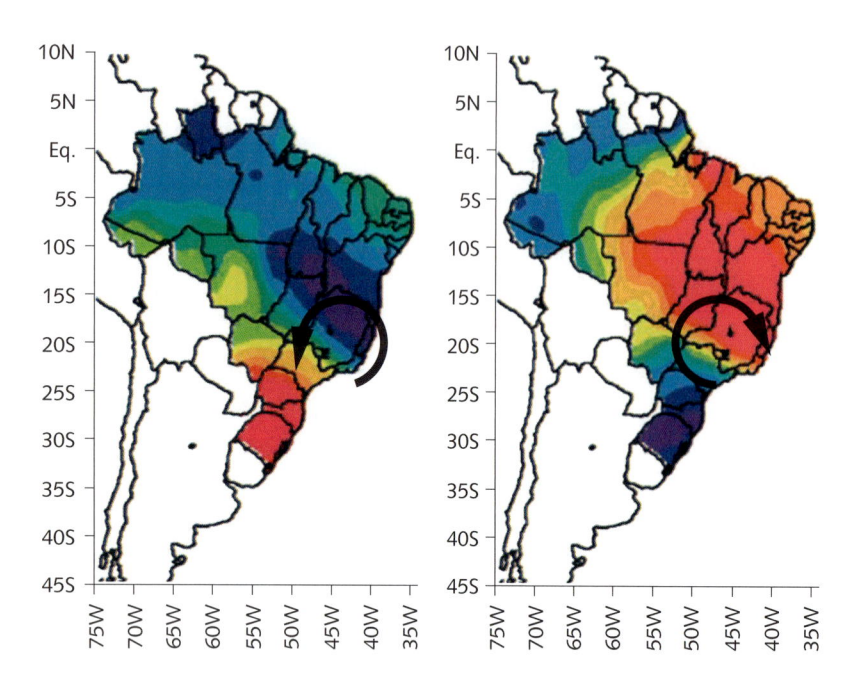

Fig. 7.5 Esquema da circulação regional sobre o sudeste do Brasil associada aos primeiros modos de primavera (esquerda) e verão (direita). Considerar sentidos opostos para as fases opostas às da Fig. 7.4

de fase de oscilações intrassazonais conhecidas (oscilação de 30-60 dias; 25 dias; 15 dias etc.). A fase dessas oscilações não está conectada a meses particulares, mas superposta à evolução descrita.

O primeiro modo de verão e as características da circulação associada aparecem em alguns estudos sobre circulação e precipitação subtropical na América do Sul (Robertson; Mechoso, 2000; Barros et al., 2000, 2002). Nesses estudos, abordam-se também a circulação regional mencionada, a natureza dipolar da precipitação entre o centro-leste e o sul do Brasil, e a relação com TSM no Oceano Atlântico. Além dessa circulação regional, que direciona fluxo de umidade para um ou outro dos centros do dipolo, a estrutura dipolar também pode ser fortalecida pela subsidência compensatória da convecção no centro-leste do Brasil (ZCAS), que ocorre a sudoeste, sobre o outro centro do dipolo.

7.1.2 Temperatura

Em latitudes mais altas, no sul do Brasil, onde se espera maior variação de temperatura, o desvio-padrão interanual é de aproximadamente 2 °C para o inverno e 1,5 °C para o verão. A maior parte dos estudos analisa a influência de episódios ENOS sobre a temperatura. Barros, Grimm e Doyle (2002), porém, também discutiram algumas das relações gerais entre temperatura na superfície, ao sul de 20° S, e aspectos da circulação regional. Há relação inversa entre temperatura na região subtropical e a intensidade dos ventos de oeste em altos níveis nos subtrópicos, porque a maior intensidade desses ventos é associada a intrusões de frentes frias mais frequentes e mais para norte, o que diminui a temperatura. Por outro lado, ventos de oeste em altos níveis, mais fortes em latitudes médias, mantêm as frentes em altas latitudes e, assim, as temperaturas aumentam nos subtrópicos. Há, portanto, uma clara associação entre o deslocamento para norte (sul) dos ventos de oeste em altos níveis e a temperatura na superfície abaixo (acima) do normal sobre os subtrópicos no Brasil. Além disso, em baixos níveis, o fortalecimento (enfraquecimento) do gradiente zonal de altura geopotencial entre a Baixa do Chaco (Paraguai) e a alta do Atlântico Sul, que fortalece (enfraquece) o componente meridional de norte do vento em baixos níveis, é geralmente associado a anomalias quentes (frias) da temperatura na superfície no sul do Brasil, especialmente no inverno, mas a relação é válida durante todo o ano.

Como a advecção de ar quente e úmido de norte é também associada à precipitação no sul do Brasil, o gradiente zonal que aumenta o vento de norte também está associado a mais precipitação. Assim, o resfriamento por evaporação e por diminuição de aquecimento radiativo, geralmente associado a maior precipitação, é mascarado pelo aquecimento resultante da advecção de ar mais quente e úmido do norte, que usualmente precede maior precipitação na região. Portanto, sobre a maior parte do sul do Brasil a precipitação e a temperatura tendem a ser positivamente correlacionadas.

7.2 Influência do El Niño-Oscilação Sul no clima do Brasil

Conforme demonstrado pela correlação entre TSM e os principais modos de variabilidade, a fonte principal da variabilidade interanual da precipitação no Brasil é o ENOS. Mesmo no verão, quando as forçantes locais parecem ter maior influência do que as remotas, essas forçantes respondem também às anomalias produzidas por ENOS. Dessa forma, a seguir, detalham-se os impactos do ENOS sobre a precipitação e a temperatura, com comentários sobre determinadas anomalias de circulação atmosférica produzidas pelo ENOS sobre a América do Sul, responsáveis por alguns desses impactos. Nessa análise, é possível verificar pequenas diferenças nos padrões em fases opostas EN e LN, que não se pode obter da ACP.

7.2.1 Precipitação e circulação

O impacto do ENOS sobre a precipitação no Brasil foi analisado em vários estudos, alguns num contexto global e outros num contexto regional (Ropelewski; Halpert, 1987, 1989; Aceituno, 1988; Rao; Hada, 1990; Grimm; Ferraz; Gomes, 1998; Grimm; Barros; Doyle, 2000; Coelho; Uvo; Ambrizzi, 2002; Grimm, 2003, 2004). Esse impacto varia ao longo do ciclo de ENOS e apresenta forte variabilidade espacial sobre o Brasil. Apresentamos aqui os impactos em alguns meses, apenas.

No inverno do ano em que um episódio EN (LN) começa (ano 0), aparecem anomalias negativas (positivas) dominantes no norte do Brasil, que persistem até o outono do ano seguinte (ano +), embora as áreas de maior impacto nessa região variem ao longo desse período. As anomalias opostas de chuva refletem-se na tendência a anomalias opostas de vazão no Rio Amazonas no final da estação chuvosa, e as anomalias no restante do país têm maior variação ao longo do ciclo de ENOS.

Na primavera, principalmente em novembro (0) de EN (LN), fortes anomalias positivas (negativas) ocorrem no sul do Brasil, enquanto anomalias de sinal contrário predominam no centro-leste e norte (Fig. 7.6, painéis superiores). Em janeiro (+), as anomalias no norte persistem, mas as do centro-leste invertem-se, e as do sul enfraquecem e até se invertem em algumas áreas (Fig. 7.6, painéis médios).

Depois de fevereiro (+), as condições no centro-leste e sul tendem a retornar às condições de primavera, porém com anomalias mais fracas. No outono, principalmente em abril (+), há impacto significativo de LN sobre o nordeste, enquanto em EN o impacto é mais fraco, e um pouco mais forte em maio (+) (não mostrado). Ainda no outono (+) de EN, principalmente em abril, há aumento de precipitação no sudeste/sul do Brasil, enquanto em LN o efeito não é tão forte (Fig. 7.6, painéis inferiores). Quando episódios EN persistem até outono/inverno (+), anomalias positivas ocorrem no outono (+) em parte do sul do Brasil, Argentina e Paraguai, enquanto no inverno (+) ocorrem no sul do Brasil (Grimm; Ferraz; Gomes, 1998; Grimm; Barros; Doyle, 2000). Essas anomalias estão associadas às piores enchentes na bacia do Paraná-Prata.

Embora os impactos descritos sejam geralmente consistentes durante eventos ENOS, há significativa variabilidade intereventos, em razão das diferenças nas anomalias de TSM no Oceano Pacífico de um evento para outro. A diversidade de ENOS e os impactos de diferentes tipos de ENOS são abordados na seção 7.2.3.

As anomalias de circulação e transporte de umidade associadas a eventos ENOS explicam as anomalias de chuva observadas. No norte do Brasil, as anomalias de precipitação estão relacionadas a anomalias da circulação divergente de Walker, ao passo que as anomalias extratropicais relacionam-se à propagação de ondas de Rossby a partir de fontes anômalas de calor nos trópicos, associadas às anomalias de convecção durante eventos ENOS. Há também anomalias da circulação divergente de Hadley que podem afetar os extratrópicos. Além disso, há processos regionais moldando os impactos de ENOS no verão. A análise é concentrada nas anomalias de primavera (quando a influência remota via extratrópicos é máxima) e de verão (quando influências locais podem ser relevantes), mais particularmente em novembro (0) e janeiro (+).

Em novembro (0) de episódios EN, anomalias anticiclônicas predominam em baixos níveis sobre o centro-leste do Brasil, nos trópicos e subtrópicos (Fig. 7.7A), por causa da maior subsidência sobre a Amazônia, indicada pela convergência em altos níveis (Fig. 7.7C), e também de ondas de Rossby no subtrópicos. Anomalias ciclônicas predominam sobre o sudoeste da América do Sul. A entrada de umidade do Atlântico Equatorial

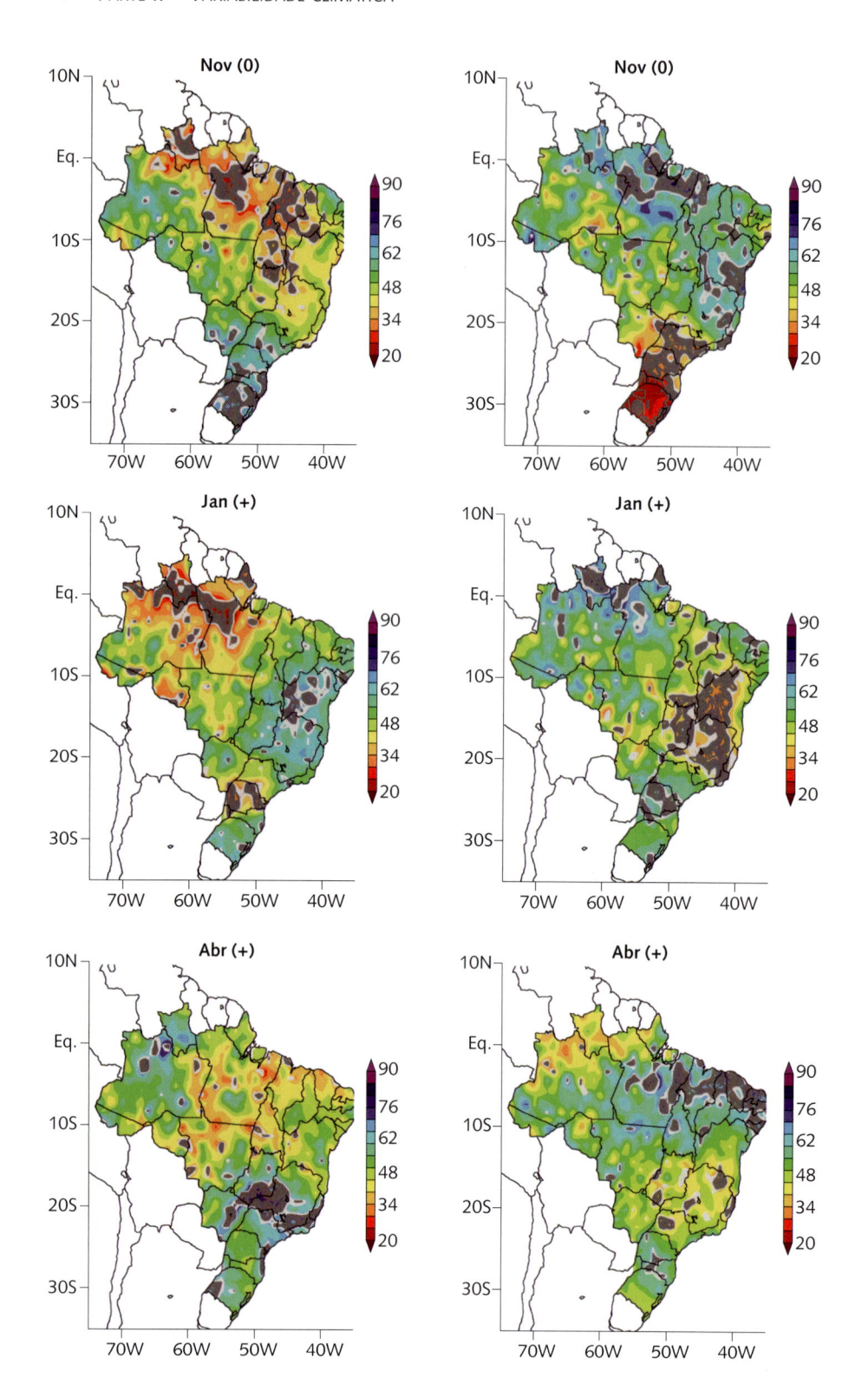

Fig. 7.6 Percentis esperados de precipitação durante episódios EN (esquerda) e LN (direita). Manchas cinza representam anomalias com nível de confiança de 90%. Fonte: Grimm (2003, 2004).

é favorecida, mas desviada para o sul do Brasil, onde a convergência de umidade é dominante (Fig. 7.7D). Em altos níveis, onde as ondas de Rossby são mais visíveis (Fig. 7.7B), o par ciclone-anticiclone subtropical fortalece o jato subtropical e a advecção de vorticidade ciclônica sobre o sul do Brasil, o que favorece movimento ascendente. Essas anomalias de circulação e de transporte de umidade levam a maior frequência de ciclogênese e de CCM, que já são frequentes no oeste do sul do Brasil. Como resultado, há mais chuva no sul e menos chuva no norte e centro-leste (Fig. 7.6, painel superior esquerdo). Durante eventos LN, as anomalias de circulação são aproximadamente opostas às dos eventos EN, com pequenos deslocamentos, assim como as anomalias de precipitação, mais fortes no sul e centro-leste do Brasil (Fig. 7.6, painel superior direito).

Em janeiro (+) de episódios EN, há fortalecimento da baixa térmica continental subtropical, pelo aquecimento anômalo da superfície durante a primavera, associado às condições secas no centro-leste. A pressão mais baixa induz convergência em baixos níveis e movimento ascendente, com a ajuda das montanhas nessa região. Surge, assim, uma circulação ciclônica sobre o sudeste do Brasil (Fig. 7.7E), enquanto em altos níveis prevalecem anomalias anticiclônicas (Fig. 7.7F) e anomalias de divergência, sendo que as anomalias de convergência verificadas em novembro são deslocadas para o norte (Fig. 7.7G). Não há teleconexão evidente para essa circulação subtropical no verão, e também Cazes-Boezio, Robertson e Mechoso (2003) apontam a ausência de teleconexões através do Pacífico Extratropical no verão de ENOS. A anomalia ciclônica de baixos níveis direciona fluxo de umidade para o centro-leste do Brasil, resultando em convergência de umidade nessa região (Fig. 7.7H). A estrutura termodinâmica favorável aumenta a precipitação na região, e as anomalias secas no norte são deslocadas mais ao norte em relação a novembro, enquanto as anomalias úmidas no sul do Brasil quase desaparecem (Fig. 7.6, painel médio esquerdo). O aumento de precipitação na região da ZCAS no verão de eventos EN também foi reportado por Carvalho, Jones e Liebmann (2004). Anomalias de circulação e precipitação em janeiro (+) de LN são quase opostas, porém mais fortes no centro-leste e sul do Brasil (Fig. 7.6, painel médio direito).

Um aspecto importante a ser destacado é o impacto de ENOS sobre a frequência de eventos extremos de precipitação, tendo em vista que as mais dramáticas consequências da variabilidade climática são causadas por sua influência sobre os eventos extremos. Grimm e Tedeschi (2009) mostraram que esse impacto é muito significativo e se estende a regiões até maiores do que aquelas que sofrem alteração significativa nas precipitações médias mensais, pois o impacto sobre a distribuição de chuva diária é relativamente maior no extremo de altas precipitações da distribuição do que sobre as precipitações fracas e moderadas.

7.2.2 Temperatura

O efeito de ENOS sobre a temperatura não é tão forte quanto sobre a precipitação. Esse efeito foi estudado detalhadamente sobre o sudeste da América do Sul (Barros et al., 2002), incluindo o sul do Brasil, onde o efeito mais forte foi constatado no inverno (0) (JJA). Durante o inverno (0) de episódios EN (LN), há significativas anomalias positivas (negativas) de temperatura nos subtrópicos da América do Sul, com centro no norte da Argentina, mas estendendo-se sobre o sul do Brasil. Essas anomalias resultam da advecção por vento em baixos níveis de temperatura mais quente (fria) do norte (do sul), consistente com o mecanismo descrito na seção 7.1.2.

No centro-leste do Brasil, em conexão com a tendência à mudança nas anomalias de precipitação entre o fim da primavera e o auge do verão (seção 7.1), há também mudanças na temperatura da superfície (Grimm, 2003). Durante a primavera (0) – especialmente novembro (0) –, há significativo aquecimento (resfriamento) sobre o sudeste do Brasil (sul do centro-leste), causado pelas condições secas (úmidas) nessa região durante episódios EN (LN). As anomalias de temperatura podem atingir 2 °C. No sul do Brasil, as temperaturas não são significativamente afetadas pela advecção de temperatura em novembro (0), por causa do efeito oposto das anomalias de precipitação. Em janeiro (+), as temperaturas diminuem (aumentam) no centro-leste do Brasil em eventos EN (LN), dada a maior (menor) precipitação na região.

Alguns estudos em escala continental (Aceituno, 1988) e global (Kiladis; Diaz, 1989; Halpert; Ropelewski, 1992) também deram indicações sobre a influência do ENOS no Brasil. Esses estudos não dispunham de muitas estações com dados no Brasil, e diferentes metodologias foram usadas. Contudo, há concordância de que, no norte/nordeste, a tendência é para maiores (menores) temperaturas durante EN (LN), o que seria esperado em razão da menor (maior) precipitação nessas regiões durante esses episódios.

7.2.3 Diversidade de ENOS

Os resultados mostrados até aqui se referem a efeitos de eventos ENOS canônicos, cujas anomalias de TSM se concentram mais nas regiões Niño 3 (150° W-90° W, 5° N-5° S) ou Niño 3.4 (170° W-120° W, 5° N-5° S), no Pacífico Equatorial Leste, além de seguir critérios de persistência, com anomalias de TSM acima (abaixo) de +0,5 °C (−0,5 °C) por pelo menos seis meses consecutivos, incluindo a primavera do ano de início do evento EN (LN). Como há certa

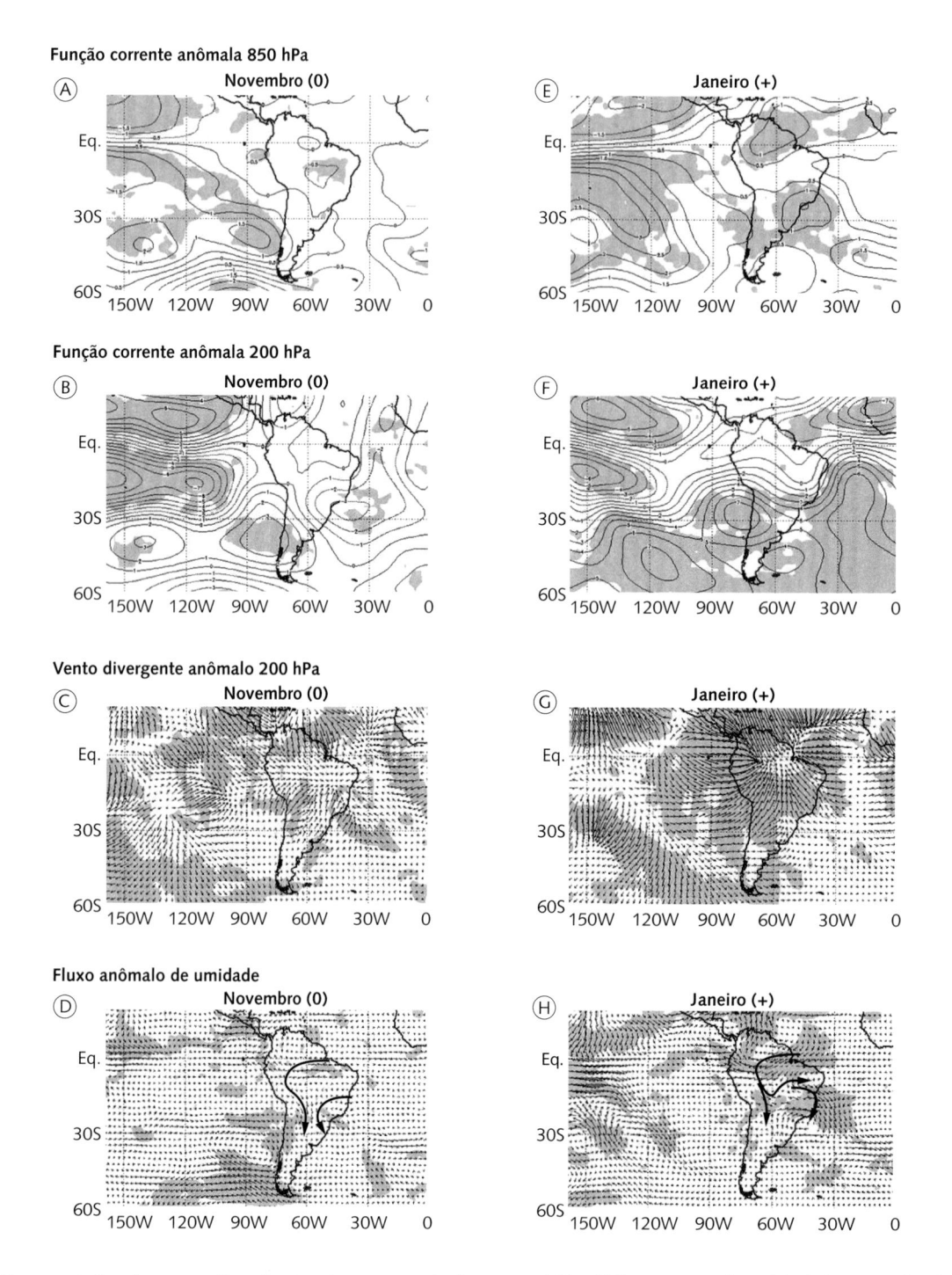

Fig. 7.7 Composições de anomalias de circulação associadas a episódios EN em novembro (0): (A) anomalia de função corrente em 850 hPa e (B) 200 hPa; (C) anomalia de vento divergente em 200 hPa; (D) anomalia de fluxo de umidade verticalmente integrado. Composições análogas são mostradas para janeiro (+) em (E), (F), (G), (H). As áreas sombreadas mostram anomalias significativas com nível de confiança acima de 90%
Fonte: Grimm (2003).

diversidade entre os eventos ENOS, com as anomalias mais fortes de TSM ocorrendo ou no Pacífico Central ou no Pacífico Leste (Ashok et al., 2007; Kug; Jin; An, 2009; Kao; Yu, 2009; Hu; Yang; Cai, 2016), é interessante verificar como variam os impactos de ENOS com deslocamentos na posição das anomalias de TSM mais fortes no Pacífico, tendo em vista que eles podem alterar as teleconexões e as anomalias de TSM remotamente produzidas. Portanto, aplicando as condições de ENOS a uma região mais a leste (140° W-90° W, 5° N-5° S, região Niño 3 reduzida de 10° no lado oeste) e a uma região mais central (160° E-150° W, 5° N-5° S, região Niño 4) do Pacífico, foram obtidos anos de ENOS Leste (ENL e LNL) e ENOS Central (ENC e LNC) e calculadas as composições de anomalias para esses casos (Tedeschi; Grimm; Cavalcanti, 2015, 2016). Há eventos que satisfazem a ambos os casos, central e leste. Neste caso, foram classificados de acordo com a região em que as anomalias de TSM são maiores. As anomalias de TSM de ENL e LNC geralmente são mais fortes que as de ENC e LNL. A Fig. 7.8 mostra os resultados das anomalias de precipitação para os meses de novembro (0), janeiro (+) e abril (+), permitindo comparação com a Fig. 7.6.

A diferença entre os impactos de ENL e ENC não é qualitativamente muito notável durante o início do ciclo, em novembro (0), pois também as anomalias de TSM não são muito diferentes na primavera (Tedeschi; Grimm; Cavalcanti, 2015). Já em janeiro começam a aparecer diferenças na precipitação, que nessa estação sofre também influências locais (Grimm, 2003, 2004). É interessante notar, ainda, que durante ENL no final da primavera e início do verão predomina um fraco gradiente norte-sul de temperatura através do Atlântico Tropical, enquanto no final de verão e no outono tal gradiente reverte para sul-norte (não mostrado). Por outro lado, durante ENC tal gradiente é praticamente nulo, pois há anomalias de mesmo sinal e magnitude em ambos os lados do equador. Tal diferença entre ENL e ENC no Atlântico poderia explicar a extensão da precipitação anômala positiva até o nordeste em janeiro (+) de ENL, mas não de LNC. No final de verão e no outono, as anomalias de TSM para ENL e ENC tornam-se muito diferentes no Pacífico Leste, mudando inclusive de sinal, caracterizando até condições de LN no Pacífico Leste, com as anomalias positivas restritas ao Pacífico Central. Portanto, em abril (+) há tendência de chuva mais intensa na maior parte do norte/nordeste do Brasil em ENC, ao contrário de ENL. No sul, as anomalias positivas são bem mais fracas que em ENL, e até invertem seu sinal no outono (+) de ENC (Tedeschi; Grimm; Cavalcanti, 2016). Um exemplo marcante da diferente influência de ENL e ENC no outono ocorreu no auge da seca de 2020 no sul do Brasil, quando ocorria um fraco ENC que, associado aos efeitos de oscilações interdecadais, produziu condições extremamente secas em fevereiro-março-abril em 2020, piorando a crise hídrica na região (Grimm et al., 2020).

Quanto às diferenças entre anomalias de precipitação para LNL e LNC, elas são bem menores que aquelas entre ENL e ENC (Fig. 7.8), porque as diferenças entre as correspondentes anomalias de TSM também são muito menores, não chegando, por exemplo, a mudar de sinal no Pacífico Leste no outono, embora as anomalias se enfraqueçam nessa região. Embora as Figs. 7.6 e 7.8 tenham sido feitas para períodos diferentes (1956-1992 e 1960-2005, respectivamente), é possível ver que os resultados para EN na Fig. 7.6 são mais parecidos com os de ENL do que de ENC na Fig. 7.8, enquanto os resultados para LN na Fig. 7.6 não se diferenciam muito de nenhum dos dois tipos de LN na Fig. 7.8 (pois os resultados para LNL e LNC são mais semelhantes entre si), embora de maneira geral se assemelhem mais aos resultados para LNC.

7.2.4 Possíveis efeitos da mudança climática antropogênica na influência de ENOS

As possíveis mudanças na circulação atmosférica e no padrão anômalo de TSM associado a episódios ENOS, as quais resultam da mudança antropogênica da composição atmosférica, podem modificar o impacto desses episódios sobre o clima do Brasil. Em análise dos modos de variabilidade da chuva de primavera e verão na América do Sul, associados ao ENOS e calculados a partir de simulações do clima passado (1961-1990) e do clima futuro (2071-2100) com o modelo acoplado ECHAM5-OM, Grimm e Natori (2006) verificaram que a forte e consistente influência do ENOS no sul do Brasil na primavera se enfraquece na projeção do clima futuro, enquanto se fortalece no norte/nordeste do Brasil. Entre as razões apresentadas para tal mudança está a modificação nas anomalias de TSM associadas ao ENOS na primavera, que apresentam menor contraste entre equador e subtrópicos (diminuindo a propagação de ondas de Rossby para o sudeste da América do Sul, conforme Vera et al., 2004) e maior extensão latitudinal e intensidade no Pacífico Central e Leste (o que aumenta a subsidência anômala sobre a Amazônia). Além disso, o estado da atmosfera futura apresenta ventos de oeste mais fracos junto ao equador, no Pacífico Leste, diminuindo as condições favoráveis à propagação de ondas de Rossby para a América do Sul subtropical. Tais mecanismos são explicados a seguir.

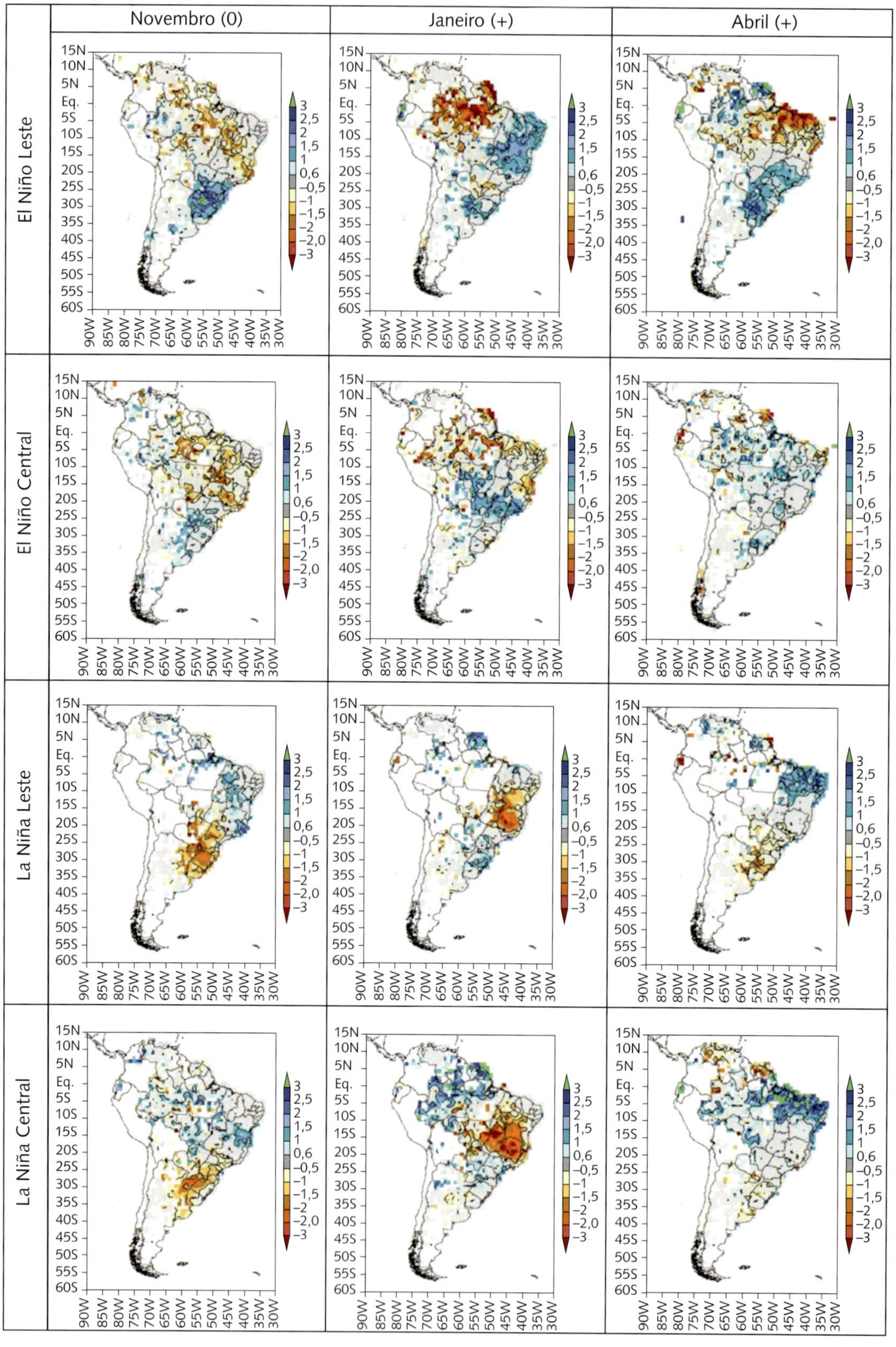

Fig. 7.8 Composições de anomalias de precipitação (mm/dia) durante EN Leste (1ª linha), EN Central (2ª linha), LN Leste (3ª linha), LN Central (4ª linha), para novembro (0) (1ª coluna), janeiro (+) (2ª coluna) e abril (+) (3ª coluna). As regiões com anomalias positivas (negativas) acima (abaixo) de 0,5 (−0,5) mm/dia e com nível de confiança maior que 90% estão demarcadas pelas linhas pretas
Fonte: adaptado de Tedeschi, Grimm e Cavalcanti (2015, 2016).

7.3 Mecanismos da variabilidade interanual

As fontes anômalas tropicais de calor associadas a episódios ENOS perturbam as circulações divergentes de Walker (zonal) e de Hadley (meridional) sobre a América do Sul e produzem trens de ondas de Rossby (devido à divergência anômala em altos níveis), que são anomalias de circulação rotacional que se propagam para os extratrópicos, com importantes efeitos sobre os subtrópicos e extratrópicos do continente. Essa resposta está nos principais modos de variabilidade interanual da circulação atmosférica no Hemisfério Sul, de interesse para o Brasil. É o caso, por exemplo, do padrão Pacífico-América do Sul (PSA na sigla em inglês), que parece estar associado ao ENOS, correspondendo ao trem de ondas que se propaga para o sudeste a partir do Pacífico Tropical, e então para o equador, atingindo a América do Sul. Esses mecanismos são aqui descritos com ênfase na primavera austral, estação de maior impacto do ENOS nos extratrópicos do Brasil.

7.3.1 O norte/nordeste do Brasil e a teleconexão trópico-trópico

A teleconexão trópico-trópico é instrumental para o impacto de ENOS sobre o norte/nordeste do Brasil. Em episódios EN, as anomalias quentes de TSM sobre o Pacífico Tropical Central/Leste produzem mais convecção nessa região tropical com subsidência climatológica (Fig. 7.1), o que resulta em maior divergência em altos níveis no Pacífico Central/Leste, e convergência sobre o norte da América do Sul (Fig. 7.9), associada ao ramo descendente de uma onda estacionária de Kelvin. Há, portanto, uma perturbação da célula de Walker climatológica, cujo ramo descendente no Pacífico Leste é deslocado para o norte da América do Sul, inibindo a atividade convectiva e causando a seca observada. A diminuição da convecção no norte do Brasil perturba a célula de Hadley local, que é enfraquecida (Fig. 7.9), podendo afetar também os subtrópicos.

7.3.2 O sul/sudeste do Brasil e a teleconexão trópico-extratrópico

O sul do Brasil tem um consistente sinal de ENOS na precipitação, que não é uniforme ao longo de um episódio, porque o estado básico da atmosfera no qual as ondas de Rossby se propagam varia ao longo do ano. O foco será novembro, mês de maior impacto. As anomalias de função corrente em altos níveis durante novembro (0) de EN mostram um trem de ondas que se estende do Pacífico Central para os extratrópicos com uma larga curvatura, e outro emergindo do Pacífico Leste, o qual, na latitude

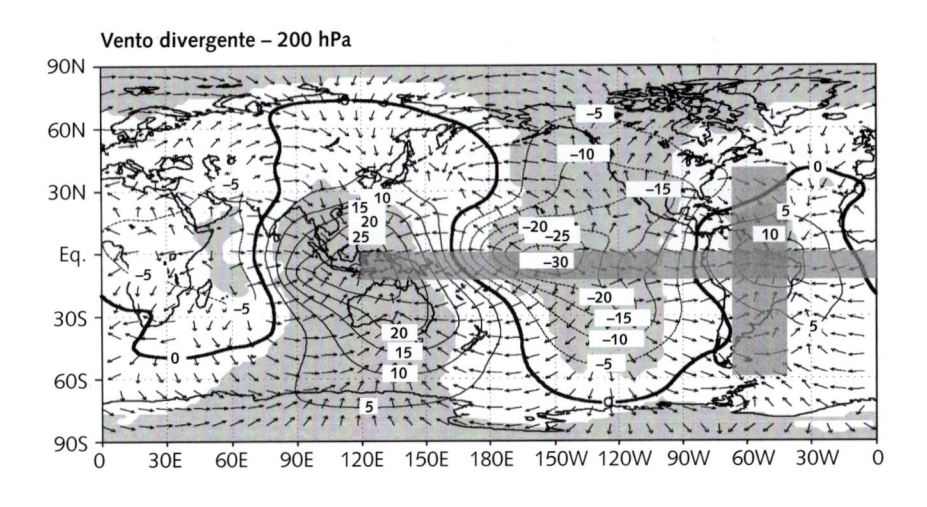

Fig. 7.9 Vento divergente anômalo em 200 hPa, associado aos episódios El Niño na primavera austral (OND), incluindo as anomalias das células de Walker e Hadley, calculadas sobre as bandas latitudinais e longitudinais indicadas sobre o mapa. Áreas sombreadas têm anomalias consistentes com nível de confiança de 90%

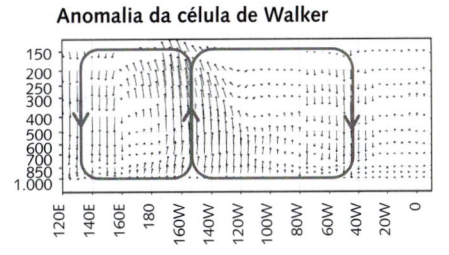

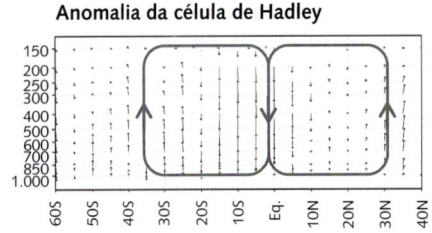

do jato subtropical, é refletido para nordeste em direção aos subtrópicos da América do Sul, coerentemente com as características da propagação de uma onda de Rossby (Fig. 7.10). Esse trem de ondas produz uma anomalia ciclônica sobre o sudoeste da América do Sul e uma anomalia anticiclônica junto à costa leste. Tal padrão, de estrutura vertical equivalente barotrópica, favorece o fortalecimento do jato subtropical sobre o sul do Brasil e a advecção de vorticidade ciclônica em altos níveis. Favorece também o transporte de ar quente e úmido do norte para essa região, com os ingredientes essenciais para a chuva excessiva: umidade e mecanismos de levantamento dinâmico do ar. Em episódios LN, as anomalias são aproximadamente opostas, resultando em precipitação deficiente, com maior intensidade e consistência do que em EN.

Grimm e Silva Dias (1995) propuseram a análise de interações trópicos-extratrópicos, como as que ocorrem durante episódios ENOS, com o uso de Funções de Influência (FIs) de fontes de divergência, para identificar as regiões nas quais a divergência anômala em altos níveis (mais facilmente associada à convecção anômala tropical do que a fontes de vorticidade) tem o maior impacto sobre a circulação anômala num dado ponto. A Fig. 7.10 (painel superior) mostra as regiões comuns de máximos valores negativos (positivos) das FIs na faixa tropical para os centros de ação 1, 2 e 3 do trem de onda estendendo do Pacífico Leste para a América do Sul (indicados por círculos em vermelho e azul no painel inferior). As elipses em vermelho indicam valores negativos para os centros 1 e 3 e positivos para o centro 2, enquanto a elipse em azul indica o contrário, em coerência com os sinais da função corrente anômala em torno desses centros. As regiões marcadas coincidem com significativas anomalias de ROL e, portanto, de convecção. Na faixa tropical/subtropical, a divergência anômala em altos níveis é produzida por fontes de calor associadas com convecção anômala e praticamente independe do fluxo rotacional, podendo ser considerada geradora desse fluxo.

7.3.3 O centro-leste do Brasil e a influência de processos regionais durante o verão

A teleconexão trópico-extratrópico enfraquece no verão. O estado básico da atmosfera não é favorável à propagação de ondas de Rossby, pois ventos de oeste mais fortes são deslocados para altas latitudes. De novembro para janeiro, há reversão das anomalias de precipitação relacionadas com o primeiro modo no centro-leste e em parte do sul do Brasil (Figs. 7.5 e 7.6), devido a interações superfície-atmosfera que são mais fortes no verão e que podem ocorrer tanto em anos ENOS como em anos normais (Grimm, 2003, 2004; Grimm; Pal; Giorgi, 2007).

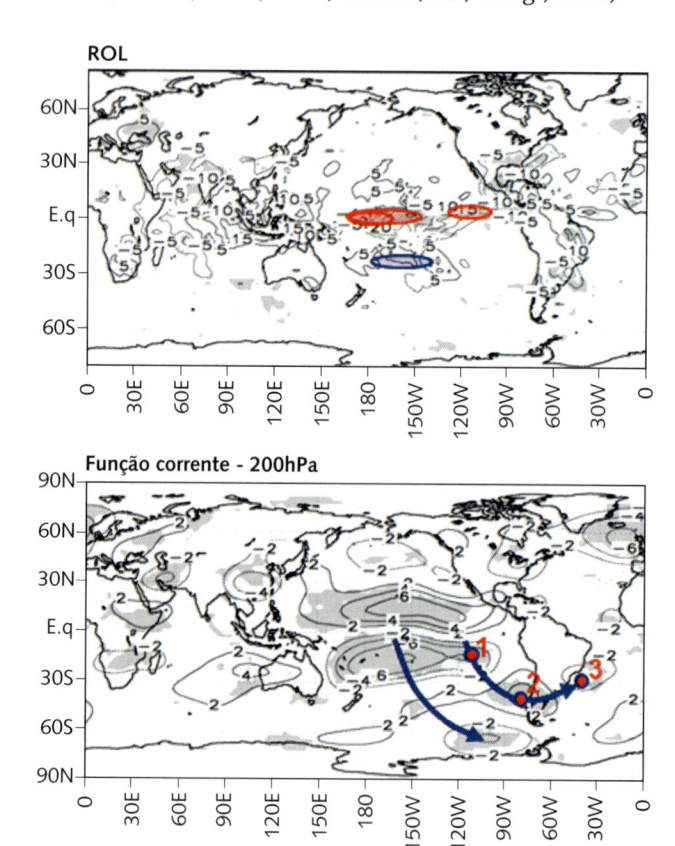

Fig. 7.10 No painel superior, anomalias de ROL (com máximos de convecção e subsidência anômalas no Pacífico indicados em vermelho e azul), e, no painel inferior, anomalias de função corrente em 200 hPa durante novembro (0) de episódios EN. Áreas sombreadas em cinza têm anomalias significativas com nível de confiança melhor que 90%. As funções de influência (Grimm; Silva Dias, 1995) de novembro para os centros de ação 1 e 3 (2) do trem de onda estendendo do Pacífico Leste para a América do Sul (indicados por círculos em vermelho/azul) têm na faixa tropical regiões comuns de máximos valores negativos (positivos) nas elipses em vermelho e positivos (negativos) na elipse em azul, em coerência com os sinais da função corrente anômala em torno desses centros

7.4 CONSIDERAÇÕES FINAIS

Os episódios ENOS são a principal fonte de variabilidade interanual do clima no Brasil, e isso fica claro pelas relações entre TSM e os primeiros modos de variabilidade da precipitação anual e sazonal. Apenas no verão o primeiro modo não está claramente conectado ao ENOS, embora esteja relacionado com o primeiro modo de novembro, este conectado ao ENOS. Essa influência dominante do ENOS não exclui outras influências. No caso da variabilidade interanual do Nordeste, influi muito o gradiente meridional de TSM tropical no Oceano Atlântico, e as anomalias são mais fortes quando a influência do ENOS e a influência do Atlântico estão "em fase". Pode haver outras influências, como oscilações no Atlântico Norte, no Pacífico Norte e até no Oceano Índico, que não foram aqui focalizadas, mas podem ser significativas tanto em escalas interanuais como interdecenais.

Um aspecto relevante para a previsibilidade climática sazonal é a proporção de "forçante externa" e "variabilidade atmosférica interna" na variabilidade interanual. A forçante externa, tal como a TSM durante ENOS, produz variações atmosféricas mais previsíveis. Portanto, durante anos de fases extremas de ENOS, as anomalias são mais previsíveis. A variabilidade interna, por outro lado, é responsável por limitar a previsibilidade. A variabilidade interna da média sazonal resulta sobretudo da variabilidade intrassazonal. Para contribuir significativamente para a variabilidade interanual, a variabilidade intrassazonal dominante deveria ter o mesmo padrão espacial do modo interanual dominante. No verão, esse critério é satisfeito, pois em ambos os casos o primeiro modo consiste de um padrão dipolo, com centros de anomalias opostas no centro-leste e sudeste da América do Sul. Com isso, poderia parecer que o primeiro modo de verão seria uma retificação da variabilidade intrassazonal e, portanto, imprevisível. Contudo, a relação significativa entre modos de primavera e verão encontrada por Grimm e Zilli (2009), explicada com base em processos regionais de interação superfície-atmosfera (Grimm; Pal; Giorgi, 2007), indica que esse nem sempre é o caso, ou seja, determinada fase da variabilidade intrassazonal pode ser favorecida ou atenuada, de acordo com a circulação anômala regional gerada pelas condições prévias na primavera.

Referências bibliográficas

ACEITUNO, P. On the functioning of the Southern Oscillation in the South American sector. Part I: Surface climate. *Monthly Weather Review*, v. 116, p. 505-524, 1988.

ALLAN, R. J.; LINDESAY, J.; PARKER, D. *El Niño Southern Oscillation and climate variability*. Collingwood, Victoria, Australia: CSIRO Publishing, 1996.

ASHOK, K.; BEHERA, S. K.; RAO, S. A.; WENG, H.; YAMAGATA, T. El Niño Modoki and its possible teleconnection. *Journal of Geophysical Research*, v. 112, C11007, 2007. DOI: 10.1029/2006JC003798.

BARROS, V. R.; DOYLE, M.; GONZÁLEZ, M.; CAMILLONI, I.; BEJARÁN, R.; CAFFERA, R. M. Climate variability over subtropical South America and the South American monsoon: a review. *Meteorologica*, v. 27, p. 33-57, 2002.

BARROS, V.; GRIMM, A. M.; DOYLE, M. E. Relationship between temperature and circulation in Southeastern South America and its influence from El Niño and La Niña events. *J. Meteor. Soc. Japan*, v. 80, p. 21-32, 2002.

BARROS, V. R.; GONZÁLEZ, M.; LIEBMANN, B.; CAMILLONI, I. Influence of the South Atlantic convergence zone and South Atlantic sea surface temperature on interannual summer rainfall variability in Southeastern South America. *Theor. Appl. Climatology*, v. 67, p. 123-133, 2000.

CARVALHO, L. M. V.; JONES, C.; LIEBMANN, B. The South Atlantic Convergence Zone: Intensity, form, persistence, and relationships with intraseasonal to interannual activity and extreme rainfall. *Journal of Climate*, v. 17, p. 88-108, 2004.

CAZES-BOEZIO, G.; ROBERTSON, A. W.; MECHOSO, C. R. Seasonal dependence of ENSO teleconnections over South America and relationships with precipitation in Uruguay. *Journal of Climate*, v. 16, p. 1159-1176, 2003.

CHAVES, R. R.; NOBRE, P. Interactions between sea surface temperature over the South Atlantic Ocean and the South Atlantic Convergence Zone. *Geophys. Res. Lett.*, v. 31, n. 3, 2004.

COELHO, C. A. S.; UVO, C. B.; AMBRIZZI, T. Exploring the impacts of the tropical Pacific SST on the precipitation patterns over South America during ENSO periods. *Theor. Appl. Climatology*, v. 71, p. 185-197, 2002.

DIAZ, H. F.; MARKGRAF, V. *El Niño*. Cambridge: Cambridge Univ. Press, 1992.

GRIMM, A. M. How do La Niña events disturb the summer monsoon system in Brazil? *Climate Dynamics*, v. 22, n. 2-3, p. 123-138, 2004.

GRIMM, A. M. Interannual climate variability in South America: impacts on seasonal precipitation, extreme events and possible effects of climate change. *Stochastic Environmental Research and Risk Assessment*, v. 25, n. 4, p. 537-554, 2011. DOI: 10.1007/s00477-010-0420-1.

GRIMM, A. M. The El Niño impact on the summer monsoon in Brazil: regional processes versus remote influences. *Journal of Climate*, v. 16, p. 263-280, 2003.

GRIMM, A. M.; NATORI, A. A. Climate change and interannual variability of precipitation in South America. *Geophys. Res. Lett.*, v. 33, L19706, 2006. DOI: 10.1029/2006GL026821.

GRIMM, A. M.; SILVA DIAS, P. L. Analysis of tropical-extratropical interactions with influence functions of a barotropic model. *J. Atmos. Sci.*, v. 52, p. 3538-3555, 1995.

GRIMM, A. M.; TEDESCHI, R. G. ENSO and extreme rainfall events in South America. *Journal of Climate*, v. 22, n. 7, p. 1589-1609, 2009. DOI: 10.1175/2008JCLI2429.1.

GRIMM, A. M.; ZILLI, M. T. Interannual variability and seasonal evolution of summer monsoon rainfall in South America. *Journal of Climate*, v. 22, p. 2257-2275, 2009.

GRIMM, A. M.; BARROS, V. R.; DOYLE, M. E. Climate variability in Southern South America associated with El Niño and La Niña events. *Journal of Climate*, v. 13, p. 35-58, 2000.

GRIMM, A. M.; FERRAZ, S. E. T.; GOMES, J. Precipitation anomalies in Southern Brazil associated with El Niño and La Niña events. *Journal of Climate*, v. 11, p. 2863-2880, 1998.

GRIMM, A. M.; PAL, J.; GIORGI, F. Connection between Spring conditions and peak Summer monsoon rainfall in South America: Role of soil moisture, surface temperature, and topography in Eastern Brazil. *Journal of Climate*, v. 20, p. 5929-5945, 2007.

GRIMM, A. M.; ALMEIDA, A. S.; BENETI, C. A. A.; LEITE, E. A. The combined effect of climate oscillations in producing extremes: the 2020 drought in southern Brazil. *Brazilian Journal of Water Resources*, v. 25, e48, 2020. DOI: 10.1590/2318-0331.252020200116.

HALPERT, M. S.; ROPELEWSKI, C. F. Surface temperature patterns associated with the Southern Oscillation. *Journal of Climate*, v. 5, p. 577-593, 1992.

HU, X.; YANG, S.; CAI, M. Contrasting the eastern Pacific El Niño and the central Pacific El Niño: process-based feedback attribution. *Climate Dynamics*, v. 47, p. 2413-2424, 2016. Disponível em: <https://doi.org/10.1007/s00382-015-2971-9>.

KAO, H. Y.; YU, J.-Y. Contrasting eastern-Pacific and central-Pacific types of ENSO. *Journal of Climate*, v. 22, p. 615-632, 2009.

KILADIS, G. N.; DIAZ, H. F. Global climatic anomalies associated with extremes in the Southern Oscillation. *Journal of Climate*, v. 2, p. 1069-1090, 1989.

KOUSKY, V. E.; KAYANO, M. T. Principal modes of outgoing longwave radiation and 250-mb circulation for the South American sector. *Journal of Climate*, v. 7, p. 1131-1143, 1994.

KUG, J. S.; JIN, F.-F.; AN, S. I. Two types of El Niño events: cold tongue El Niño and warm pool El Niño. *Journal of Climate*, v. 22, p. 1499-1515, 2009.

PHILANDER, S. G. *El Niño, La Niña, and Southern Oscillation*. San Diego: Academic Press, 1990.

RAO, V. B.; HADA, K. Characteristics of rainfall over Brasil. Annual variations and connections with the Southern Oscillation. *Theor. Appl. Climatology*, v. 42, p. 81-91, 1990.

ROBERTSON, A. W.; MECHOSO, C. R. Interannual and decadal variability of the South Atlantic Convergence Zone. *Monthly Weather Review*, v. 128, p. 2947-2957, 2000.

ROPELEWSKI, C. F.; HALPERT, M. S. Global and regional scale precipitation patterns associated with the El Niño/Southern Oscillation. *Monthly Weather Review*, v. 115, p. 1606-1626, 1987.

ROPELEWSKI, C. F.; HALPERT, M. S. Precipitation patterns associated with the high index phase of the Southern Oscillation. *Journal of Climate*, v. 2, p. 268-284, 1989.

TEDESCHI, R. G.; GRIMM, A. M.; CAVALCANTI, I. F. A. Influence of Central and East ENSO on extreme events of precipitation in South America during austral spring and summer. *International Journal of Climatology*, v. 35, p. 2045-2064, 2015. DOI: 10.1002/joc.4106.

TEDESCHI, R. G.; GRIMM, A. M.; CAVALCANTI, I. F. A. Influence of Central and East ENSO on precipitation and its extreme events in South America during austral autumn and winter. *International Journal of Climatology*, v. 36, p. 4797-4814, 2016. DOI: 10.1002/joc.4670.

TRENBERTH, K. E.; CARON, J. M. The Southern Oscillation Revisited: Sea level pressures, surface temperatures and precipitation. *Journal of Climate*, v. 13, p. 4358-4365, 2000.

VERA, C. S.; SILVESTRI, G.; BARROS, V.; CARRIL, A. Differences in El Niño response over the Southern Hemisphere. *Journal of Climate*, v. 17, p. 1741-1753, 2004.

WANG, C.; DESER, C.; YU, J.-Y.; DINEZIO, P.; CLEMENT, A. El Niño-Southern Oscillation (ENSO): A review. In: GLYMN, P.; MANZELLO, D.; ENOCHS, I. (Eds.). *Coral Reefs of the Eastern Pacific*. Springer Science Publisher, 2016. p. 85-106.

WILKS, D. S. *Statistical methods in the Atmospheric Sciences*. New York: Academic Press, 1995.

8 | Variabilidade decenal a multidecenal

Mary Toshie Kayano
Rita Valéria Andreoli

Inúmeros estudos demonstraram que o campo de temperatura da superfície do mar (TSM) dos oceanos pode apresentar variações lentas que se manifestam em escalas de várias décadas. As variações que ocorrem no campo de TSM ocasionam alterações também na circulação atmosférica. Esses padrões anômalos de TSM e os correspondentes na circulação atmosférica são denominados modos de variabilidade climática de baixa frequência com escalas de variação temporal interdecenal ou multidecenal. Isso significa que, uma vez estabelecido um desses modos, as anomalias de TSM (ATSMs) positivas (ou negativas) nas suas áreas de atuação perduram por várias décadas. Na verdade, essas variações lentas nos oceanos manifestam-se com certa regularidade no tempo, e, portanto, são consideradas oscilações quase periódicas, com períodos que variam de décadas a várias décadas e cujas fases são definidas pelo sinal das ATSMs na área principal de atuação do modo. As fases do modo são determinadas através de séries temporais, chamadas índices, que descrevem as variações temporais dos correspondentes padrões de ATSMs. Assim, se ocorrem ATSMs positivas (negativas) na área de atuação de um dado modo, este se encontra na fase positiva (negativa) ou, equivalentemente, na fase quente (fria).

Os dois modos mais estudados de variabilidade interdecenal ou multidecenal têm suas principais áreas de atuação no Pacífico e no Atlântico, e são denominados, respectivamente, Oscilação Interdecenal do Pacífico (ODP) e Oscilação Multidecenal do Atlântico (OMA). Esses modos variam lentamente e afetam o estado básico do campo de TSM dos oceanos que, por sua vez, pode alterar os fenômenos de mais alta frequência diretamente, através de processos oceânico-atmosféricos quando as áreas de atuação dos modos de alta e baixa frequência se sobrepõem, ou indiretamente, através de processos que remotamente ligam fenômenos de regiões distantes. A esse processo remoto damos o nome de teleconexão climática. Um fenômeno de mais alta frequência do que a multidecenal é o El Niño-Oscilação Sul (ENOS), com escala de variação temporal interanual e cujas características e efeitos podem ser alterados, dependendo das fases dos modos de baixa frequência. Este capítulo revisa as principais características da ODP e OMA e suas relações com o ENOS e os efeitos deste na precipitação na América do Sul, em particular no Brasil.

8.1 Variabilidade decenal no Pacífico

Mudanças abrangentes dos ecossistemas terrestres e marinhos, em particular no noroeste da América do Norte, ocorridas no final da década de 1970 foram relacionadas a uma alteração climática brusca na bacia do Pacífico registrada nesse período (Trenberth, 1990; Trenberth; Hurrel, 1994; Deser; Alexander; Timlin, 1996; Seager et al., 2001). Zhang, Wallace e Battisti (1997) documentaram essa mudança climática abrupta determinando um modo de variabilidade de TSM entre 30° S e 60° N com um padrão espacial similar ao ENOS, e uma escala de variação temporal maior que seis anos, que a partir de 1976-1977 apresentou um padrão mais quente no Pacífico Tropical Leste e mais frio no Pacífico Central Norte. Em vista do envolvimento do campo de TSM, as variações multidecenais observadas na produção de salmão no Alasca e no Pacífico Noroeste durante o século XX levaram alguns pesquisadores a questionar se tais variações poderiam ser atribuídas a mudanças climáticas da bacia do Pacífico. Em busca desse sinal multidecenal, Mantua et al. (1997) aplicaram o método de funções ortogonais empíricas (FOE) nas séries de ATSMs não filtradas na região do Pacífico ao norte de 20° N, e encontraram que o primeiro modo tinha uma variação temporal similar ao modo de Zhang, Wallace e Battisti (1997). A este modo, Mantua et al. (1997) denominaram de ODP e mostraram que a mudança climática brusca na bacia do Pacífico em fins da década de 1970 era recorrente e parte da variabilidade climática interdecenal dessa bacia.

A fase quente (ou positiva) da ODP configura-se com um forte sistema de baixa pressão das Aleutas (região que inclui as ilhas Aleutas no noroeste do Pacífico), águas superficiais mais frias do que o normal no Pacífico Norte Central e Oeste, e mais quentes do que o normal na costa oeste das Américas e no Pacífico Tropical Central e Leste (Mantua et al., 1997). A fase oposta da ODP tem padrões com sinais invertidos das anomalias de pressão e de TSM. Esses autores identificaram a fase fria da ODP (ODP−) em 1900-1924 e 1947-1976, e a fase quente (ODP+), em 1925-1946 e de 1977 a meados de 1990. Alguns autores sugeriram que por volta de 1998-1999 ocorreu outra mudança de regime da ODP (Hare; Mantua, 2000), que neste capítulo será confirmada com dados mais recentes.

Em vista da escala temporal de várias décadas da ODP, inúmeros trabalhos mostraram que o estado básico do campo de TSM, associado a cada fase dessa oscilação, altera os fenômenos de escala interanual e, em consequência, seus efeitos, em particular na precipitação de diversas partes do globo. Nesse contexto, destacam-se alguns trabalhos sobre as variações de precipitação e umidade na América do Sul. Kayano, Oliveira e Andreoli (2009) analisaram as diferenças entre dois períodos, 1948-1976 e 1977-2002, das relações entre a precipitação na América do Sul e os índices de TSM que representam o Pacífico Equatorial Leste, o Atlântico Tropical Norte (ATN) e o Atlântico Tropical Sul (ATS). Usando o índice do Pacífico Equatorial Leste, eles mostraram que o dipolo anômalo seco-chuvoso entre o norte-noroeste da América do Sul e o sudeste deste continente (sul do Brasil e Uruguai) durante anos de El Niño (EN) e um dipolo de sinal oposto para anos de La Niña (LN) foram mais fortes no segundo período, em relação ao primeiro período. Igualmente, eles encontraram que a correlação negativa no sudeste da Amazônia com o índice de ATN é mais forte no período de 1977-2002. Por outro lado, com o índice do ATS, as correlações positivas no norte e nordeste da América do Sul do primeiro período expandem-se ao longo da costa norte deste continente, deixando parte do nordeste do Brasil (NEB) sem valores significativos no segundo período. Ainda em relação aos efeitos da ODP, Garcia e Kayano (2015), analisando o período de 1958-1995, mostraram que a América do Sul tropical age como uma fonte de umidade antes de 1976 e como um sumidouro de umidade depois desse ano.

8.2 Relações da ODP com ENOS e efeitos na precipitação

Como os campos de ATSMs associados à ODP podem constituir um estado básico para o ENOS (Mantua et al., 1997), houve interesse em esclarecer como o Pacífico Tropical e Extratropical interagem nas escalas interanual e decenal. No contexto da variabilidade entre eventos ENOS de mesma fase, Wang (1995) encontrou que os eventos EN anteriores a fins dos anos 1970 tiveram início com um aquecimento ao longo da costa oeste da América do Sul que se propagou para oeste, enquanto para os eventos após essa data, tal aquecimento ocorreu após o aquecimento no Pacífico Equatorial Central. Esse resultado tem implicações para o tipo de EN, cuja classificação se baseia na localização longitudinal do máximo aquecimento no Pacífico. Um evento EN (LN) é chamado canônico quando o aquecimento (esfriamento) permanece no Pacífico Equatorial Leste, e Modoki quando o aquecimento (esfriamento) se localiza no Pacífico Equatorial Central (Ashok et al., 2007). As siglas para os dois tipos de EN (LN) são ENEP e ENCP (LNEP e LNCP), respectivamente.

Vários artigos mostram que a intensidade e a frequência de EN e LN variam com o regime da ODP. Um dos artigos pioneiros sobre as características do EN nas duas fases da ODP e seus efeitos na precipitação da América do Sul foi desenvolvido por Andreoli e Kayano (2005). Em virtude da escassez de dados na época em que esse artigo foi desenvolvido, aspectos da LN não foram explorados. Assim, utilizando dados mensais mais atualizados de TSM, precipitação e velocidade vertical em coordenadas de pressão (ômega) obtidos de reanálises globais, as diferenças entre as fases da ODP nos campos das anomalias dessas variáveis em anos de EN e LN do período de 1901 a 2010 são revisadas neste capítulo. Os dados de TSM foram obtidos da versão 5 da reanálise de TSM do sítio da National Oceanic and Atmospheric Administration (NOAA) (Huang et al., 2015). Os dados de precipitação foram obtidos da reanálise dessa variável disponibilizada no sítio da Global Precipitation Climatology Centre (GPCC) Full Data Reanalysis em sua versão 7 (Schneider et al., 2014). Os dados de ômega de 17 níveis foram obtidos do projeto de reanálise do século XX da NOAA/CIRES da versão V2C (Compo et al., 2011).

O índice da ODP foi recalculado para o período de 1865-2016, conforme definição de Mantua et al. (1997), e consiste da série temporal do primeiro modo de FOE das ATSMs no Pacífico Norte ao norte de 20° N. Para isolar as flutuações que variam numa escala temporal de várias décadas, esse índice foi filtrado com a média móvel de 121 meses, o que implica que os 60 meses iniciais e finais da série original são descartados, e o índice filtrado estende-se pelo período de 1870-2011. A Fig. 8.1 ilustra o índice da ODP indicado por barras vermelhas (ODP+) e azuis (ODP–). A fase ODP+ ocorreu nos períodos de 1899-1911, 1925-1944 e 1977-1998, e a fase ODP–, nos períodos de 1870-1897, 1913-1923, 1946-1960, 1963-1976 e 2001-2011. Os campos de ATSMs durante as fases ODP+ (1901-1911, 1925-1944 e 1977-1998) e ODP– (1913-1923, 1946-1960, 1963-1976 e 2001-2011) dentro do período de 1901-2011 estão ilustrados na Fig. 8.2 e mostram as características de ATSMs descritas acima para as fases fria e quente da ODP.

Os anos de EN e LN durante o período de 1901-2011 foram obtidos usando o índice de ATSMs da região do Niño 3.4, que consiste na média das ATSMs na área delimitada em 5° N-5° S e 170° W-120° W. Esse índice foi filtrado com a média móvel de três meses. Um ano de EN

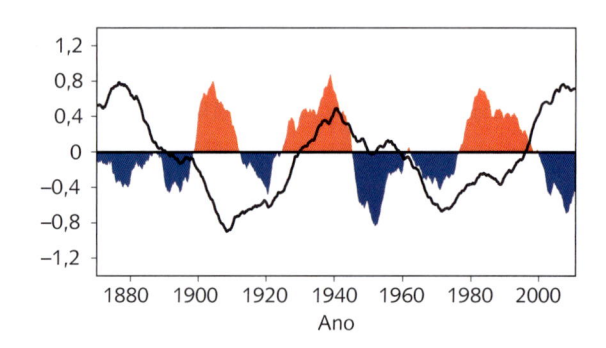

Fig. 8.1 Índices da ODP (barras) e OMA (linha contínua preta) filtrados com um filtro de média móvel de 121 meses para o período de 1870-2011
Fonte: adaptado de Kayano, Andreoli e Souza (2020).

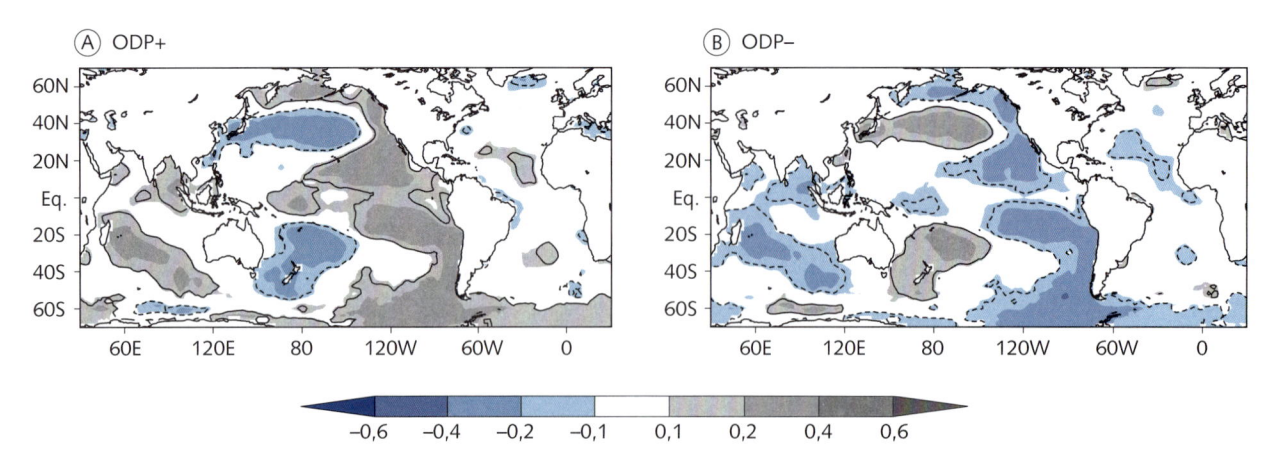

Fig. 8.2 ATSMs anuais para (A) ODP+ e (B) ODP–. As linhas contínuas (tracejadas) encerram valores positivos (negativos) significativos ao nível de confiança de 90% pelo teste t de Student
Fonte: adaptado de Kayano, Andreoli e Souza (2020).

(LN) é identificado quando o índice é superior (inferior) a 0,6 °C (–0,6 °C) por ao menos seis meses consecutivos (Trenberth, 1997). Daqui em diante, todas as análises se referem ao período de 1901-2011.

Inicialmente, em cada ponto de grade e para cada variável a tendência linear foi removida pelo método dos mínimos quadrados, e as anomalias mensais foram normalizadas pelos correspondentes desvios-padrão foram calculadas. A remoção da tendência linear exclui os efeitos devidos à ação antropogênica. A normalização garante uma consistência espaço-temporal, e permite comparações espaciais das anomalias e entre meses ou estações distintas. Usando o método de composições, que consiste na média das anomalias das variáveis (mensais ou sazonais) de anos selecionados, os padrões de cada variável para anos de EN (ou LN) foram obtidos em cada fase da ODP. As siglas dos trimestres são formadas pelas letras iniciais de cada mês. O ano de início do evento (EN ou LN) e o ano seguinte foram indicados por (0) e (+1), respectivamente. Os campos mensais de ATSMs foram obtidos a cada dois meses de julho (0) a maio (+1). Os campos trimestrais de anomalias de precipitação e as seções longitude-verticais de anomalias de ômega médias entre 6° N e 6° S foram calculados de SON (0) a MAM (+1). Anomalias positivas (negativas) de TSM representam condições mais quentes (frias) do que o normal; de precipitação, condições mais chuvosas (secas) do que o normal; e de ômega, movimentos anômalos descendentes (ascendentes).

Os campos de ATSMs em anos com EN durante a ODP+ e ODP– estão ilustrados na Fig. 8.3. Para EN na ODP+, ATSMs positivas significativas ocorrem em grande parte do Oceano Índico e numa extensa área do Pacífico Tropical Leste que se estende meridionalmente ao longo da costa oeste das Américas, e também numa extensa área circundada por ATSMs negativas no Pacífico Oeste Equatorial e Subtropicais em julho (0) (Fig. 8.3A). Esse padrão gradualmente se fortalece, atinge máximas anomalias entre novembro (0) e janeiro (+1) e se enfraquece em maio (+1). Por outro lado, ATSMs negativas notadas numa pequena área do ATN em julho (0) são substituídas por ATSMs positivas numa extensa área em maio (+1). Em contraste, os padrões de ATSMs para EN na ODP– são mais fracos, têm menores extensões meridionais no Pacífico, e se enfraquecem mais rapidamente, de modo que o padrão de EN desaparece em maio (+1) (Fig. 8.3B). Além disso, as máximas ATSMs positivas na fase ODP– ocupam posições mais centrais no Pacífico Equatorial do que as do EN na fase ODP+ (Fig. 8.3A,B). Isso indica que os EN na ODP+ têm características de ENEP, e os EN na ODP–, de ENCP.

Exceto pelos sinais opostos das anomalias, os padrões de ATSMs para LN na ODP– são similares aos do EN na ODP+, e os para LN na ODP+ são similares aos do EN na ODP– (Figs. 8.3 e 8.4). As características evolutivas são também bastante similares, exceto que o enfraquecimento das ATSMs negativas no Pacífico para LN na ODP+ é menos acentuado em maio (+1) do que o das ATSMs positivas do EN na ODP–. Portanto, a LN na maioria dos meses tem características de LNEP na ODP– e de LNCP na ODP+.

As diferenças entre as fases da ODP nos padrões de anomalias de precipitação associados ao EN são também notáveis sobre a América do Sul, e em particular no Brasil (Fig. 8.5A,B). Para o EN na ODP+, o dipolo anômalo seco-chuvoso manifesta-se entre o norte da América do Sul (Venezuela, Guiana, Suriname, Guiana Francesa e extremo norte do Brasil) e sudeste e parte do centro-oeste do Brasil em SON (0), entre uma extensa área do noroeste e norte da América do Sul (inclusive grande parte da Amazônia brasileira) e sudeste e parte do centro-oeste do Brasil e centro-nordeste da Argentina em DJF (+1), e entre a Amazônia e o leste e parte central do Brasil em MAM (+1) (Fig. 8.5A). Em MAM (+1), condições mais secas que o normal ocorrem em parte do NEB. Para o EN na ODP–, o dipolo se estabelece entre o norte e o sudeste da América do Sul (SESA) em SON (0), entre uma extensa área da América do Sul tropical a leste de 50° W e o SESA em DJF (+1), e desaparece em MAM (+1), quando anomalias negativas são encontradas em pequenas áreas do norte da América do Sul, do leste do Brasil e do NEB (Fig. 8.5B). Os EN na ODP+ têm efeitos mais marcantes do que os EN na ODP–, em particular na faixa tropical da América do Sul onde condições secas têm maiores extensões espaciais e são mais intensas.

Consistentemente, a célula anômala de Walker é mais intensa para EN na ODP+ do que para EN na ODP– (Fig. 8.6A,B). No caso de EN na ODP+, o principal ramo ascendente se estende de 170° E até 90° W e é ladeado por ramos descendentes durante os trimestres analisados

(Fig. 8.6A). Para EN na ODP–, o principal ramo ascendente está no Pacífico Central, entre 170° E e 120° W em SON (0) e DJF (+1) e entre 170° E e 170° W em MAM (+1), e a leste e a oeste dele ocorrem ramos descendentes (Fig. 8.6B). O ramo descendente é mais forte e melhor definido nas longitudes equatoriais da América do Sul para EN na ODP+ do que para EN na ODP– (Fig. 8.6A,B). Em particular para EN na ODP– durante MAM (+1), o ramo descendente está a oeste de 60° W, o que explica a ausência de anomalias de precipitação com valores significativos na maior parte da América do Sul tropical, inclusive do Brasil. Por outro lado, embora menos marcante, as diferenças nos posicionamentos e intensidades das áreas anomalamente chuvosas ou secas nas latitudes subtropicais decorrem de diferenças nos trens de ondas de Rossby no Hemisfério Sul.

As diferenças entre as duas fases da ODP dos efeitos da LN na precipitação da América do Sul são ainda

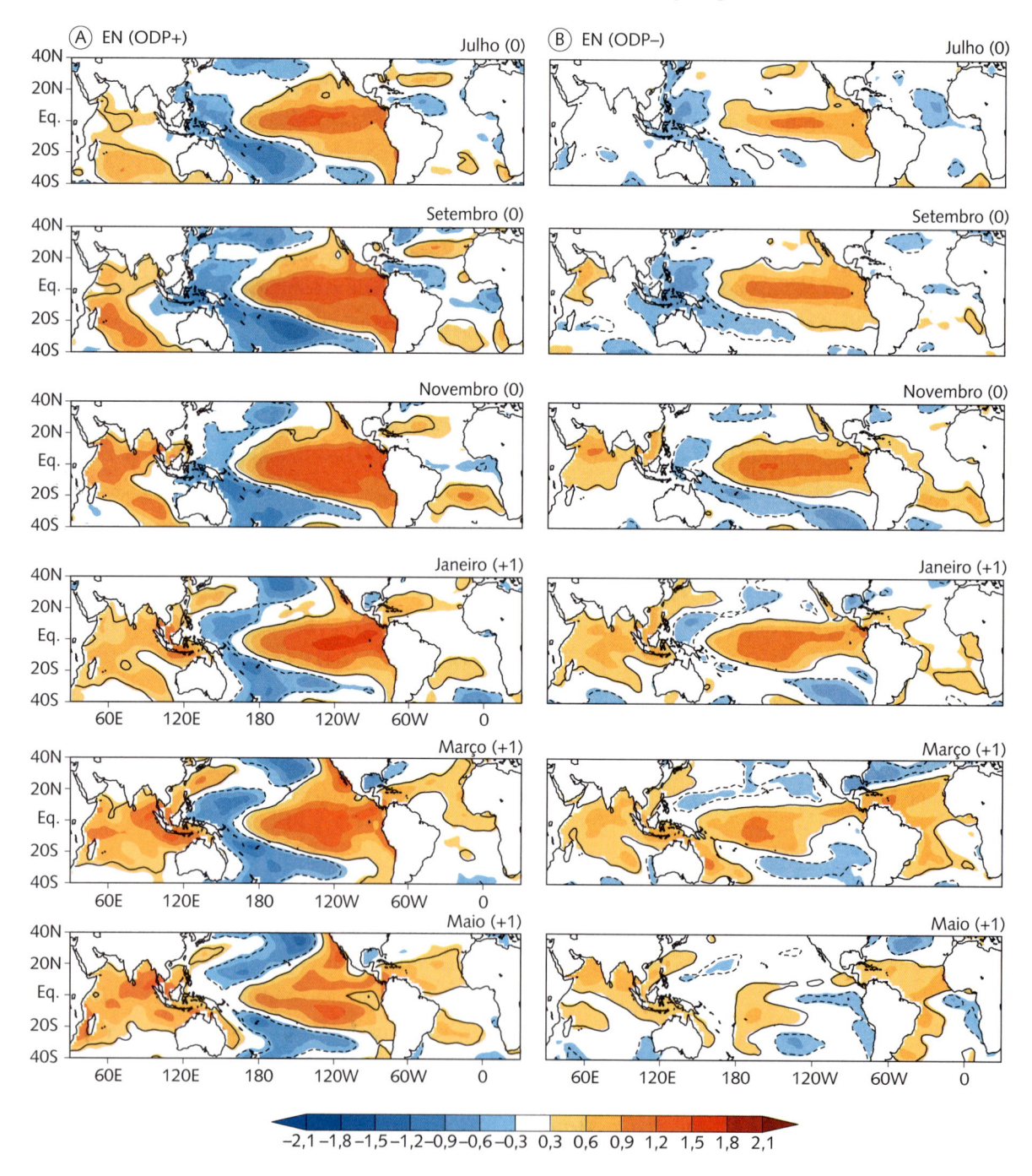

FIG. 8.3 ATSMs mensais para (A) EN na ODP+ e (B) EN na ODP–. A convenção gráfica é a mesma da Fig. 8.2

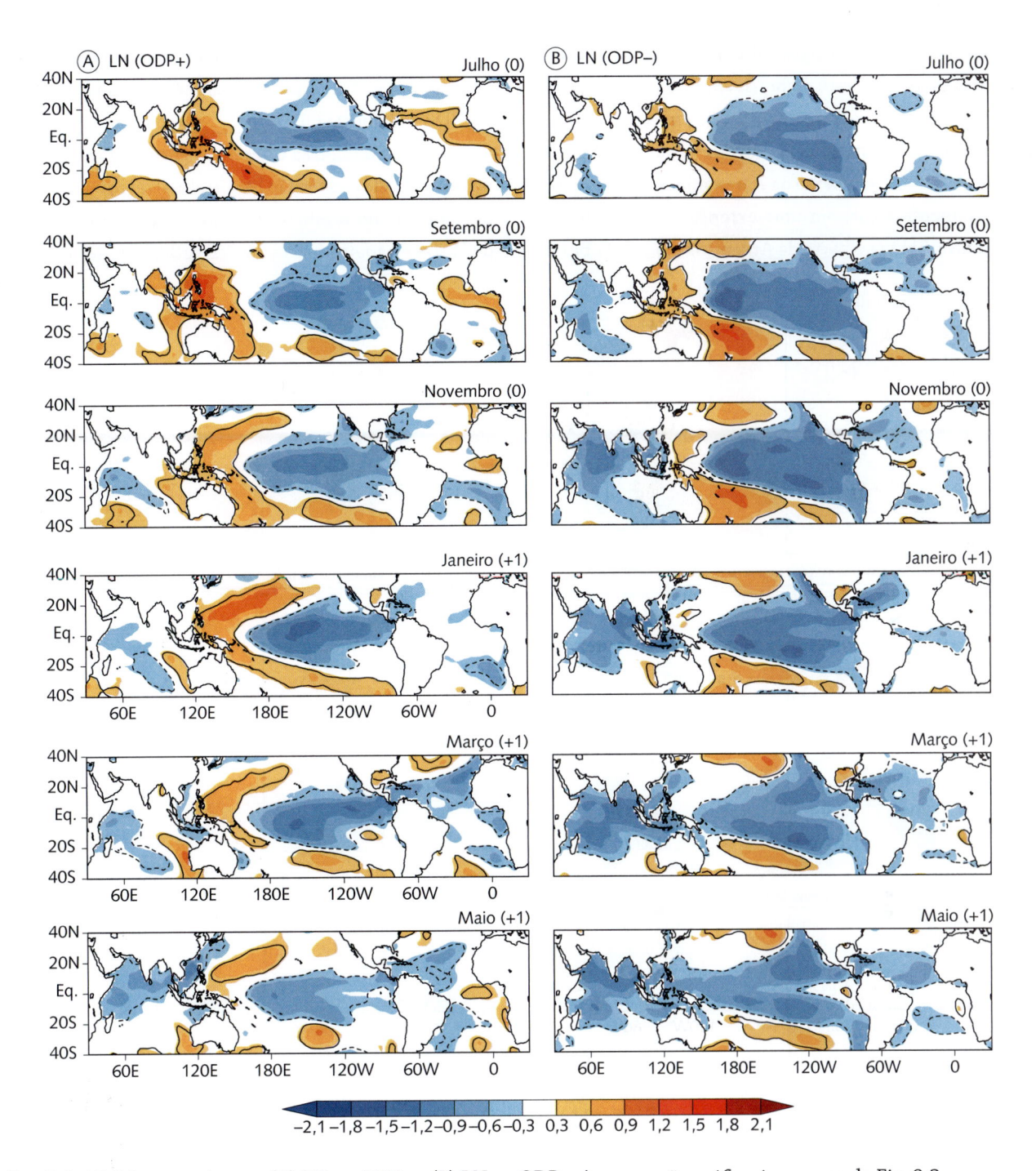

Fig. 8.4 ATSMs mensais para (A) LN na ODP+ e (B) LN na ODP−. A convenção gráfica é a mesma da Fig. 8.2

mais marcantes, com as anomalias de maiores magnitudes durante a ODP− em todas as estações analisadas (Fig. 8.5C,D). Para LN na ODP+, o dipolo anômalo chuvoso-seco entre as latitudes equatoriais e subtropicais da América do Sul está bem definido apenas em DJF (+1), entre o norte e o noroeste da América do Sul e o SESA, embora anomalias negativas sejam também notadas em parte do Brasil Central e oeste e parte da Bolívia (Fig. 8.5C). Adicionalmente, anomalias positivas de precipitação são notadas em pequenas áreas da parte central do continente entre o equador e 20° S, e as negativas, no sul do Brasil em JJA (0); além disso, as anomalias positivas em parte da Bolívia contrastam com as negativas no sul do Brasil, Uruguai e em pequenas áreas na costa leste do Brasil em MAM (+1) (Fig. 8.5C). Para LN na ODP−, o dipolo chuvoso-seco é formado pelas anomalias positivas no norte da América do Sul e as negativas no SESA, sul e sudeste do Brasil em SON (0) (Fig. 8.5D). As anomalias positivas se expandem para sul e as negativas ocupam uma área no centro-leste do Brasil em DJF (+1). Para esse mesmo caso, condições anomalamente chuvosas se estabelecem no NEB, em todo o centro-leste do Brasil entre equador e 20° S e em parte da Amazônia, e as condições anomalamente secas, em uma extensa área meridional incluindo a Bolívia e parte da Argentina e o sul do Brasil em MAM (+1). Esses resultados confirmam que as LN têm efeitos mais fortes na precipitação sobre a América do Sul na ODP– do que na ODP+.

No caso da LN, as diferenças entre as fases da ODP na intensidade e extensão longitudinal do principal ramo descendente no Pacífico Central Leste da célula anômala de Walker não são marcantes (Fig. 8.6C,D). No entanto,

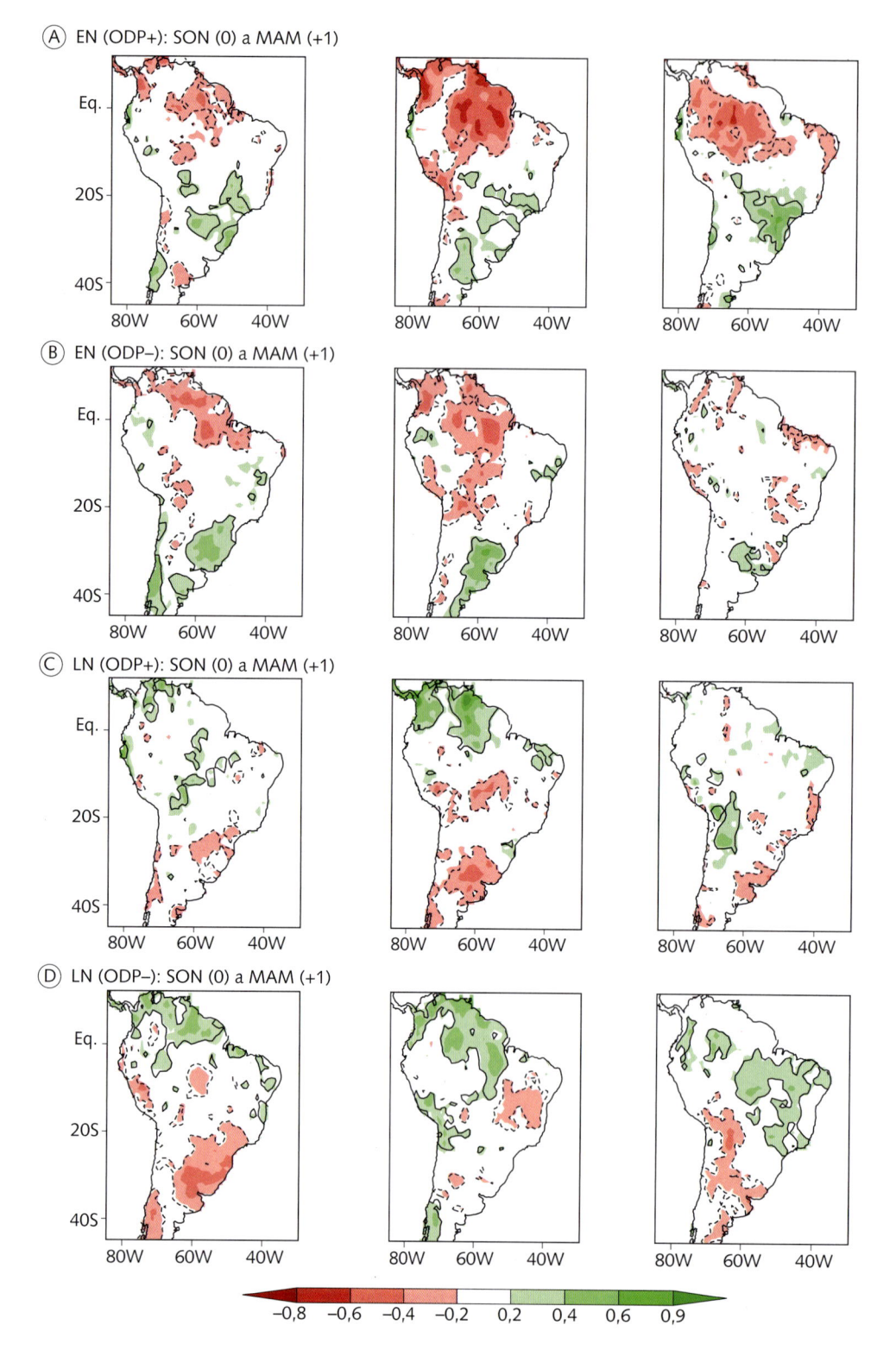

Fig. 8.5 Anomalias de precipitação sazonais para (A) EN na ODP+, (B) EN na ODP–, (C) LN na ODP+ e (D) LN na ODP–. As linhas contínuas (tracejadas) encerram valores positivos (negativos) e significativos ao nível de confiança de 90%, usando o teste t de Student

o ramo ascendente a leste do principal ramo descendente tem posicionamento longitudinal distinto entre as fases da ODP. Para LN na ODP−, tal ramo ascendente ocorre nas longitudes equatoriais da América do Sul durante todas as estações analisadas, enquanto para a LN na ODP+, esse ramo se encontra a oeste de 60° W durante SON (0) e MAM (+1) (Fig. 8.6C,D). Isso é consistente com o tipo de LNCP (LNEP) na ODP+ (ODP−).

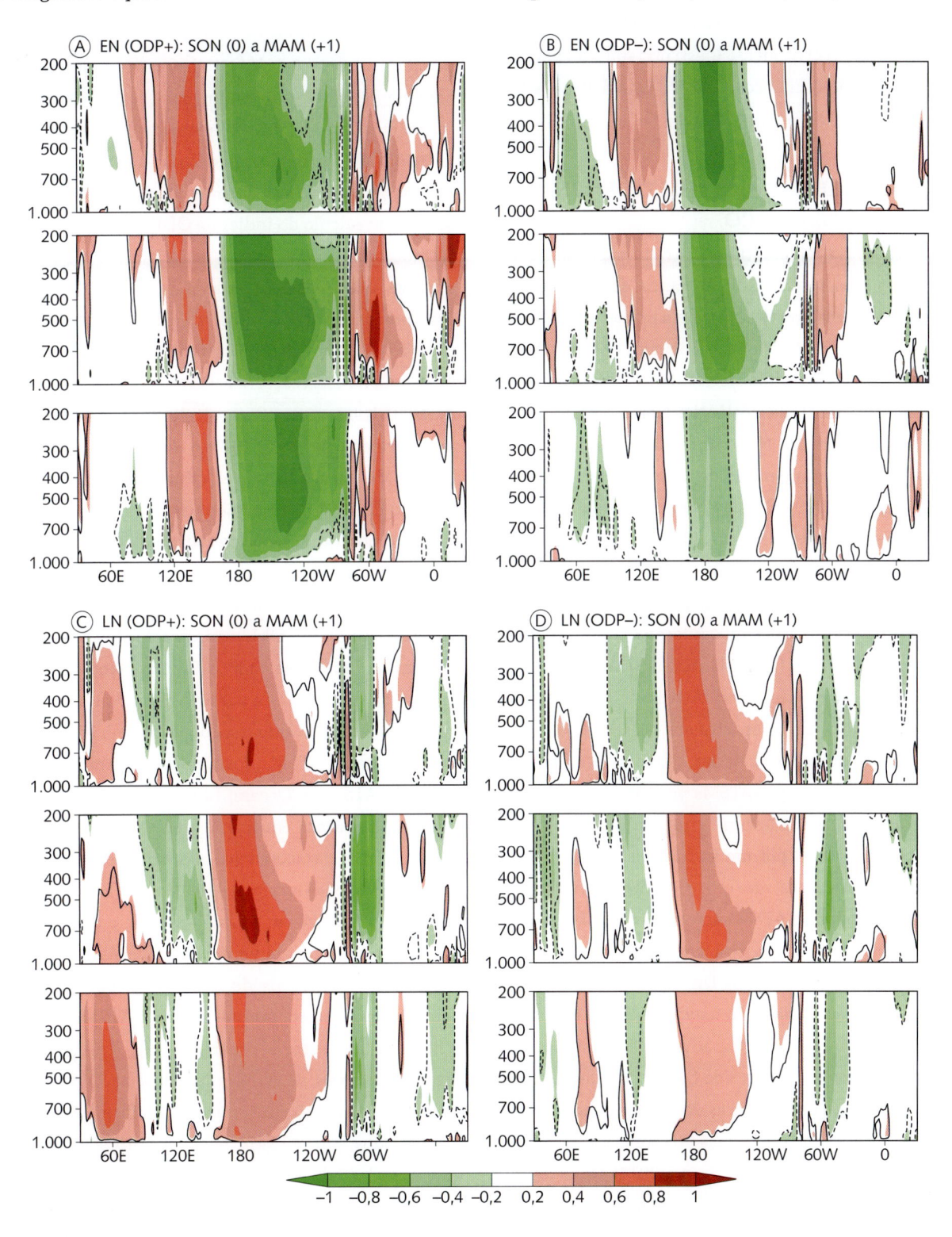

Fig. 8.6 Seções longitude-verticais sazonais de anomalias de ômega para (A) EN na ODP+, (B) EN na ODP−, (C) LN na ODP+ e (D) LN na ODP−. As linhas contínuas (tracejadas) encerram valores positivos (negativos) significativos ao nível de confiança de 90%, usando o teste t de Student

Portanto, conforme anteriormente sugerido (Andreoli; Kayano, 2005; Kayano; Andreoli, 2007), parte das diferenças interENOS nos padrões associados de precipitação sobre a América do Sul está relacionada ao estado básico de TSM associado à ODP. Esse estado básico atua construtivamente (destrutivamente) para as situações em que o EN ocorre na ODP+ (ODP–) e a LN ocorre na ODP– (ODP+).

8.3 Variabilidade multidecenal no Atlântico

Uma oscilação na temperatura do ar em superfície com um período variável de 65 a 80 anos descoberta por Schlesinger e Ramankutty (1994) foi a primeira indicação da existência da OMA. Mais tarde, outros pesquisadores documentaram um padrão de ATSMs de mesmo sinal estendendo-se sobre todo o Atlântico Norte, com dois centros, o principal em 55° N e o secundário em 15° N, que se manifesta com um período de 65 a 80 anos (Enfield; Mestas-Nuñez, 1999; Mestas-Nuñez; Enfield, 2001; Enfield; Mestas-Nuñez; Trimple, 2001; Goldenberg et al., 2001), e que foi denominado de OMA por Kerr (2000). Estudos mais recentes mostraram que a OMA não se limita ao Atlântico Norte, e que tal oscilação se relaciona com a circulação meridional do Atlântico, a qual induz uma variabilidade multidecenal no Atlântico Extratropical Sul, com ATSMs de sinais opostos aos do Atlântico Norte (Timmermann et al., 2007). Assim, a fase quente da OMA (OMA+) caracteriza-se por ATSMs positivas no Atlântico Norte e negativas no Atlântico Extratropical Sul, e a fase fria da OMA (OMA–), por um padrão similar de ATSMs nesses setores oceânicos, mas com os sinais invertidos das ATSMs. Os campos de ATSMs associados à OMA podem constituir um estado básico para fenômenos com escala de variação temporal mais rápida. Diversos artigos demonstraram a importância da OMA na variabilidade climática em áreas continentais contíguas ao Atlântico Norte, como em áreas dos Estados Unidos e da Europa. Um dos artigos pioneiros sobre as características do EN nas duas fases da OMA e seus efeitos na precipitação da América do Sul foi desenvolvido por Kayano e Capistrano (2014). No contexto dos efeitos da OMA, Kayano et al. (2016) analisaram como os anos de secas e chuvas extremas no NEB são modulados por essa oscilação de baixa frequência. Na próxima seção, as relações da OMA com o ENOS serão estudadas.

8.4 Relações da OMA com ENOS e efeitos na precipitação

Utilizando os mesmos dados e procedimentos de cálculos descritos na seção 8.2, as diferenças entre as fases da OMA nos campos de anomalias de TSM e de precipitação e das seções longitude-verticais de ômega em anos de EN e LN são examinadas separadamente nesta seção. O índice da OMA foi reconstruído para o período de 1865-2016, usando sua definição como a média das ATSMs sem tendência linear em todo o Atlântico Norte. Similar ao cálculo do índice da ODP, o índice da OMA foi filtrado com a média móvel de 121 meses, de modo que o índice se estende pelo período de 1870-2011. Seguindo esse procedimento, o índice da OMA foi obtido para o período de 1870-2011, ilustrado por uma linha contínua preta na Fig. 8.1. A fase OMA+ ocorreu nos períodos de 1870-1889, 1931-1958 e 1998-2011, e a fase OMA–, nos períodos de 1892-1929 e 1960-1996. Os campos de ATSMs durante as fases OMA+ e OMA– dentro do período de 1901-2011 estão ilustrados na Fig. 8.7. Esses campos mostram as características de ATSMs descritas acima para as fases quente e fria da OMA.

A sequência a cada dois meses dos padrões de ATSMs para EN na OMA+ mostra ATSMs positivas significativas em quase todo o Pacífico Tropical Leste de julho (0) a janeiro (+1), a partir de quando tais anomalias se enfraquecem no lado leste desse oceano (Fig. 8.8A). Ao mesmo tempo, ATSMs positivas persistem no ATN, em parte do ATS e no Oceano Índico, e ATSMs negativas a neutras, nas áreas equatorial e subtropicais do Pacífico Oeste. Outra característica marcante é que as máximas ATSMs positivas permanecem no Pacífico Central a oeste de 150° W em todos os meses, o que indica um ENCP. Também o gradiente zonal de ATSMs entre as longitudes equatoriais do Atlântico e Pacífico Leste é relativamente fraco, porque ocorrem ATSMs de mesmo sinal nos dois setores oceânicos (Fig. 8.8A). Por outro lado, os padrões de ATSMs para EN na OMA– mostra valores positivos significativos no Pacífico Tropical Leste circundados por ATSMs negativas no Pacífico Oeste Equatorial e Subtropicais em todos os meses (Fig. 8.8B). Esses padrões se assemelham ao padrão de ENEP. Além disso, no Oceano Índico ATSMs positivas aparecem em novembro (0) e persistem até maio (+1), enquanto no ATN, as ATSMs negativas de julho (0) a novembro (0)

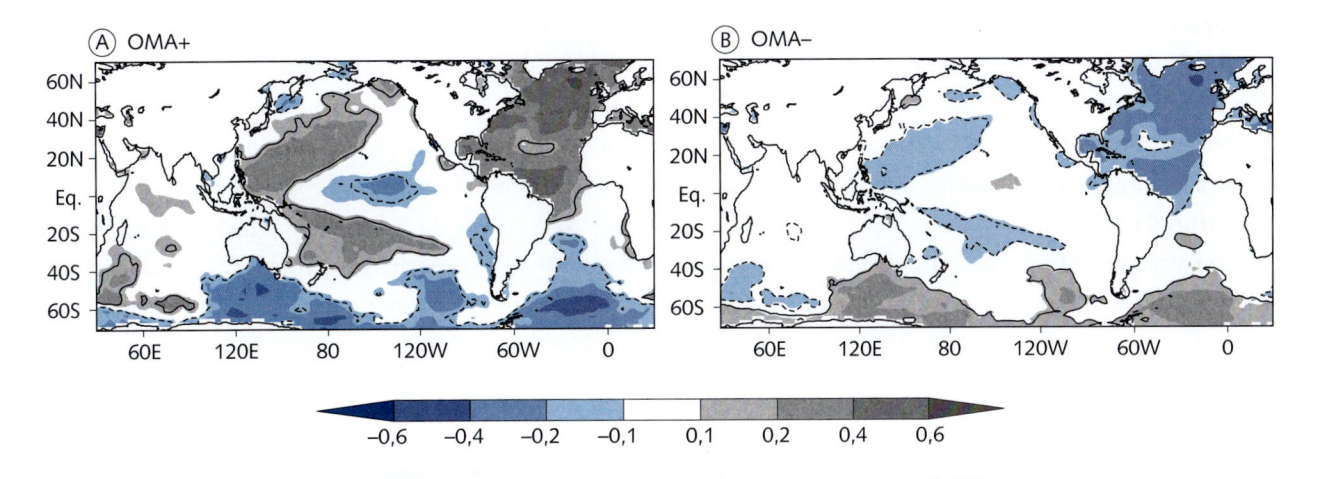

FIG. 8.7 ATSMs anuais para (A) OMA+ e (B) OMA–. A convenção gráfica é a mesma da Fig. 8.2
Fonte: adaptado de Kayano, Andreoli e Souza (2020).

gradualmente se enfraquecem e são substituídas por ATSMs positivas de março (+1) em diante. Nesse caso, o gradiente zonal interbacias de ATSM entre o Pacífico Equatorial Leste e Atlântico Equatorial é mais forte do que para o caso de EN na OMA+, ao menos de julho (0) a janeiro (+1) (Fig. 8.8).

Os padrões de ATSMs para LN na OMA– e para LN na OMA+ não apresentam diferenças marcantes nos Oceanos Pacífico e Índico como no caso do EN, exceto em novembro (0) e janeiro (+1), quando a LN na OMA+ tem características de LNCP e a LN na OMA–, de LNEP (Fig. 8.9). Em todos os meses notadamente ocorre um gradiente zonal interbacias de ATSMs entre as longitudes equatoriais do Pacífico Leste e do Atlântico Equatorial para o caso de LN na OMA+, e tal gradiente está ausente no caso de LN na OMA– (Fig. 8.9).

Para os EN, as diferenças entre as fases da OMA nos padrões de precipitação sobre a América do Sul são notáveis em extensas áreas (Fig. 8.10A,B). Para o EN na OMA+, condições anomalamente secas ocorrem em quase toda a faixa noroeste, norte e nordeste da América do Sul em SON (0) e DJF (+1), e persistem a leste de 55° W ao longo da costa norte-nordeste do Brasil, incluindo portanto o norte do NEB em MAM (+1), e condições anomalamente chuvosas ocorrem no sul do Brasil em SON (0) e em parte do SESA em DJF (+1) (Fig. 8.10A). Para o EN na OMA–, o dipolo anômalo seco-chuvoso manifesta-se entre o norte da América do Sul (Guiana, Guiana Francesa, Suriname e extremo norte do Brasil) e uma área do sul e sudeste do Brasil e Uruguai em SON (0) (Fig. 8.10B). Condições anomalamente secas ocupam uma grande área tropical a leste de 55° W e condições opostas ocorrem no sul do NEB e em áreas do SESA em DJF (+1). Anomalias negativas significativas de precipitação restringem-se ao norte de 10° S e oeste de 60° W, e as positivas permanecem em pequenas áreas da América do Sul central em MAM (+1). A maior diferença entre as duas fases da OMA é que as anomalias negativas de precipitação têm um padrão espacialmente mais organizado na OMA– em relação à OMA+. Segundo Kayano e Capistrano (2014), isso decorre do fato de existir o gradiente interbacias de ATSMs entre o Pacífico Equatorial Leste e Atlântico Equatorial no caso da OMA–, em contraste com a ausência desse gradiente no caso da OMA+. É notável que um gradiente interbacias mais forte para EN na OMA– induz uma célula de Walker também anomalamente mais intensa entre Pacífico Equatorial Leste e Atlântico Equatorial, como pode ser visto na Fig. 8.11B. Consistentemente, a célula anômala de Walker é mais intensa durante EN na OMA– do que durante EN na OMA+ (Fig. 8.11A,B). No caso de EN na OMA–, o principal ramo ascendente se estende de 170° E a 100° W e é flanqueado a leste e a oeste por ramos descendentes durante todos os trimestres analisados (Fig. 8.11B). Por outro lado, para EN na OMA+, o principal ramo ascendente está mais centralizado no Pacífico Equatorial, entre 170° E e 130° W em SON (0) e DJF (+1) e entre 170° E e 170° W em MAM (+1), o qual é também ladeado a leste e oeste por ramos descendentes (Fig. 8.11A). O ramo descendente se encontra bem definido nas longitudes equatoriais da América do Sul durante EN na OMA+ em SON (0) e DJF (+1) e nas longitudes equatoriais do NEB a leste de 60° W em MAM (+1)

(Fig. 8.11A,B). Essas diferenças no posicionamento e intensidade do ramo descendente da célula anômala de Walker nas longitudes da América do Sul associado ao EN entre as duas fases da OMA explicam as diferenças nas áreas abrangidas por condições anomalamente secas (Figs. 8.10A,B e 8.11A,B).

Também para LN, as diferenças entre as fases da OMA nos padrões de precipitação são marcantes. Para a LN na OMA+, o dipolo anômalo chuvoso-seco ocorre entre o extremo noroeste da América do Sul e uma área no leste do continente entre 18° S e 35° S em SON (0) (Fig. 8.10A). Enquanto as anomalias negativas de precipitação restringem-se entre 30° S e 38° S, as positivas estendem-se sobre uma extensa área no norte e noroeste da América do Sul, a oeste de 55° W em DJF (+1). As anomalias negativas praticamente desaparecem e as positivas persistem no centro e leste da Amazônia em MAM (+1). Para a LN na OMA−, enquanto as ano-

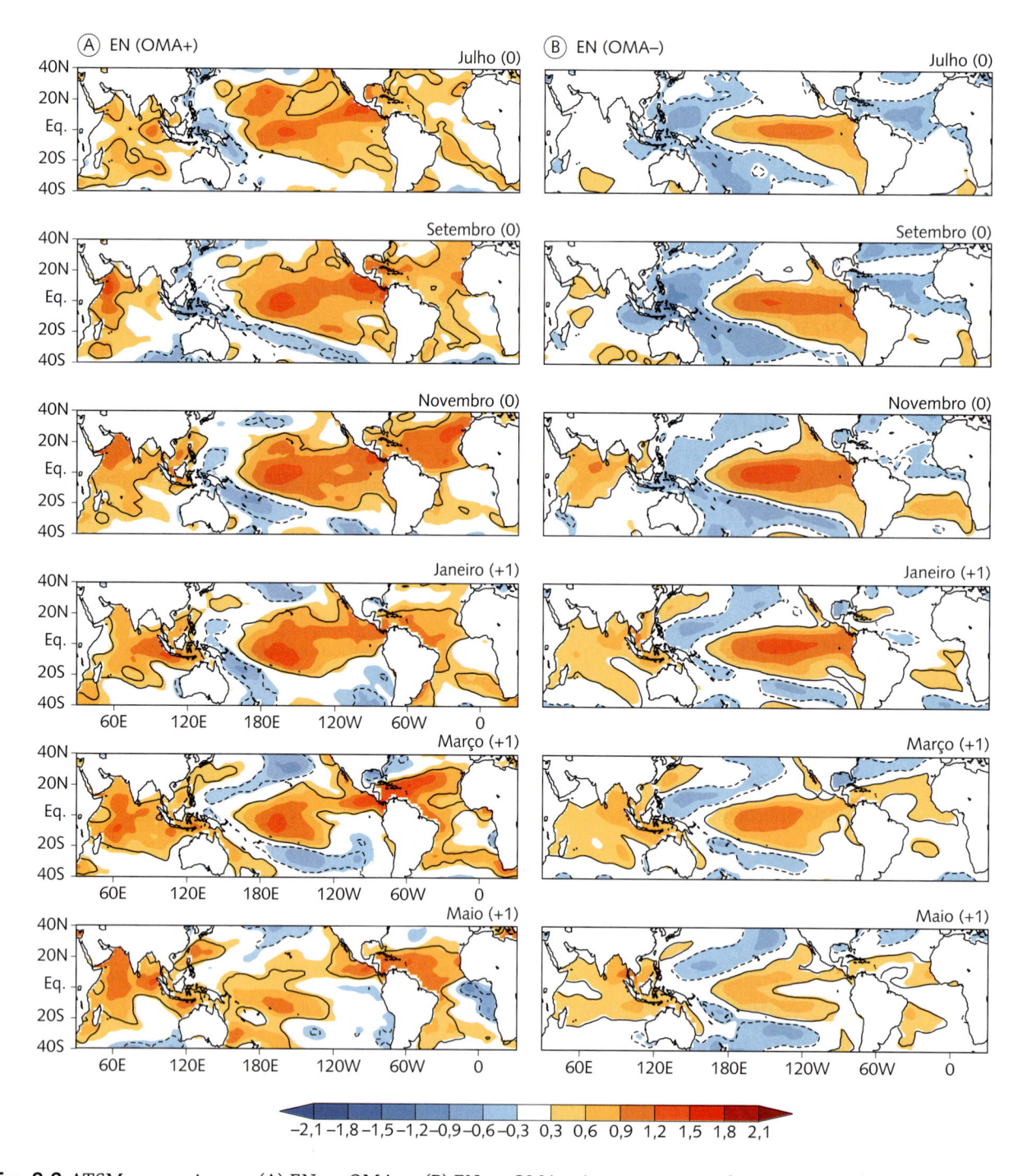

Fig. 8.8 ATSMs mensais para (A) EN na OMA+ e (B) EN na OMA−. A convenção gráfica é a mesma da Fig. 8.2

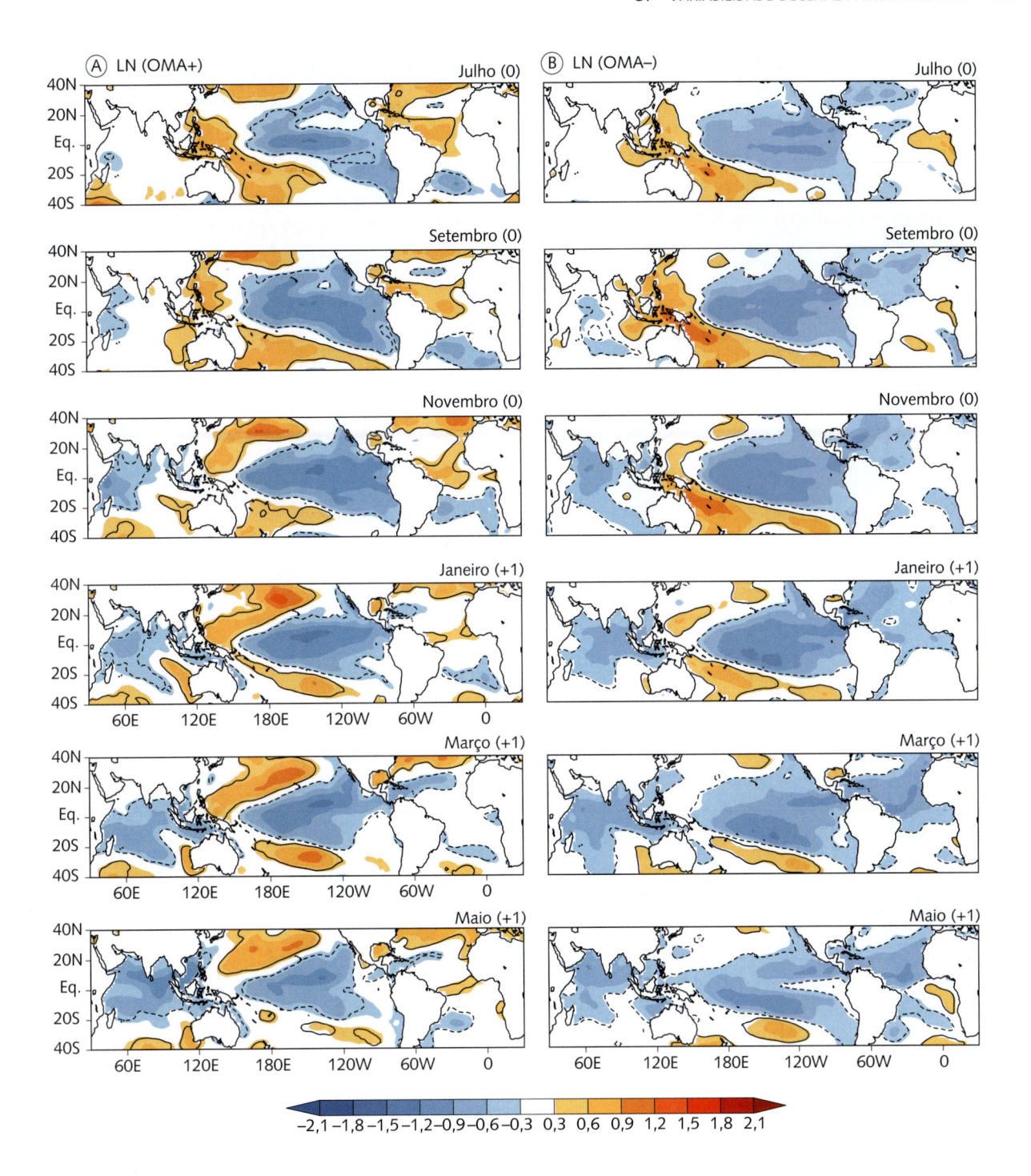

Fig. 8.9 ATSMs mensais para (A) LN na OMA+ e (B) LN na OMA−. A convenção gráfica é a mesma da Fig. 8.2

malias positivas estão espalhadas em pequenas áreas ao norte de 20° S, as negativas se encontram numa área bem definida no leste do continente, entre 20° S e 40° S, e ao longo da costa oeste do continente, ao sul de 25° S, em SON (0) (Fig. 8.11B). Em DJF (+1), enquanto as anomalias positivas estão mais organizadas em áreas no norte, nordeste e noroeste da América do Sul, anomalias negativas no centro e leste do Brasil e numa pequena área do SESA se alternam com uma área de anomalias positivas no sul do Brasil. Finalmente, as anomalias positivas permanecem em parte do NEB e pequenas áreas de anomalias negativas são encontradas numa faixa central e oeste da América do Sul em MAM (+1). Novamente, segundo Kayano e Capistrano (2014), o gradiente interbacias de ATSMs entre o Pacífico Equatorial Leste e Atlântico Equatorial, no caso da LN na OMA+, contribui para organizar o padrão de anomalias de precipitação. É notável que, em relação à LN na OMA–, o gradiente interbacias mais forte para LN na OMA+ induz uma célula de Walker também anomalamente mais intensa entre Pacífico Equatorial Leste e Atlântico Equatorial (Fig. 8.11A,B).

8.5 Relações entre ODP e OMA

Considerando a Fig. 8.1, existem quatro combinações possíveis das fases da ODP e OMA: ambas em sua fase quente (OMA+/ODP+), em 1930-1943, o que perfaz 14 anos; ambas em sua fase fria (OMA–/ODP–), nos períodos de 1892-1897, 1913-1923 e 1963-1976, que

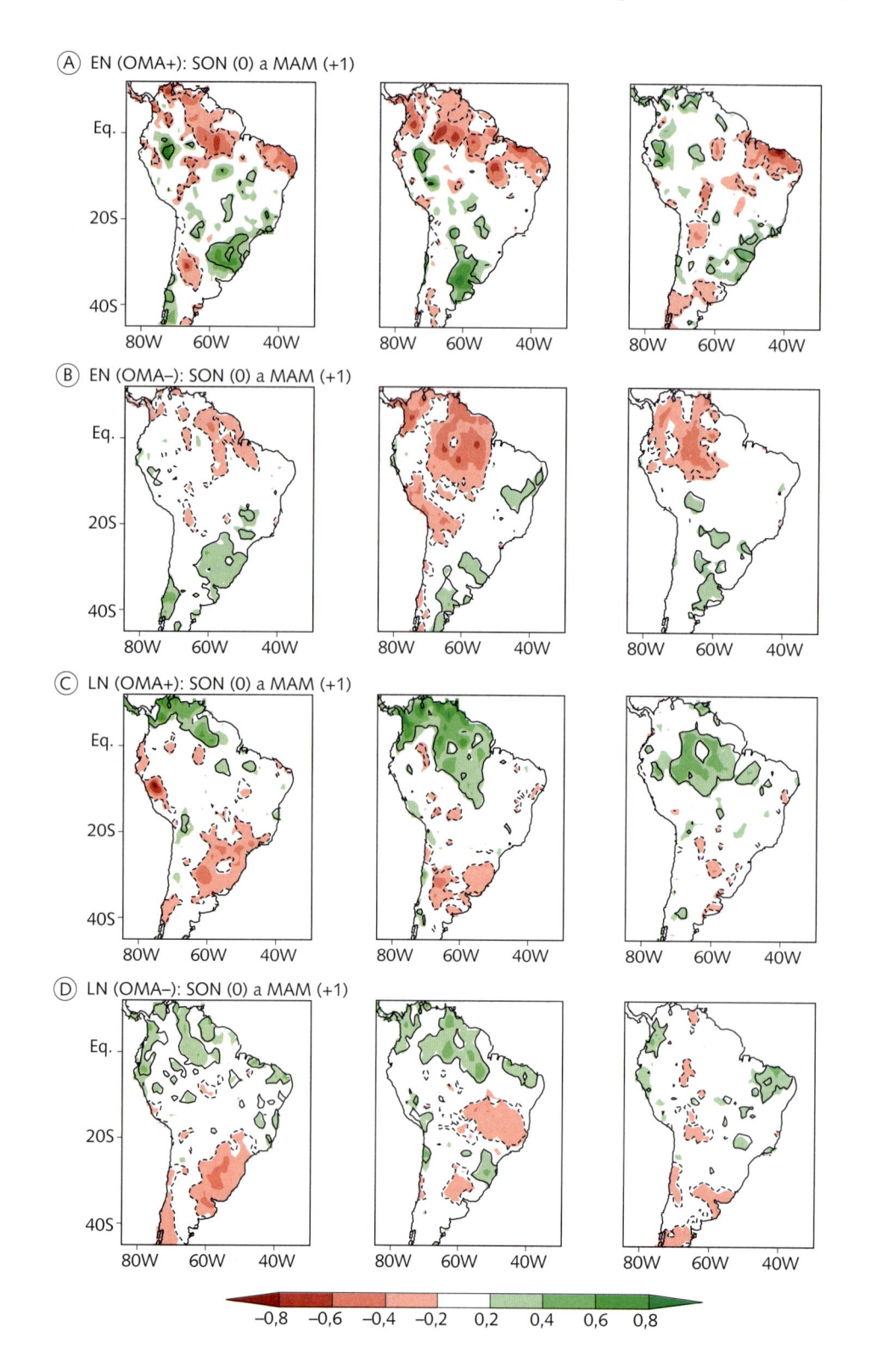

Fig. 8.10 Anomalias de precipitação sazonais para (A) EN na OMA+, (B) EN na OMA–, (C) LN na OMA+ e (D) LN na OMA–. A convenção gráfica é a mesma da Fig. 8.5

somam 30 anos; OMA+/ODP–, nos períodos de 1870-
-1885, 1946-1958 e 2001-2011, que acumulam 40 anos;
e OMA–/ODP+, nos períodos de 1899-1911, 1925-1929
e 1977-1996, que somam 37 anos. Esses padrões de anomalias de TSM nos Oceanos Pacífico Tropical e Atlântico
Norte constituem estados básicos anômalos de TSM
que afetam outros modos de variabilidade climática.
É notável que os estados básicos, quando as duas oscilações de baixa frequência estão ambas em suas fases
quentes ou frias, acumulam um menor número de anos

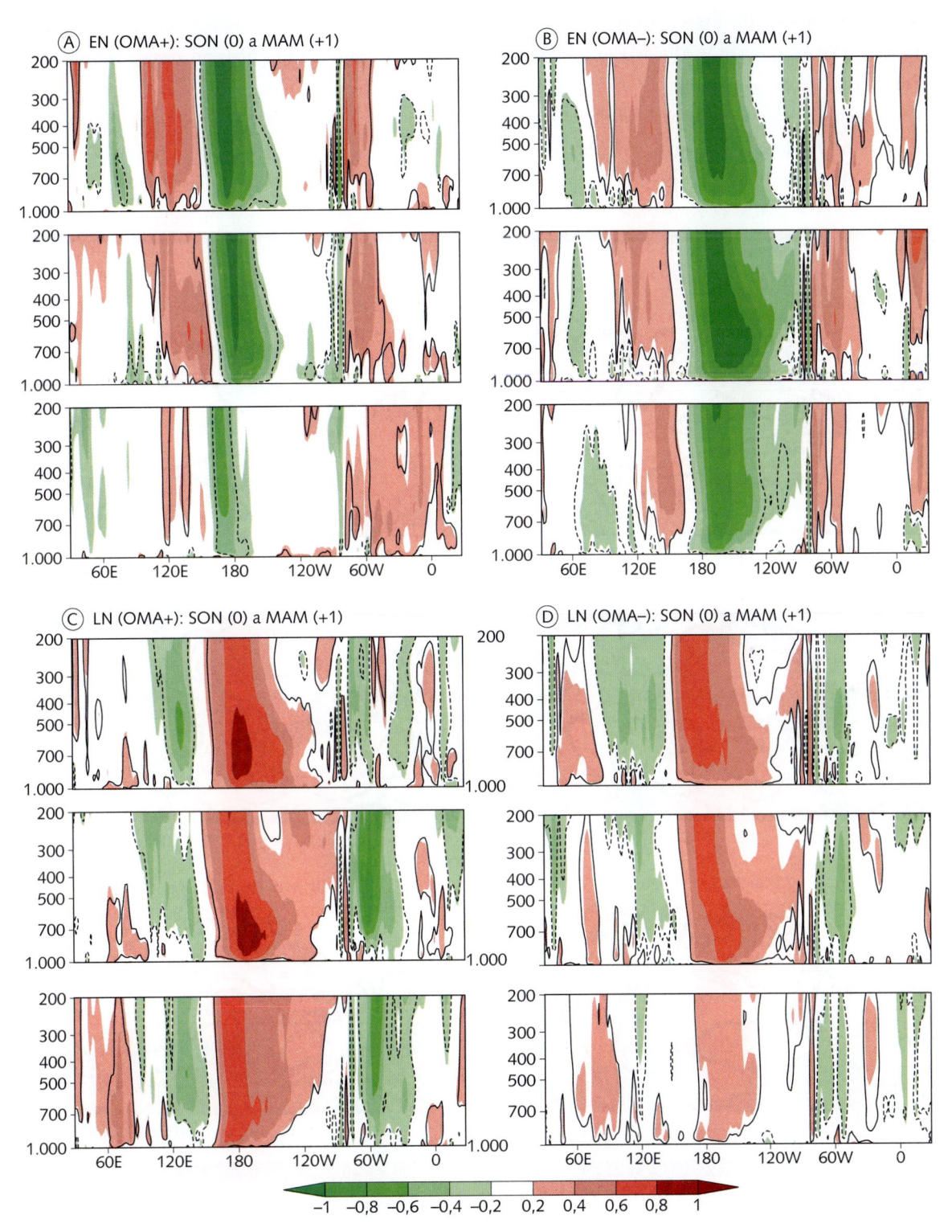

Fig. 8.11 Seções longitude-verticais sazonais de anomalias de ômega para (A) EN na OMA+, (B) EN na OMA–, (C) LN na OMA+ e (D) LN na OMA–. A convenção gráfica é a mesma da Fig. 8.6

do que quando uma das oscilações está na fase quente e a outra, na fase fria. A razão para isso é que os Oceanos Atlântico e Pacífico Tropical têm uma relação inversa de TSM na escala multidecenal, de tal modo que OMA+ (OMA–) induz ODP– (ODP+), como mostrado por Kucharski et al. (2016). Esses autores mostraram que durante a OMA+ os ventos alísios são acelerados anomalamente no Pacífico Equatorial Central, o que fortalece o mecanismo de retroalimentação de Bjerknes. Já esse mecanismo fortalece a ressurgência na costa oeste equatorial da América do Sul, contribui para esfriar o Pacífico Tropical e induz as condições de ODP–. O mesmo raciocínio é válido para a relação OMA– e ODP+.

Os estados básicos anômalos OMA+/ODP– e OMA–/ODP+ foram construídos considerando o período de 1901-2011 e estão ilustrados na Fig. 8.12, excetuando-se o período de 1925-1929 no caso da OMA–/ODP+, em razão de que nesse período o índice da OMA apresentou valores quase neutros. Esses dois estados básicos têm diferenças marcantes nos padrões de anomalias de TSM nos Oceanos Atlântico e Pacífico Tropical. O padrão de anomalias de TSM para OMA+/ODP– (OMA–/ODP+) é a combinação dos padrões individuais de OMA+ (OMA–) e ODP– (ODP+), de modo que em algumas áreas as anomalias são fortalecidas e em outras são enfraquecidas, em relação aos padrões individuais. Assim, seus efeitos

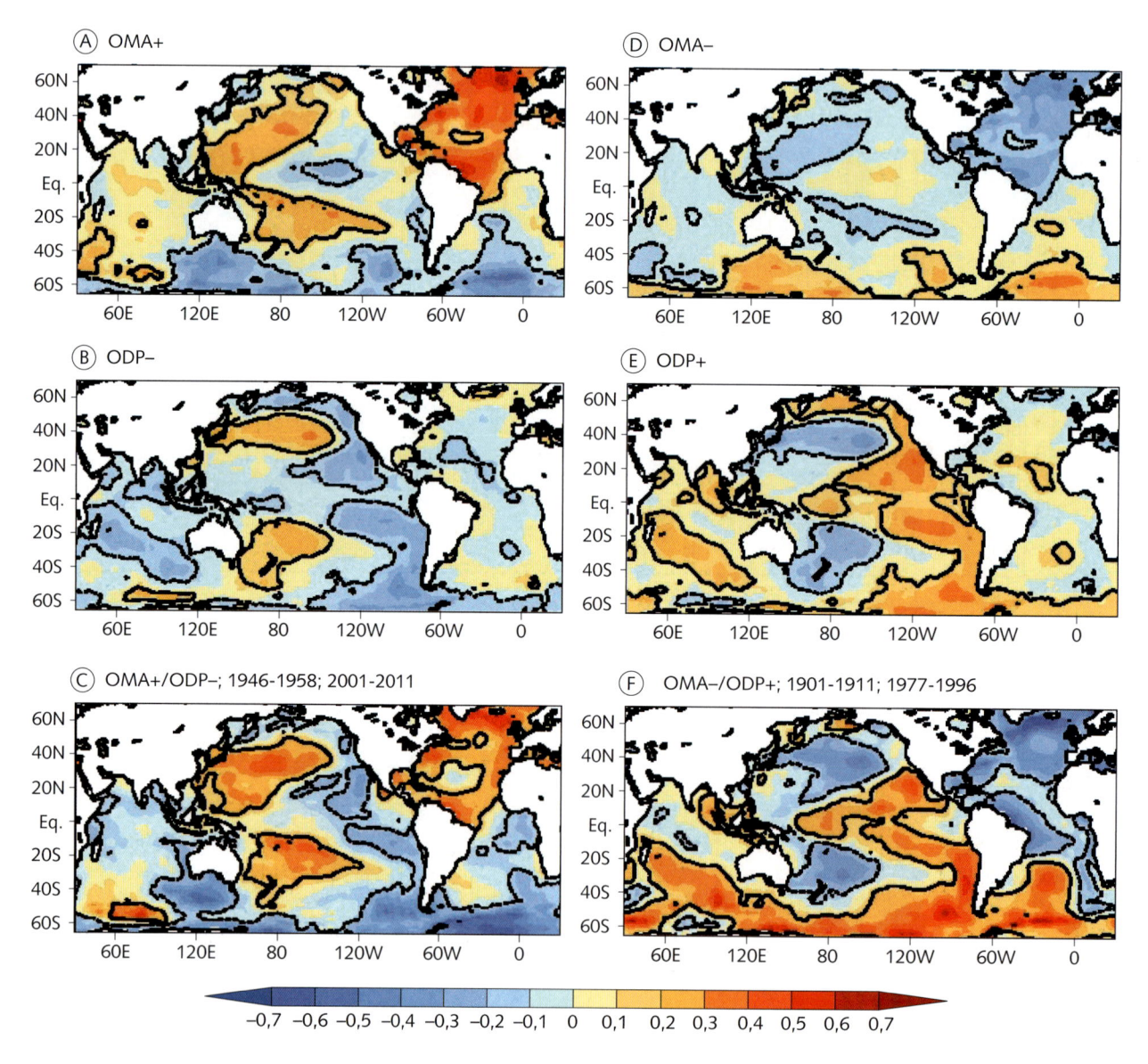

Fig. 8.12 ATSMs anuais para (A) OMA+, (B) ODP–, (C) OMA+/ODP–, (D) OMA–, (E) ODP+ e (F) OMA–/ODP+. A convenção gráfica é a mesma da Fig. 8.2
Fonte: adaptado de Kayano, Andreoli e Souza (2020).

nos extremos do ENOS devem também ser marcantes. As características desses dois estados básicos e do estado básico OMA–/ODP– foram discutidas em Kayano, Andreoli e Souza (2020).

Os efeitos desses dois estados básicos nos desenvolvimentos dos extremos de ENOS são ilustrados nas Figs. 8.13 e 8.14. O EN na OMA+/ODP– tem características de ENCP e o EN na OMA–/ODP+ tem características de ENEP. Essa diferença não é tão notável para a LN, apesar de a LN na OMA–/ODP+ apresentar característica de LNCP em alguns meses. Além disso, os eventos EN mostram diferenças na intensidade e na duração entre os dois estados básicos. Os ENEP na OMA–/ODP+ são mais persistentes e mais intensos do que os ENCP da OMA+/ODP–.

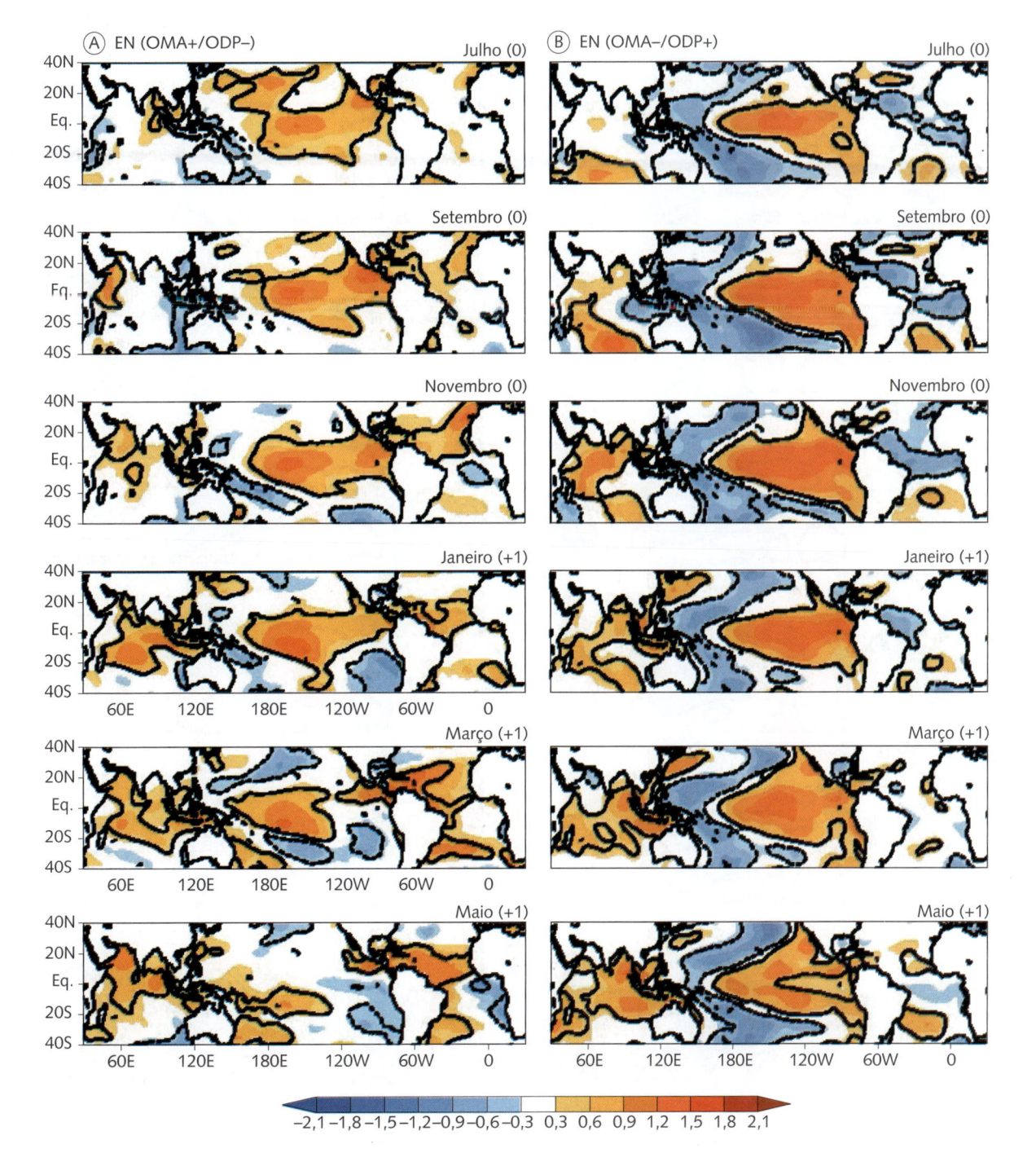

FIG. 8.13 ATSMs mensais para (A) EN na OMA+/ODP– e (B) EN na OMA–/ODP+. A convenção gráfica é a mesma da Fig. 8.2

No caso da OMA−/ODP+, a persistência de anomalias positivas de TSM no Pacífico Tropical associadas à ODP+ favorecem o fortalecimento e persistência de anomalias positivas de TSM associadas ao EN. Por outro lado, no caso da OMA+/ODP−, a persistência de anomalias negativas de TSM no Pacífico Tropical associadas à ODP− enfraquecem mais rapidamente as anomalias positivas de TSM associadas ao EN. Os efeitos desses estados básicos anômalos na circulação atmosférica tropical e na precipitação sobre a América do Sul durante anos de LN foram discutidos por Kayano, Andreoli e Souza (2019), e os efeitos durante anos de EN, também por Kayano, Andreoli e Souza (2020).

8.6 Considerações finais

Entre os diversos modos de variabilidade decenal a multidecenal, destacam-se um modo cujo centro de ação se

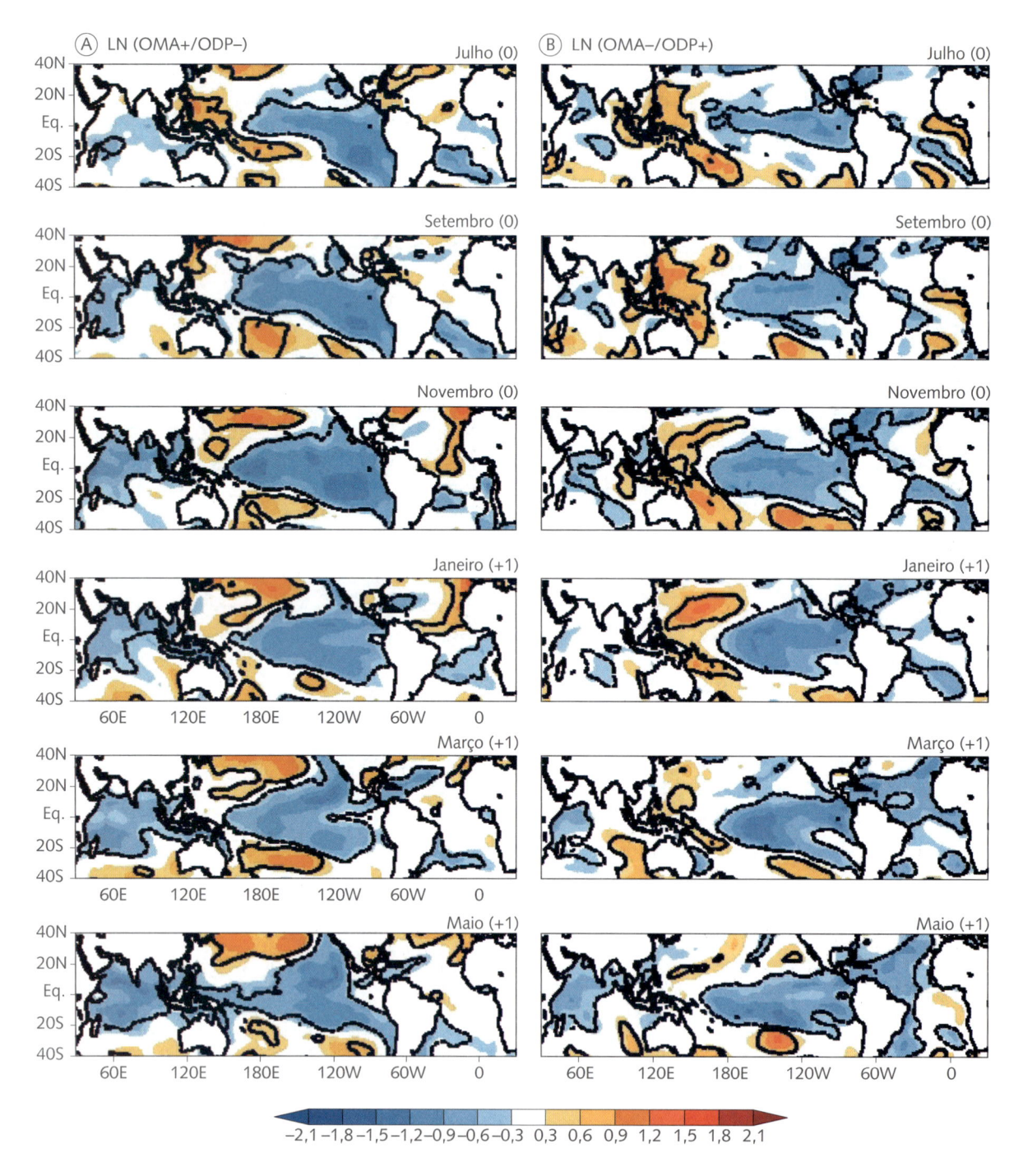

Fig. 8.14 ATSMs mensais para (A) LN na OMA+/ODP− e (B) LN na OMA−/ODP+. A convenção gráfica é a mesma da Fig. 8.2

encontra no Pacífico, a ODP, e outro cujo centro de ação se encontra no Atlântico, a OMA. Ambos modulam o ENOS, podendo mudar suas características, como a posição de seus centros de ação e suas intensidades, com reflexos diretos nas teleconexões climáticas associadas. Os EN na ODP+ têm características de ENEP, e os EN na ODP–, de ENCP; as LN na ODP+ têm características de LNCP, e as LN na ODP–, de LNEP. Por outro lado, os EN na OMA+ apresentam padrão de ENCP, e os EN na OMA–, de ENEP. A distinção dos tipos de LN, dependendo da fase da OMA, não é tão evidente. No entanto, é notável que os EN na OMA– são mais intensos do que os EN na OMA+, e as LN na OMA+ são mais intensas do que as LN na OMA–. Isso decorre da presença do gradiente interbacias entre o Pacífico Equatorial Leste e o Atlântico Leste nos casos de EN na OMA– e LN na OMA+, o que fortalece a célula anômala de Walker.

Neste capítulo tratamos também dos efeitos do EN e da LN na precipitação sobre a América do Sul, com ênfase nas áreas do Brasil, considerando que esses eventos ocorrem em fases distintas da ODP e da OMA. As diferenças entre as duas fases da ODP e entre as duas fases da OMA nos padrões anômalos de precipitação associados ao ENOS são marcantes. Outro aspecto tratado aqui se refere à ocorrência simultânea de OMA e ODP, que estabelece um estado básico anômalo de TSM nos Oceanos Atlântico e Pacífico Tropical. Os casos OMA+/ODP– e OMA–/ODP+ mostram padrões de anomalias de TSM com sinais opostos tanto no setor Atlântico como Pacífico, e, assim, os eventos extremos de ENOS (EN ou LN) que se desenvolvem nesses estados básicos podem apresentar diferenças marcantes. No entanto, as atividades rotineiras de monitoramento climático não levam em conta as fases da ODP e da OMA. Os resultados apresentados sugerem que o monitoramento climático poderá ser melhorado se forem levadas em consideração não somente as fases do ENOS, mas também as fases da ODP e da OMA, bem como as diferenças que existem em termos de efeitos da variabilidade interanual diante das fases dos modos de baixa frequência.

Referências bibliográficas

ANDREOLI, R. V.; KAYANO, M. T. ENSO-related rainfall anomalies in South America and associated circulation features during warm and cold Pacific decadal oscillation regimes. *Int. J. Climatology*, v. 25, p. 2017--2030, 2005.

ASHOK, K.; BEHERA, S. K.; RAO, S. A.; WENG, H. Y.; YAMAGATA, T. El Niño Modoki and its possible teleconnection. *Journal of Geophysical Research*, v. 112, C11007, 2007. DOI: 10.1029/2006JC003798.

COMPO, G. P.; WHITAKER, J. S.; SARDESHMUKH, P. D.; MATSUI, N.; ALLAN, R. J.; YIN, X.; GLEASON, B. E.; VOSE, R. S.; RUTLEDGE, G.; BESSEMOULIN, P.; BRÖNNIMANN, S.; BRUNET, M.; CROUTHAMEL, R. I.; GRANT, A. N.; GROISMAN, P. Y.; JONES, P. D.; KRUK, M.; KRUGER, A. C.; MARSHALL, G. J.; MAUGERI, M.; MOK, H. Y.; NORDLI, O.; ROSS, T. F.; TRIGO, R. M.; WANG, X. L.; WOODRUFF, S. D.; WORLEY, S. J. The Twentieth Century Reanalysis Project. *Quarterly Journal of the Royal Meteorological Society*, v. 137, p. 1-28, 2011. DOI: 10.1002/qj.776.

DESER, C.; ALEXANDER, M. A.; TIMLIN, M. S. Upper-ocean variations in the North Pacific during 1970-91. *Journal of Climate*, v. 9, p. 1840-1855, 1996.

ENFIELD, D. B.; MESTAS-NUÑEZ, A. M. Multiscale variabilities in global sea surface temperatures and their relationships with tropospheric climate patterns. *Journal of Climate*, v. 12, p. 2719-2733, 1999.

ENFIELD, D. B.; MESTAS-NUÑEZ, A. M.; TRIMPLE, P. J. The Atlantic multidecadal oscillations and its relation to rainfall and river flows in the continental U.S. *Geophysical Research Letters*, v. 28, p. 2077-2080, 2001. DOI: 10.1029/2000GL012745.

GARCIA, S. R.; KAYANO, M. T. Multidecadal variability of moisture and heat budgets of the South American monsoon system. *Theoretical and Applied Climatology*, v. 121, p. 557-570. 2015. DOI: 10.1007/s00704-014-1265-1.

GOLDENBERG, S. B.; LANDSEA, C. W.; MESTAS--NUÑEZ, A. M.; GRAY, W. M. The recent increase in Atlantic hurricane activity: causes and implications. *Science*, v. 293, p. 474-479, 2001. DOI: 10.1126/science.1060040.

HARE, S. R.; MANTUA, N. J. Empirical evidence for North Pacific regime shifts in 1977 and 1989. *Progress in Oceanography*, v. 47, p. 103-146, 2000.

HUANG, B.; BANZON, V. F.; FREEMAN, E.; LAWRIMORE, J.; LIU, W.; PETERSON, T. C.; SMITH, T. M.; THORNE, P. W.; WOODRUFF, S. D.; ZHANG,

H.-M. Extended reconstructed sea surface temperature version 4 (ERSST.v4). Part I: Upgrades and intercomparisons. *Journal of Climate*, v. 28, p. 911-930, 2015. DOI: 10.1175/JCLI-D-14-00006.1.

KAYANO, M. T.; ANDREOLI, R. V. Relations of South American summer rainfall interannual variations with the Pacific Decadal Oscillation. *International Journal of Climatology*, v. 27, p. 531-540, 2007. DOI: 10.1002/joc.1417.

KAYANO, M. T.; CAPISTRANO, V. B. How the Atlantic multidecadal oscillation (AMO) modifies the ENSO influence on the South American rainfall. *International Journal of Climatology*, v. 34, p. 162-178, 2014. DOI: 10.1002/joc.3674.

KAYANO, M. T.; ANDREOLI, R. V.; SOUZA, R. A. F. ENSO-related teleconnections over South America under distinct AMO and PDO backgrounds: La Niña. *International Journal of Climatology*, v. 39, p. 1359-1372, 2019.

KAYANO, M. T.; ANDREOLI, R. V.; SOUZA, R. A. F. Pacific and Atlantic multidecadal variability relations to the El Niño events and their effects on the South American rainfall. *International Journal of Climatology*, v. 40, p. 2183-2200, 2020.

KAYANO, M. T.; OLIVEIRA, C. P.; ANDREOLI, R. V. Interannual relations between South American rainfall and tropical sea surface temperature anomalies before and after 1976. *International Journal of Climatology*, v. 29, p. 1439-1448, 2009. DOI: 10.1002/joc.1824.

KAYANO, M. T.; CAPISTRANO, V. B.; ANDREOLI, R. V.; SOUZA, R. A. F. A further analysis of the tropical Atlantic SST modes and their relations to northeastern Brazil rainfall during different phases of the Atlantic multidecadal oscillation. *International Journal of Climatology*, v. 36, p. 4006-4018, 2016. DOI: 10.1002/joc.4610.

KERR, R. A. A North Atlantic climate pacemaker for the centuries. *Science*, v. 288, p. 1984-1986, 2000. DOI: 10.1126/science.288.5473.1984.

KUCHARSKI, F.; IKRAM, F.; MOLTENI, F.; FARNETI, R.; KANG, I.-S.; NO, H.-H.; KING, M. P.; GIULIANI, G.; MOGENSEN, K. Atlantic forcing of Pacific decadal variability. *Climate Dynamics*, v. 46, p. 2337-2351, 2016.

MANTUA, N. J; HARE, S. R.; ZHANG, Y.; WALLACE, J. M.; FRANCIS, R. C. A Pacific interdecadal climate oscillation with impacts on salmon production. *Bull. Amer. Meteor. Soc.*, v. 78, p. 1069-1079, 1997.

MESTAS-NUÑEZ, A. M.; ENFIELD, D. B. Eastern equatorial Pacific SST variability: ENSO and non-ENSO components and their climate associations. *Journal of Climate*, v. 14, p. 391-402, 2001. Disponível em: <https://doi.org/10.1175/1520-0442(2001)014<0391:EEPSVE>2.0.CO;2>.

SCHLESINGER, M. E.; RAMANKUTTY, N. An oscillation in the global climate system of period 65-70 years. *Nature*, v. 367, p. 723-726, 1994.

SCHNEIDER, U.; BECKER, A.; FINGER, P.; MEYER-CHRISTOFFER, A.; ZIESE, M.; RUDOLF, B. GPCC's new land surface precipitation climatology based on quality-controlled in situ data and its role in quantifying the global water cycle. *Theoretical and Applied Climatology*, v. 115, p. 15-40, 2014. DOI: 10.1007/s00704-013-0860-x.

SEAGER, R.; KUSHNIR, Y.; NAIK, N. H.; CANE, M. A.; MILLER, J. Wind-driven shifts in the latitude of the Kuroshio-Oyashio extention and generation of SST anomalies on decadal timescales. *Journal of Climate*, v. 14, p. 4249-4265, 2001.

TIMMERMANN, A.; OKUMURA, Y.; AN, S. I.; CLEMENT, A.; DONG, B.; GUILYARDI, E.; HU, A.; JUNGCLAUS, J. H.; RENOLD, M.; STOCKER, T. F.; STOUFFER, R. J.; SUTTON, R.; XIE, S. P.; YIN, J. The influence of a weakening of the Atlantic meridional overturning circulation on ENSO. *Journal of Climate*, v. 20, p. 4899-4919, 2007.

TRENBERTH, K. E. Recent observed interdecadal climate changes in the Northern Hemisphere. *Bull. Amer. Meteor. Soc.*, v. 71, p. 988-993, 1990.

TRENBERTH, K. E. The Definition of El Niño. *Bulletin of the American Meteorological Society*, v. 78, p. 2771-2777, 1997.

TRENBERTH, K. E.; HURRELL, J. W. Decadal atmospheric-ocean variations in the Pacific. *Climate Dynamics*, v. 9, p. 303-319, 1994.

WANG, B. Interdecadal changes in El Niño onset in the last four decades. *Journal of Climate*, v. 8, p. 267-285, 1995.

ZHANG, Y.; WALLACE, J. M.; BATTISTI, D. ENSO-like interdecadal variability: 1900-93. *Journal of Climate*, v. 10, p. 1004-1020, 1997.

9| Monção na América do Sul

Manoel Alonso Gan
Luís Ricardo Rodrigues
Vadlamudi Brahmananda Rao

Várias regiões na faixa tropical do globo caracterizam-se por um regime de circulação, particularmente de ventos e precipitação, chamado de sistema de monção. Nessas regiões, mais de 2 bilhões de pessoas vivem em países em desenvolvimento, cujo principal fator econômico é a agricultura. Além da agricultura, uma crescente preocupação com o uso da água, seja no dia a dia, seja na sua transformação em energia por meio de hidrelétricas, mostra a importância de se conhecer as variabilidades intrassazonal, sazonal, interanual e de longo prazo da circulação atmosférica de uma determinada região nesse regime.

A definição mais simples de monção relaciona-se a uma determinada região onde é observada a reversão sazonal da direção do vento, causando verões chuvosos e invernos secos (Moran; Morgan, 1986). A região central da América do Sul apresenta um ciclo anual de precipitação bem definido, com seis meses secos e seis chuvosos (Fig. 9.1), e 90% dessa precipitação ocorrem durante os meses mais quentes do ano. Apesar dessa constatação, no passado não era considerado que essa região tivesse uma circulação de monção, devido ao fato de os ventos em baixos níveis não reverterem sua direção durante a mudança da estação seca para a chuvosa e vice-versa. Estudos recentes mostram que a região central da América do Sul apresenta algumas características similares à circulação de monção observada em outras partes do globo.

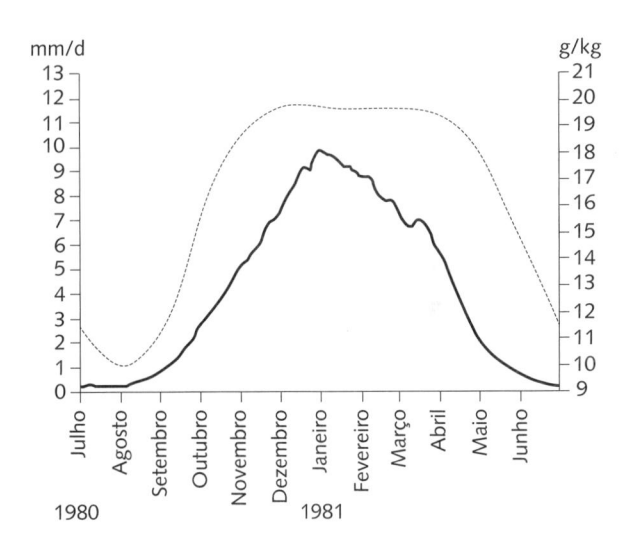

Fig. 9.1 Ciclo anual da precipitação diária (mm/dia – linha contínua) e da umidade específica (g/kg – linha tracejada) em 925 hPa para a região entre 10° S-20° S; 50° W-60° W, para o período de 1979 a 1997. Os valores diários foram suavizados usando-se uma média corrida de 31 dias
Fonte: adaptado de Gan, Kousky e Ropelewski (2004).

O desenvolvimento do sistema de monção na América do Sul começa durante a primavera, com o aumento da convecção sobre o noroeste da bacia Amazônica em meados de setembro, quando avança para o sudeste, até atingir a longitude de 48° W (Região Sudeste do Brasil) em novembro. A precipitação máxima ocorre durante o verão (dezembro a fevereiro), com o desenvolvimento de convecção profunda sobre a maior parte da região tropical da América do Sul. O transporte de umidade do Oceano Atlântico, associado à sua reciclagem sobre a floresta tropical, mantém a precipitação máxima sobre o Brasil Central, favorecendo a formação da Zona de Convergência do Atlântico Sul (ZCAS) durante os meses de verão. A fase de decaimento da monção começa no final do verão, quando a convecção se desloca gradualmente para o equador. Durante o outono, o transporte de umidade em baixos níveis, proveniente do oeste da Amazônia, enfraquece devido às frequentes incursões de ar seco e frio proveniente das latitudes médias sobre o interior da região subtropical da América do Sul.

Gan, Kousky e Ropelewski (2004) estudaram as mudanças na circulação atmosférica da América do Sul durante os períodos de transição da estação seca para a chuvosa e vice-versa, na Região Centro-Oeste do Brasil (50° W-60° W; 10° S-20° S), considerando 22 anos de dados (1979 a 2000). Encontraram variações na circulação atmosférica, como a inversão do vento zonal no início e no término da estação chuvosa, na Região Centro-Oeste do Brasil. Seus resultados mostram que os ventos são de leste (oeste) nos baixos (altos) níveis durante a estação seca, e de oeste (leste) na estação chuvosa (Fig. 9.2). Assim, o cisalhamento vertical do vento zonal, que é de oeste durante a estação seca, passa a ser de leste na estação chuvosa. A análise do diagrama Hovmöller (sessão longitude × tempo) da inversão do vento zonal nos baixos níveis (Fig. 9.3) pode dar uma ideia de como se propaga o início da estação chuvosa. Nessa análise, observa-se que o sistema de monção inicia-se no começo de setembro, próximo aos Andes, e propaga-se para o sudeste, atingindo 48° W em dezembro. Assim, a reversão do vento zonal ocorre simultaneamente com o avanço da convecção. Silva e Kousky (2012), identificando o início da estação chuvosa na região de monção da América do Sul, encontraram um padrão semelhante ao da evolução da reversão do vento zonal em baixos níveis observado por Gan, Kousky e Ropelewski (2004), isto é, começa na região noroeste da América do Sul em setembro, propaga para sul-sudeste e atinge a Região Sudeste do Brasil em final de novembro. Outro fator importante na Região Centro-Oeste do Brasil é a mudança na direção do fluxo de umidade integrado verticalmente. Durante a estação seca, este é perpendicular à Cordilheira dos Andes ao norte de 10° S, e, em torno de duas pêntadas antes do início da estação chuvosa, ele começa a girar para sudoeste, favorecendo o transporte de umidade da Amazônia para a Região Centro-Oeste (Fig. 9.4).

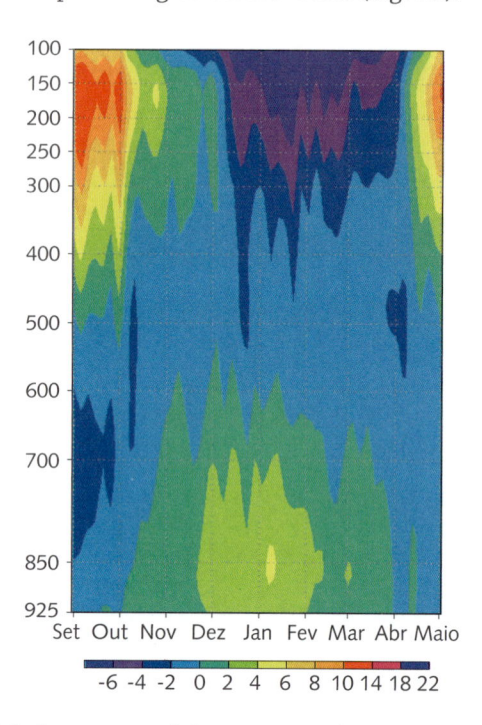

Fig. 9.2 Seção vertical do vento zonal climatológico médio (m s^{-1}) entre as latitudes 10° S-15° S, e as longitudes 60° W-65° W

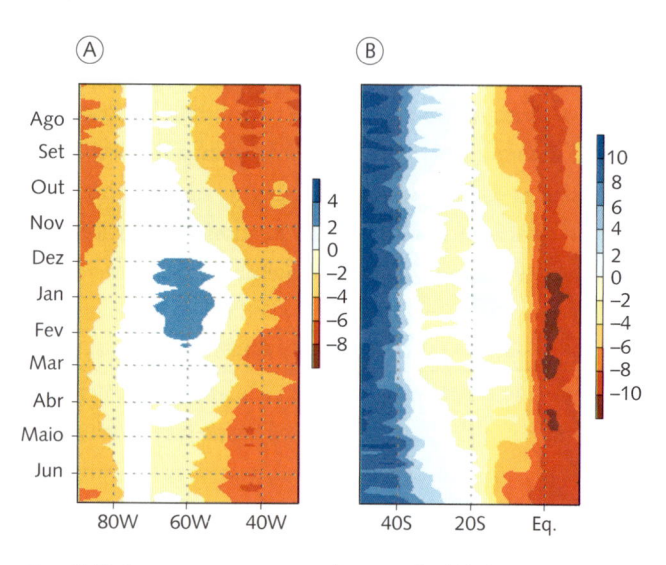

Fig. 9.3 Seção tempo *versus* longitude (A) do vento zonal (m s^{-1}) climatológico em 850 hPa médio entre as latitudes 20° S-10° S, e seção tempo *versus* latitude (B) do vento zonal (m s^{-1}) em 850 hPa médio entre as longitudes 60° W-50° W. Áreas onde o nível de 850 hPa fica abaixo da superfície estão em branco
Fonte: adaptado de Gan, Kousky e Ropelewski (2004).

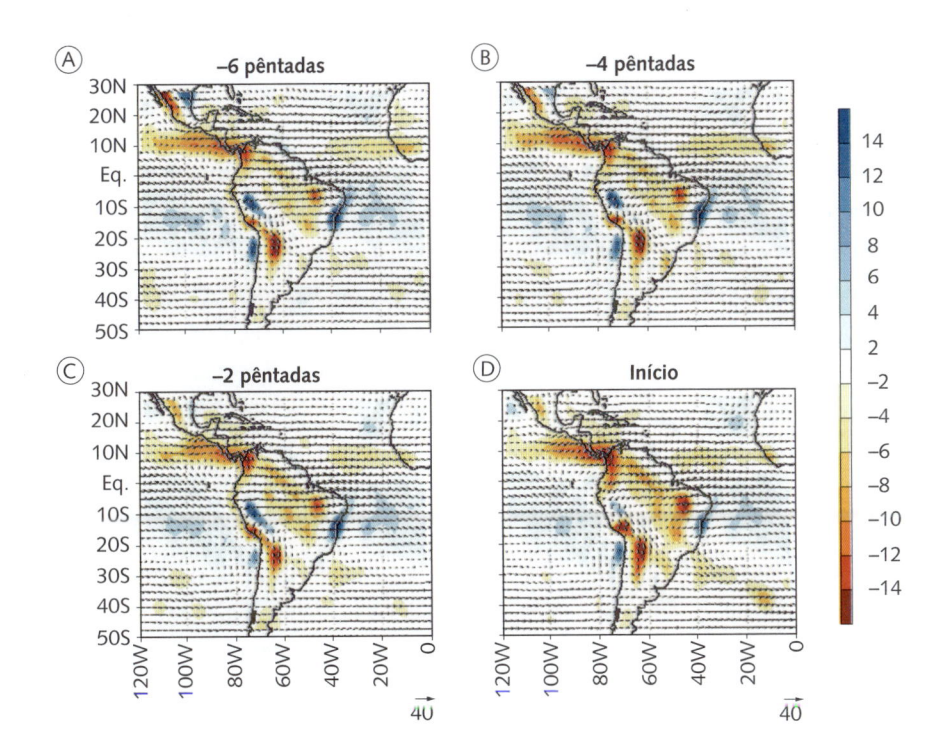

Fig. 9.4 Fluxo de umidade (vetores) e divergência do fluxo de umidade (em cores) em 850 hPa para 6 (A), 4 (B) e 2 (C) pêntadas antes, e a do início da estação chuvosa (D)

Um aumento na temperatura nos baixos níveis sobre a Região Centro-Oeste foi observado por Gan, Kousky e Ropelewski (2004) durante os meses de agosto e setembro, o que implica um aquecimento na baixa troposfera durante o período seco e um ligeiro resfriamento logo após o início da estação chuvosa (Fig. 9.5). O máximo de temperatura forma um gradiente de temperatura negativo entre o equador e essa região, contribuindo para a mudança da direção do vento zonal nos baixos níveis. Os autores verificaram também que a umidade específica nos baixos níveis possui um mínimo no inverno e um máximo no verão austral, porém, o aumento da umidade inicia-se antes do início da estação chuvosa.

Outra característica de monção observada na circulação dos ventos nos altos níveis é a mudança de um escoamento zonal no inverno para um ondulatório no verão, resultando na formação de um anticiclone sobre o altiplano boliviano, conhecido como Alta da Bolívia (AB), e de um cavado na Região Nordeste do Brasil. O desenvolvimento desse anticiclone inicia-se em torno de 6 pêntadas antes do início da estação chuvosa no Centro-Oeste do Brasil, sobre o setor norte da região amazônica, desloca-se para o sul e intensifica-se à medida que a convecção aumenta sobre a região tropical da América do Sul.

9.1 Definição de monção e comparação com a circulação na região central da América do Sul

Existem, na literatura, diferentes maneiras para definir se uma determinada região tem uma circulação de monção. A mais simples é a de Moran e Morgan (1986), na qual uma região está sob circulação de monção quando reversões sazonais na direção do vento causam verões

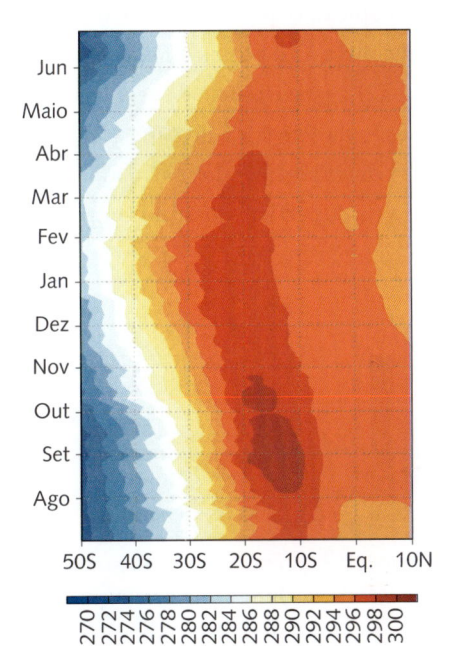

Fig. 9.5 Seção tempo *versus* latitude da temperatura (K) média em 925 hPa entre as longitudes 60° W-50° W
Fonte: adaptado de Gan, Kousky e Ropelewski (2004).

chuvosos e invernos secos. Segundo esses autores, essa circulação se forma devido ao aquecimento diferenciado entre continentes e oceanos, por causa da diferente capacidade que ambos têm de armazenar calor. O aquecimento diferencial entre o oceano e o continente contribui para a formação de um sistema de baixa pressão estabelecido sobre o continente nos meses mais quentes do ano (primavera e, principalmente, verão), criando um gradiente horizontal de pressão no sentido oceano-continente. O ar úmido oriundo do oceano, ao entrar em contato com o continente quente, é aquecido e ascende. Durante sua ascensão, resfria-se adiabaticamente e condensa, formando nuvens e causando precipitação. A liberação de calor latente, associada ao processo de condensação, intensifica ainda mais a convecção e, consequentemente, a precipitação. O ar, ao alcançar os altos níveis, diverge e desce sobre o oceano, em uma superfície relativamente fria, completando, desse modo, a circulação leste-oeste de monção. De acordo com essa definição, pode-se considerar que a região central da América do Sul possui grande parte das características de uma circulação de monção, pois nela, durante o verão, surge essa circulação leste-oeste (Fig. 9.6).

Quanto à reversão sazonal do vento, a região central da América do Sul apresenta somente mudança em relação ao vento zonal médio, com ventos de leste em baixos níveis (até 800 hPa) antes do início da estação chuvosa, e ventos de oeste em médios e altos níveis, isto é, cisalhamento vertical do vento zonal positivo (vento zonal aumenta com a altura) (Fig. 9.2). Durante a estação chuvosa, o cisalhamento vertical do vento zonal inverte-se, passando de positivo na estação seca para negativo na estação chuvosa. Além disso, o momento em que ocorre a mudança na direção do vento zonal em baixos níveis caracteriza o início e o fim da estação chuvosa. Essa mudança na direção do vento zonal em baixos níveis contribui para que a umidade da região amazônica seja transportada para as Regiões Centro-Oeste e Sudeste do Brasil.

Outra definição de monção muito citada na literatura é sugerida por Ramage (1971), segundo o qual, para ser considerada como regime de monção, é preciso que a circulação se enquadre nos seguintes critérios: (1) a mudança da direção do vento que prevalece em pelo menos 120° deve ocorrer entre janeiro e julho; (2) a frequência média da direção do vento que prevalece em janeiro e julho deve exceder 40%; (3) o vento resultante médio deve exceder 3 ms^{-1} em, pelo menos, um dos meses; (4) deve ocorrer menos de uma alternância entre ciclone e anticiclone a cada dois anos, em cada mês, em um retângulo de 50° de latitude-longitude.

De acordo com esses critérios, a região central da América do Sul não seria considerada uma circulação de monção. As regiões nos trópicos que atendem a esses critérios estão localizadas entre 25° S e 35° N de latitude e 30° W e 170° W de longitude, onde estão os continentes africano, asiático e a Oceania. Ramage atribuiu a ausência de circulação de monção na América do Sul a dois fatores: (1) continente muito estreito em sua parte extratropical, o que limitaria a área onde as altas polares estacionárias ou os ciclones térmicos poderiam se formar; e (2) a persistência da ressurgência ao longo da costa oeste da América do Sul, a qual manteria a temperatura da superfície do mar mais baixa do que a temperatura da superfície do ar do continente durante todo o ano.

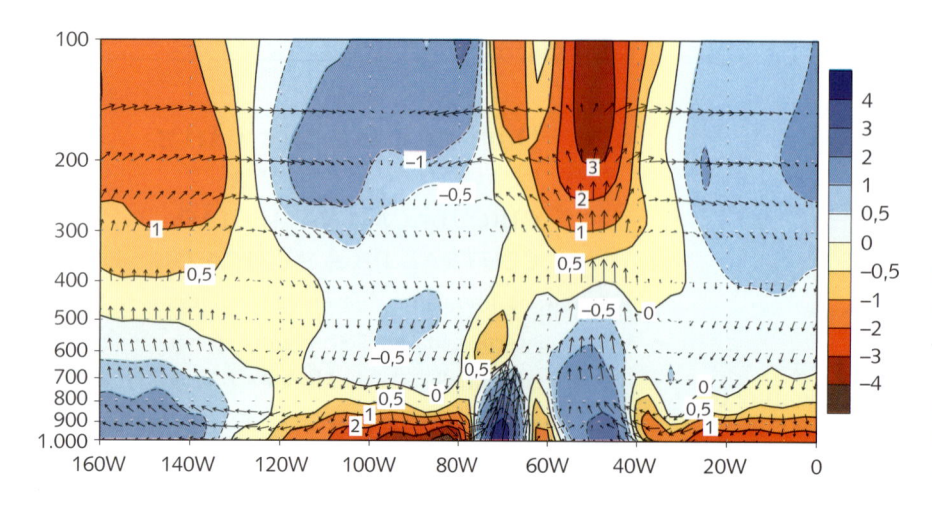

FIG. 9.6 Seção pressão *versus* longitude da circulação divergente (K) média entre as longitudes 10° S-20° S, no período de DJF 1979-1995. Fonte: adaptada de Gan, Kousky e Ropelewski (2004).

Com base na evolução sazonal de algumas características da circulação atmosférica, Zhou e Lau (1998) mostram que o sistema de monção existe sobre a América do Sul. Para esses pesquisadores, a reversão sazonal na direção do vento nos baixos níveis ocorre quando a componente anual média é retirada. Durante o verão austral, após remover o ciclo anual, o escoamento de nordeste em baixos níveis, associado à Alta Subtropical do Atlântico Norte (ASAN), entra na região tropical da América do Sul. Após entrar no continente, o vento em baixos níveis muda de direção de nordeste para noroeste, devido à conservação de vorticidade absoluta e ao efeito de barreira provocado pela Cordilheira dos Andes, convergindo então na região central da América do Sul, onde se encontra a baixa térmica do Chaco. No inverno austral, esse escoamento em baixos níveis torna-se oposto. Essa reversão sazonal na direção do vento em baixos níveis é uma das características que podem provar a existência da circulação de monção na América do Sul.

Segundo a definição sugerida por Asnani (1993), uma região de monção é aquela na qual a Zona de Convergência Intertropical (ZCIT) varia, no mínimo, entre as latitudes de 5° N, em sua posição climatológica mais ao norte, e 5° S, em sua posição climatológica mais ao sul. A Fig. 9.7, que mostra a climatologia da ZCIT realizada por Asnani (1993) para os meses de janeiro e julho, demonstra que a região central da América do Sul satisfaz a definição acima. Além disso, observa-se que essa região central da América do Sul quase coincide com a região proposta por Gan, Kousky e Ropelewski (2004) como tendo uma circulação de monção. Apesar de não esclarecer em seu artigo, Asnani (1993) deve ter usado a atividade convectiva na região tropical da América do Sul para definir o posicionamento climatológico da ZCIT, uma vez que este é semelhante à climatologia para a mesma região feita por Waliser e Gautier (1993), os quais usaram a alta refletividade das nuvens, estimada por satélite, para localizar a ZCIT.

Gadgil (2003) usou observações convencionais e imagens de satélite em um estudo sobre a monção na região da Índia, assinalando que existem dois modelos conceituais sobre o sistema de monção. O primeiro é tal como mostrado nas duas primeiras definições (Moran; Morgan, 1986; Ramage, 1971), e muitas vezes se refere à monção como uma "brisa gigante". O segundo modelo está associado ao deslocamento sazonal da ZCIT, em resposta à variação sazonal da latitude de máxima insolação, como na definição de Asnani (1993). Estudos observacionais e numéricos sugerem que a segunda hipótese (migração da ZCIT) seja mais plausível do que a primeira ("brisa gigante") (Gadgil, 2003).

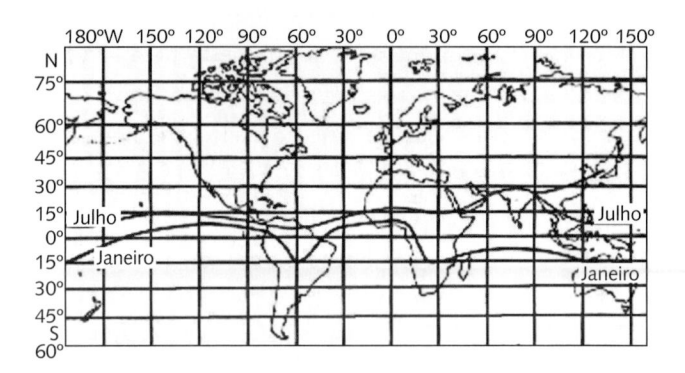

Fig. 9.7 Posição da superfície da ZCIT em janeiro e julho
Fonte: adaptado de Asnani (1993).

Mechoso et al. (2005) resumiram a circulação de monção na América do Sul associando a precipitação resultante da circulação de monção à ZCIT do Atlântico e à ZCAS, como mostrado em estudos de Gan, Kousky e Ropelewski (2004) e Marengo et al. (2001). Na Fig. 9.8A, vê-se que a corrente de jato de baixos níveis (CJBN) desempenha um papel importante no transporte de umidade da região amazônica (umidade proveniente, em grande parte, do Oceano Atlântico e reciclada nessa região) até a parte central da América do Sul, e, consequentemente, aumenta a convergência do fluxo de umidade e a precipitação na região da baixa térmica do Chaco. Em altos níveis, a AB é observada próximo da região de máxima precipitação. Na Fig. 9.8B, observa-se a subsidência sobre o Pacífico associada à circulação de monção. Essa subsidência cria uma camada de estratos-cúmulos no lado oeste da América do Sul e tem características semelhantes às observadas sobre regiões de monção em outras partes do globo. Mechoso et al. (2005) concluíram também que a massa continental, a orografia e a temperatura da superfície do oceano definem as características da monção da América do Sul.

9.2 Definição do início da estação chuvosa

Na monção da América do Sul, a ZCIT do Oceano Pacífico, localizada aproximadamente a 10° N, ajuda a desestabilizar a atmosfera e a organizar a convecção sobre o continente, especificamente na região noroeste da Amazônia, marcando o início da estação chuvosa nessa região. Essa convecção sobre o continente, ou seja, a Zona de Convergência Tropical (ZCT) da América do Sul, como proposto por Gadgil (2003) para a região da Índia, começa a propagar-se de noroeste para sudeste (Fig. 9.9A). No fim da estação chuvosa, quando a ZCT começa a deslocar-se na direção sudeste a noroeste, observa-se uma ligação entre a ZCT e a ZCIT do Oceano Atlântico, como na monção indiana (Fig. 9.9B).

Gan, Kousky e Ropelewski (2004) notaram, em um período de 21 anos de dados, que o início, o fim e a duração de cada estação chuvosa na região central da América do Sul variam de ano para ano, como em outras regiões monçônicas. Segundo os autores, a estação chuvosa na Região Centro-Oeste do Brasil não se inicia antes da pêntada centrada em 15 de setembro e nem depois da pêntada de 14 de novembro, e o término não ocorre antes da pêntada centrada em 3 de abril e nem depois da pêntada de 3 de maio, totalizando uma duração de, no mínimo, 30 pêntadas (150 dias) e, no máximo, 44 pêntadas (220 dias). Em média, o início ocorre na pêntada centrada em 15 de outubro, termina em 18 de março, e a duração é de 38 pêntadas (190 dias). Porém, o início da estação chuvosa tem uma maior variabilidade do que o fim, o que poderia estar associado aos sistemas dinâmicos de escala sinótica atuantes nessa região, os quais iniciariam e organizariam a convecção.

9.3 Fases ativas e inativas da monção

A precipitação associada à monção não é contínua durante toda a estação chuvosa, tendo uma sequência de fases ativas e inativas. A frequência e a intensidade das fases ativas e inativas variam de ano para ano; por isso, em alguns anos, a estação chuvosa pode ser mais úmida ou mais seca que a climatologia. Durante o período de verão na América do Sul, surgem dias com pouca ou com muita precipitação. Esses períodos estão associados ao vento zonal de leste em baixos níveis nos períodos secos (fase inativa), e aos ventos zonais de oeste nos períodos chuvosos (fase ativa). Os períodos inativos podem estar associados à intensificação do JBN a leste dos Andes.

Como observado por Gadgil (2003), a fase ativa da monção indiana caracteriza-se pela presença de sistemas sinóticos (por exemplo, ciclones tropicais, sistemas convectivos) formados sobre o oceano aquecido (baía de Bengala), que se dirigem para a região monçônica no continente. A atuação de sistemas sinóticos (como sistemas frontais e vórtices ciclônicos em altos níveis) também foi observada por Gan, Kousky e Ropelewski (2004)

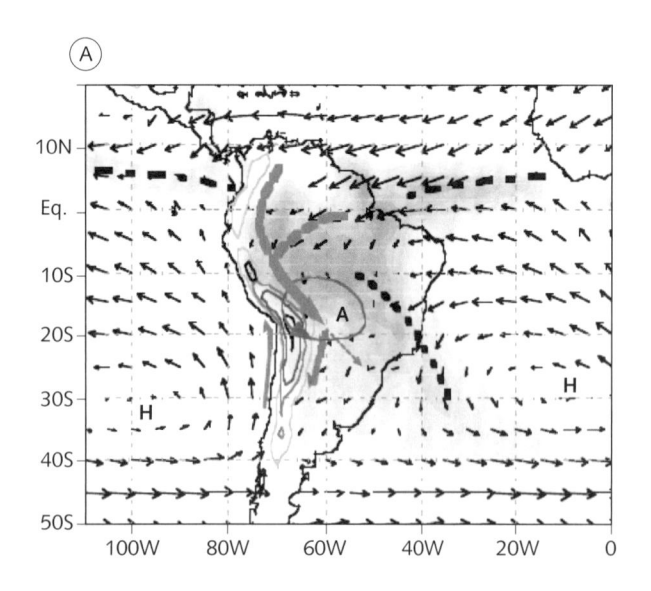

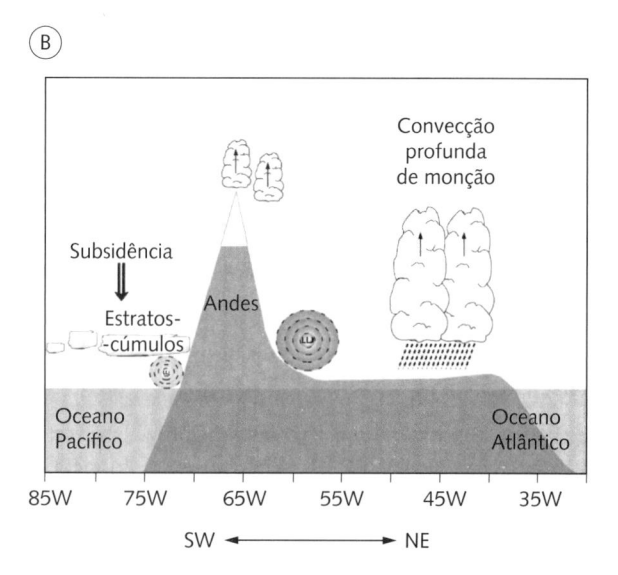

Fig. 9.8 (A) Esquema ilustrativo do sistema de monção na América do Sul. A parte sombreada indica a precipitação e a linha tracejada, as zonas de convergência. Os vetores menores indicam o vento em baixos níveis (900 hPa); o vetor maior indica a CJBN; H indica o Anticiclone Subtropical e A indica a AB. (B) Esquema da seção vertical do sistema de monção na América do Sul sobre uma linha de nordeste-sudoeste desse continente
Fonte: Mechoso et al. (2005).

e Grimm, Vera e Mechoso (2005), na região central da América do Sul. Esses sistemas muitas vezes interagem com a convecção tropical, aumentando o total de precipitação na região monçônica, tanto na América do Sul quanto na Índia. Por outro lado, sua ausência diminui o total de precipitação, caracterizando o período inativo. Alguns estudos observaram que a atividade desses sistemas que modulam o regime de precipitação na região de monção é, de alguma forma, afetada pela Oscilação de Madden-Julian (OMJ). Tais fases ativas e inativas são acompanhadas de características atmosféricas anômalas, quase opostas entre si. Por causa disso, muitos meteorologistas usam outros critérios, além da própria precipitação, para caracterizar um período ativo ou inativo. Por exemplo, em períodos ativos (inativos) na região central da América do Sul, Gan, Kousky e Ropelewski (2004) observaram que, além da anomalia positiva (negativa) no campo de precipitação, ocorrem anomalias nos campos de pressão e circulação dos ventos em baixos e altos níveis. No período ativo, na região central da América do Sul, foram observadas anomalia negativa no campo de pressão atmosférica, anomalia ciclônica na circulação em baixos níveis e anomalia anticiclônica na circulação em altos níveis. No período inativo, observou-se o oposto.

Jones e Carvalho (2002), estudando as variações intrassazonais (10 a 70 dias) da circulação em baixos níveis nos períodos ativos e inativos da monção na região central da América do Sul, observaram anomalias de ventos de oeste associadas a períodos ativos da monção, enquanto anomalias de ventos de leste, a períodos inativos. Uma característica interessante observada nesse estudo foi o dipolo no campo de anomalia de precipitação entre as regiões central e noroeste da América do Sul. Durante o regime de anomalia de ventos de oeste (fase ativa da monção), observou-se anomalia positiva de precipitação na região central da América do Sul, e anomalia negativa de precipitação na região noroeste. O oposto ocorreu durante o regime de ventos de leste. Os autores observaram uma semelhança no escoamento em baixos níveis entre as fases ativas (inativas) com as anomalias mensais durante um mês chuvoso (seco) de Zhou e Lau (1998).

No estudo de Rao, Cavalcanti e Hada (1996) e de Herdies et al. (2002), fez-se uma associação entre vento zonal e transporte meridional de umidade do Oceano Atlântico, passando pela região amazônica, até a região de convecção. No segundo estudo, observaram-se dois regimes distintos no campo de ROL: um com eventos ZCAS, no qual ventos de oeste foram observados na região sul da Amazônia, e outro sem eventos ZCAS, com ventos de leste observados na mesma região. No primeiro caso, forte convergência de umidade e, consequentemente, anomalia negativa no campo de ROL, foram observadas na região da ZCAS (uma das componentes do sistema de monção da América do Sul), e fraca convergência e/ou divergência de umidade e anomalia positiva no campo de

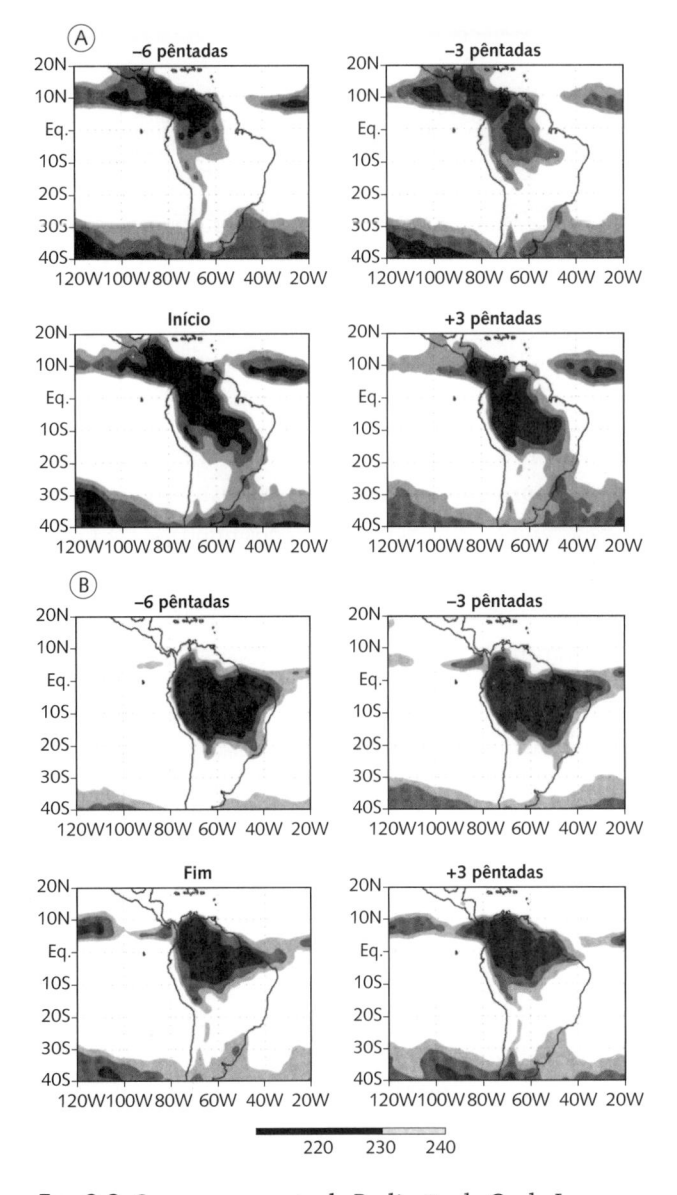

FIG. 9.9 Campo composto de Radiação de Onda Longa (ROL, W m^{-2}) para o período anterior, durante e posterior ao início (A) e ao fim (B) da estação chuvosa na região central da América do Sul
Fonte: adaptado de Gan, Kousky e Ropelewski (2004).

ROL foram observadas na Região Sul do Brasil, Uruguai e norte da Argentina. A forte convergência poderia ser explicada tanto pela presença de ventos de sul na região norte da Argentina e Paraguai, associados à circulação ciclônica observada nessa região durante eventos ZCAS, quanto pela forte componente de norte dos ventos observada na região central da Amazônia. No segundo caso, observou-se o oposto, ou seja, o vento zonal na região sul da Amazônia poderia indicar o transporte meridional de umidade para a região monçônica.

9.4 Fluxos de calor na superfície e umidade no solo

Xue et al. (2006) estudaram os impactos dos processos de superfície na estrutura e características do sistema de monção da América do Sul, assim como sua evolução no início da estação chuvosa. Nesse estudo, o Modelo de Circulação Geral (MCG) do National Centers for Environmental Prediction (NCEP) foi rodado com duas parametrizações diferentes: uma com os processos de vegetação explícitos e a outra sem, a fim de estudar o comportamento dos fluxos de superfície. Na parametrização com processos de vegetação explícitos foram feitas três simulações diferentes, variando a condição inicial e a cobertura da terra. No caso da condição inicial, foram usados os dados de reanálise com e sem observações de umidade do solo. Com isso, verificou-se a importância da umidade do solo na simulação da circulação de monção. No caso da cobertura da terra, foram usados dois tipos de mapas: um com alta resolução e outro com resolução mais grosseira, para conhecer a importância da cobertura vegetal. As parametrizações com e sem os processos de vegetação explícitos mostraram resultados similares em escala global, porém diferenças significantes em escala regional, principalmente na simulação do calor sensível. Em escala regional, o gradiente de temperatura, o escoamento em baixos níveis e o transporte de umidade foram melhor simulados com os processos explícitos de vegetação. Com isso, a evolução da precipitação na monção da América do Sul foi bem captada quando os processos de vegetação foram tratados explicitamente. Entretanto, com observações de umidade do solo na condição inicial, o avanço da precipitação para sudeste na simulação foi ainda mais realístico. Portanto, nesse estudo, a representação explícita dos processos de vegetação propiciou uma melhor simulação dos fluxos de calor no solo, e foi possível ter uma melhor simulação da temperatura, da pressão na superfície e do escoamento em baixos níveis, os quais levam a uma melhor simulação das características regionais do sistema de monção da América do Sul, como, por exemplo, o transporte de umidade e, consequentemente, a precipitação.

Grimm, Pal e Giorgi (2007) estudaram a ligação das condições atmosféricas na primavera com a circulação atmosférica e, consequentemente, com a precipitação observada no verão, na região centro-leste do Brasil, a qual está contida em parte do núcleo da monção da América do Sul. Por meio de análise de correlação e experimento de sensitividade com o modelo climático regional versão 3 (RegCM3), os pesquisadores observaram uma correlação positiva entre a temperatura do ar na superfície no final da primavera, na Região Sudeste do Brasil, e a precipitação no pico da estação chuvosa, na região centro-leste, sendo essas correlações maiores durante eventos El Niño-Oscilação Sul (ENOS), em relação a eventos não ENOS. Esses autores sugeriram a seguinte hipótese para tais correlações: condições de seca (isto é, sem nebulosidade e precipitação) observadas durante a primavera na região centro-leste do Brasil levariam a condições de solo com menos umidade e à maior temperatura do ar na superfície, no final dessa estação. A orografia da Região Sudeste do Brasil faria com que a temperatura nessa região aumentasse ainda mais. Em condições sem nebulosidade, isto é, maior Radiação de Onda Curta (ROC) incidente, há um aquecimento maior das águas oceânicas na costa da Região Sudeste, elevando a temperatura da superfície do mar (TSM). Essas condições levariam ao abaixamento da pressão, a uma maior convergência e ao aumento da convecção na Região Sudeste (Fig. 9.10A). Portanto, é esperada uma circulação ciclônica anômala na Região Sudeste do Brasil, a qual pode aumentar o fluxo de umidade da região amazônica para a região centro-leste (Fig. 9.10B) e, consequentemente, provocar um aumento na convergência do fluxo de umidade, condições favoráveis a um período de precipitação intensa durante o pico da estação chuvosa nessa região. O aumento da TSM também contribuiria, intensificando ainda mais a convecção na região.

Collini et al. (2008) também fizeram um experimento de sensibilidade às condições iniciais de umidade

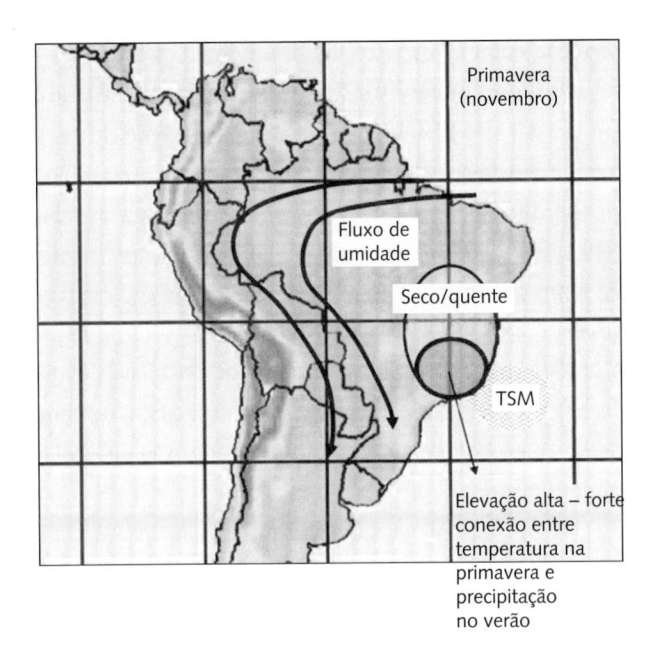

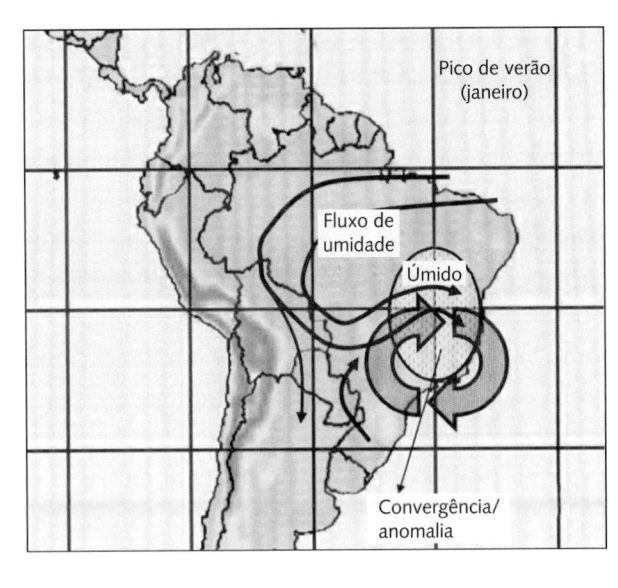

Fig. 9.10 Evolução esquemática das condições com primavera seca (A) para as condições com verão chuvoso no pico da estação chuvosa (B), na região centro-leste do Brasil, por meio do abaixamento da pressão, da convergência do escoamento e da anomalia ciclônica na Região Sudeste do Brasil
Fonte: adaptada de Grimm, Pal e Giorgi (2007).

do solo com o modelo ETA, para estudar a relação entre essa variável e a precipitação no início da estação chuvosa, na monção da América do Sul. Houve simulações para o mês de outubro de quatro anos diferentes, sendo um ano de El Niño (1982), um de La Niña (1983) e dois neutros (1981 e 1999). Para observar o efeito da umidade do solo, foram feitos três tipos de simulação, com 15%, 30% e 45% da umidade inicial, constituindo um conjunto de simulações com 12 membros. Apesar de a modificação da umidade do solo ter sido feita na condição inicial, seu efeito foi observado em toda a integração. Uma melhor resposta à variação na umidade do solo foi observada quando esta foi reduzida, em relação a quando foi aumentada. Nesse estudo, o aumento e a diminuição de umidade do solo foram introduzidos para toda a região da América do Sul, diferentemente de Grimm, Pal e Giorgi (2007), que usaram a umidade do solo apenas para uma região específica (no núcleo da monção, por exemplo). Por outro lado, o *feedback* positivo (aumento da temperatura do ar na superfície no final da primavera e a precipitação em janeiro) entre as duas variáveis é evidente no estudo de Grimm, Pal e Giorgi (2007). Pouca relação foi observada entre a forçante de grande escala (ENOS) e a precipitação no início da estação chuvosa, como observado por Gan, Kousky e Ropelewski (2004).

Collini et al. (2008) sugeriram duas hipóteses para explicar esse *feedback* positivo. A primeira, relacionada a efeitos locais, está associada a mudanças nos fluxos de superfície. Uma diminuição na umidade do solo levaria a um aumento do fluxo de calor sensível e a uma diminuição do fluxo de calor latente (evapotranspiração), e, consequentemente, a um aumento da razão de Bowen. Esses fluxos de calor na superfície tendem a aumentar a ROL perdida para o espaço (ROL torna-se mais negativa) e a ROC ganha pela superfície (ROC torna-se maior), pois uma menor cobertura de nuvens convectivas leva a uma diminuição do albedo, fazendo mais ROC alcançar a superfície. Além disso, alterações nos fluxos de calor em superfície levam a mudanças nas características da camada limite planetária (CLP), ou seja, o aumento do fluxo de calor sensível leva à formação de uma CLP mais quente e profunda, e a diminuição do fluxo de calor latente contribui para a formação de uma CLP mais seca. Com o aumento da temperatura e da umidade na CLP, a energia potencial disponível para convecção (CAPE) aumenta, ao passo que a energia de inibição da convecção (CINE) diminui. Com isso, aumenta a instabilidade da atmosfera. Portanto, a condição da instabilidade (estabilidade) depende de quanto a temperatura e a umidade aumentam (diminuem). A segunda hipótese de Collini et al. (2008), relacionada a efeitos regionais, está associada ao transporte do fluxo de umidade. Uma CLP mais profunda intensifica o JBN e desloca a CLP para níveis mais elevados. Entretanto, por causa da baixa umidade na CLP, provocada pela baixa evapotranspiração, uma diminuição no transporte do fluxo de umidade e na convergência desse fluxo no núcleo da monção diminui a precipitação na região no início da estação chuvosa.

As Figs. 9.11 e 9.12 mostram a variação temporal da temperatura e da umidade específica em 925 hPa, além da precipitação e dos fluxos de calor em superfície, para a Região Centro-Oeste do Brasil (10-20° S e 60-50° W) durante uma estação chuvosa que se iniciou precocemente em meados de setembro de 1992, e uma outra que se iniciou tardiamente no início de dezembro de 2003, respectivamente. Essa análise foi realizada utilizando os dados da reanálise Era-Interim fornecida pelo European Centre for Medium-Range Weather Forecasting. Para identificar o início da estação chuvosa, utilizou-se o índice de precipitação de Gan, Rao e Moscati (2006). Esse índice utiliza a condição de que o limiar da precipitação deve ser superior à média diária climatológica na região por pelo menos 6 das 8 pêntadas subsequentes. A média climatológica da precipitação é de 2,5 mm/dia na reanálise Era-Interim, porém, com o conjunto de dados de Gan e colaboradores, esse limiar era de 4 mm/dia. Nota-se que, no ano em que a estação chuvosa começou precocemente, isto é, em meados de setembro, a temperatura em 925 hPa (Fig. 9.11A) atingiu seu máximo em meados de agosto (um mês antes do início da estação chuvosa), comportamento semelhante apresentado pelo fluxo de calor sensível. Já a umidade específica (Fig. 9.11B), nesse nível, mostrou um mínimo na segunda quinzena de julho e no início de agosto, como era esperado, já que esse é o período mais seco na região. À medida que começa a precipitar na região no período de pré-estação chuvosa, a umidade específica aumenta, assim como o fluxo de calor latente, seguindo um padrão semelhante ao da precipitação.

Já no ano em que a estação chuvosa começou tardiamente, em meados de dezembro, a temperatura do ar (Fig. 9.12A) atingiu seu máximo em meados de setembro, porém, ao se comparar com os valores da temperatura do ar da estação chuvosa que iniciou precocemente (Fig. 9.11A), nota-se que o máximo da temperatura neste ano foi maior, em torno de 3 K. Já a umidade específica (Fig. 9.12B) teve um comportamento diferente do apresentado na Fig. 9.11B, pois nesse ano a umidade específica teve um aumento brusco em setembro. Todavia, o fluxo de calor latente não mostrou esse aumento brusco, indicando que a umidade no solo não teve esse aumento registrado na umidade específica. Esse comportamento pode indicar que grande parte da umidade específica não foi convertida em precipitação, mantendo, assim, o solo seco.

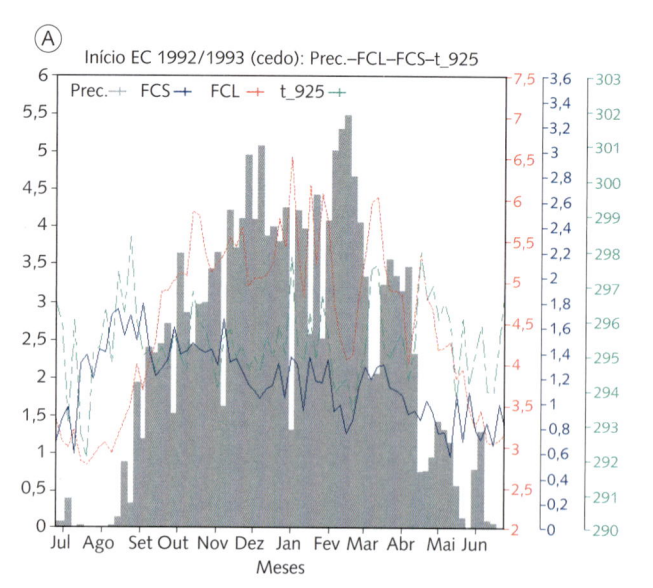

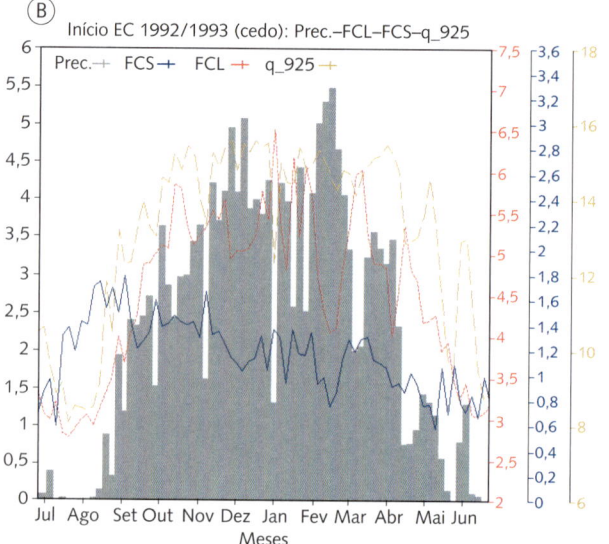

FIG. 9.11 Variação mensal pentadal da média integrada sobre o Brasil Central para as variáveis: precipitação (barras em cinza – mm/m^2), fluxo de calor latente (linha vermelha – W s m^{-2} 10^{-9}), fluxo de calor sensível (linha azul – W s m^{-2} 10^{-9}) em ambas as figuras, (A) temperatura do ar em 925 hPa (linha verde – K) e (B) umidade específica em 925 hPa (linha amarela – g/kg), para o período de jul./1992 a jun./1993

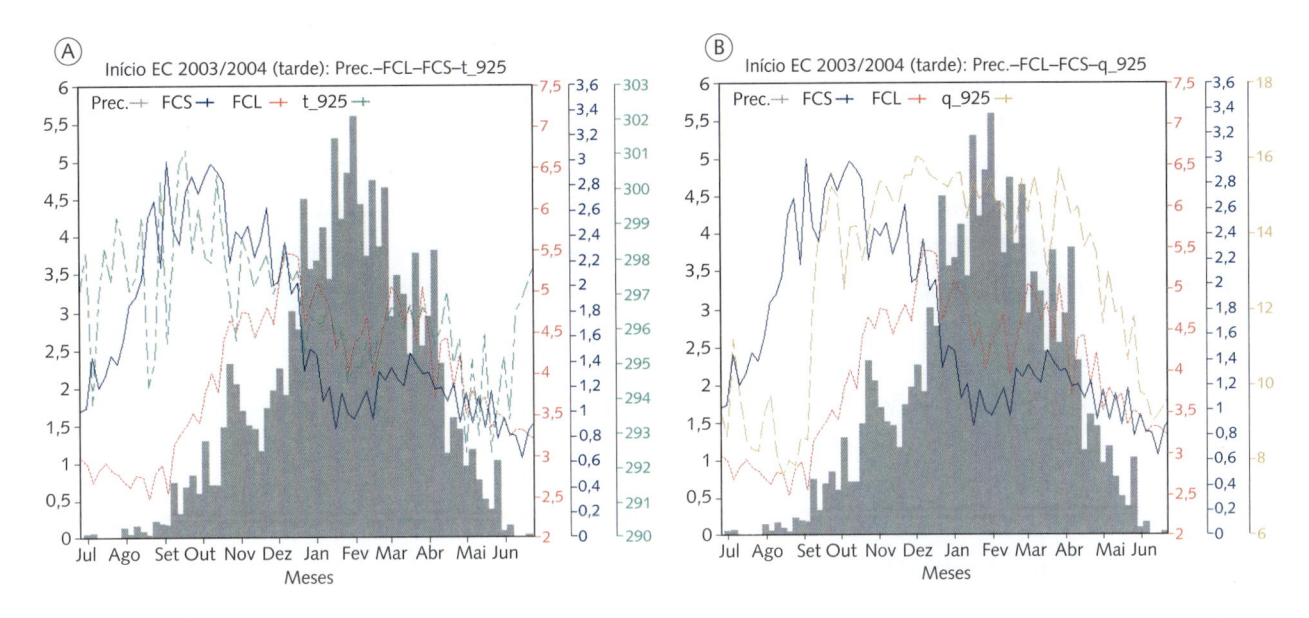

Fig. 9.12 Variação mensal pentadal da média integrada sobre o Brasil Central para as variáveis: precipitação (barras em cinza – mm/m²), fluxo de calor latente (linha vermelha – W s m^{-2} 10^{-9}), fluxo de calor sensível (linha azul – W s m^{-2} 10^{-9}) em ambas as figuras, (A) temperatura do ar em 925 hPa (linha verde – K) e (B) umidade específica em 925 hPa (linha amarela – g/kg), para o período de jul./2003 a jun./2004

9.5 Considerações finais

Neste capítulo, foram abordadas as principais características da evolução da circulação de monção da América do Sul. Mostraram-se algumas definições de monção, as quais foram comparadas com a circulação na região central do continente. Apresentou-se a definição do início da estação chuvosa, assim como a data climatológica do início e do fim da estação chuvosa para a Região Centro-Oeste do Brasil, sendo que a variabilidade nas datas do início da estação chuvosa é um pouco maior do que a do fim dessa estação. Abordaram-se também as características atmosféricas durante os períodos ativos e inativos que ocorrem durante a estação chuvosa, bem como a influência da variabilidade intrassazonal para que esses períodos ocorram. Para finalizar, mostraram-se alguns resultados sobre o comportamento dos fluxos de calor em superfície (latente e sensível) em duas estações chuvosas, uma que se iniciou antes da climatologia e a outra, com atraso.

Referências bibliográficas

ASNANI, G. C. *Tropical meteorology*. Pune, Índia: Nobel Printers, 1993.

COLLINI, E. A.; BERBERY, E. H.; BARROS, V. R.; PYLE, M. E. How does soil moisture infuence the early stages of the south american monsoon? *Journal of Climate*, v. 21, p. 195-213, 2008.

GADGIL, S. The indian monsoon and its variability. *Annual Review of Earth and Planetary Science*, v. 31, p. 429-467, 2003.

GAN, M. A.; KOUSKY, V. E.; ROPELEWSKI, C. F. The South America monsoon circulation and its relationship to rainfall over West-Central Brazil. *Journal of Climate*, v. 17, p. 47-66, 2004.

GAN, M. A.; RAO, V. B.; MOSCATI, M. C. L. South American monsoon indices. *Atmospheric Science Letters*, v. 6, n. 4, p. 219-223, 2006.

GRIMM, A. M.; PAL, J.; GIORGI, F. Connection between Spring conditions and peak Summer monsoon rainfall in South America: Role of soil moisture, surface temperature, and topography in Eastern Brazil. *Journal of Climate*, v. 20, p. 5929-5945, 2007.

GRIMM, A. M.; VERA, C. S.; MECHOSO, C. R. The South American monsoon system. In: CHANG, C. P.; WANG, B.; LAU, N.-C. G. (Eds.). *The global monsoon system*: Research and forecast. Genebra: World Meteorological Organization, WMO/TD, n. 1266 (TMRP Rep. n. 70), 2005. p. 219-238.

HERDIES, D. L.; SILVA, A. da; DIAS, M. A. F. S.; FERREIRA, R. N. The moisture budget of the bimodal pattern of the summer circulation over South

America. *J. Geophys. Res.*, Washington-DC, v. 107, n. D20, p. 42-1-42-10, 2002.

JONES, C.; CARVALHO, L. M. V. Active and break phases in the South American monsoon system. *Journal of Climate*, v. 15, p. 905-914, 2002.

MARENGO, J. A.; LIEBMANN, B.; KOUSKY, V.; FILIZOLA, N.; WAINER, I. Onset and end of the rainy season in the Brazilian Amazon basin. *Journal of Climate*, v. 14, p. 833-852, 2001.

MECHOSO, C. R.; ROBERTSON, A. W.; ROPELEWSKI, C. F.; GRIMM, A. M. The American monsoon systems: An introduction. In: CHANG, C. P.; WANG, B.; LAU, N.-C. G. (Eds.). *The global monsoon system*: research and forecast. Genebra: World Meteorological Organization, WMO/TD, n. 1266 (TMRP Rep. n. 70), 2005. p. 197-206.

MORAN, J. M.; MORGAN, M. D. *Meteorology*: The atmosphere and the science of weather. Minneapolis: Burgess Publishing, 1986.

RAMAGE, C. S. *Monsoon meteorology*. New York: Academic Press, 1971.

RAO, V. B.; CAVALCANTI, I. F. A.; HADA, K. Annual variations of rainfall over Brazil and water vapor characteristics over South America. *J. Geophys. Res.*, v. 101, p. 26539-26551, 1996.

SILVA, V. B. S.; KOUSKY, V. E. The South American Monsoon System: Climatology and Variability. In: WANG, S.-Y. (Ed.). *Modern Climatology*. InTech, 2012. p. 123-152.

WALISER, D. E.; GAUTIER, C. A satellite-derived climatology of the ITCZ. *Journal of Climate*, v. 6, p. 2162-2174, 1993.

XUE, Y.; SALES, F. D.; LI, W.-P.; MECHOSO, C. R.; NOBRE, C. A.; JUANG, H.-M. H. Role of land surface processes in South American monsoon development. *Journal of Climate*, v. 19, p. 741-762, 2006.

ZHOU, J.; LAU, K.-M. Does a monsoon climate exist over South America? *Journal of Climate*, v. 11, p. 1020-1040, 1998.

10 | Teleconexões e suas influências no Brasil

Iracema F. A. Cavalcanti
Tércio Ambrizzi

Neste capítulo são apresentadas as principais configurações de teleconexão em ambos os hemisférios, mecanismos associados e influências na América do Sul e no Brasil. Os estudos mostram como anomalias que ocorrem em algumas regiões podem afetar o clima e o tempo em regiões distantes. Teleconexões associadas ao ENOS são apresentadas no Cap. 7.

10.1 Definição e histórico das teleconexões

A circulação atmosférica tem grande variabilidade, observada nos padrões de sistemas sinóticos e de circulação que ocorrem em diversas escalas de tempo, desde alguns dias (com tempestades e passagens de frentes), algumas semanas (com períodos mais quentes no meio do inverno ou períodos mais secos durante o verão), alguns meses (com invernos mais frios e/ou verões mais quentes), alguns anos (com invernos ou verões anormais por vários anos seguidos), até vários séculos (com mudanças climáticas de longo período).

A palavra teleconexão significa conexão à distância e, em meteorologia, explica como anomalias que ocorrem em uma região são associadas a anomalias em regiões remotas. O termo "padrão de teleconexão", ou simplesmente "teleconexão", refere-se a um padrão recorrente e persistente de anomalias de uma determinada variável, por exemplo, pressão e circulação de grande escala, que cobre vastas áreas geográficas. Padrões de teleconexão são também conhecidos como modos preferenciais de variabilidade de baixa frequência. Embora esses padrões possam persistir por várias semanas ou meses, algumas vezes eles podem se tornar dominantes por vários anos consecutivos e, dessa forma, mostram uma parte importante da variabilidade interanual e interdecenal da circulação atmosférica.

Vários dos padrões de teleconexão são de escala planetária, cobrindo bacias oceânicas e continentes. Há quase dois séculos, antes que esse termo começasse a ser usado de forma geral, um missionário da Groenlândia chamado Saabye anotou em seu diário que a tendência de temperaturas no norte da Europa e na Groenlândia variava em direções opostas. Atualmente sabemos que essa "gangorra" de temperaturas é parte da Oscilação do Atlântico Norte.

As primeiras evidências de teleconexões globais surgiram nas análises de dados de pressão em superfície disponíveis no final do século XIX (Hildebrandsson, 1897; Lockyer; Lockyer, 1904). Quase duas décadas mais tarde, Walker (1924) identificou três grandes oscilações atmosféricas: a Oscilação do Atlântico Norte (OAN), a Oscilação do Pacífico Norte (OPN) e a Oscilação Sul (OS), que possui centros de ação nos trópicos do HS. Em um artigo posterior, Walker e Bliss (1932, p. 60) caracterizaram assim a teleconexão da OS:

> Quando a pressão é alta no Oceano Pacífico, ela tende a ser baixa no Oceano Índico, desde a África até a Austrália. Essa situação está associada a baixas temperaturas em ambas as áreas e chuva variando em sentido oposto à pressão. Essas condições são relativamente diferentes no inverno e no verão, e, portanto, é necessário examinar separadamente as estações de dezembro a fevereiro e de junho a agosto.

Essas conclusões basearam-se em correlações de pressão em superfície, temperatura e precipitação obtidas de estações de superfície muito distantes entre si. Na época de sua divulgação, seus resultados não foram bem aceitos pela comunidade científica, uma vez que a ideia era extremamente nova e controversa. A OS voltou a ser estudada quando Bjerknes (1969) apresentou explicações dinâmicas e termodinâmicas às bases estatísticas encontradas anteriormente, e descreveu a associação das variações da temperatura da superfície do mar (TSM) no Pacífico Tropical com a OS, além de relacionar teleconexões extratropicais de inverno no HN. Nessa época, um maior número de trabalhos começou a mostrar, de forma mais clara, o acoplamento do oceano com a atmosfera.

Embora estudos sobre teleconexão relacionados com a OS, a OAN e a OPN tenham sido realizados por Walker e Bliss (1932), segundo Glantz (1996), ao que parece, foi em 1935 que a palavra "teleconexão" foi usada pela primeira vez, em um artigo de pesquisa climática publicado pelo meteorologista sueco Anders Angstrom. Desde então, esse termo é muito utilizado para definir a relação de anomalias climáticas entre regiões distantes do globo terrestre.

10.2 Análises de teleconexões

Algumas técnicas estatísticas, como análises de correlações espaciais e análises de Funções Ortogonais Empíricas (FOE), podem ser usadas para estudos de teleconexão. Na técnica de correlação, variáveis de um ponto ou de uma região do globo são correlacionadas com outros pontos ou outras áreas. Wallace e Gutzler (1981) sugeriram a confecção de um mapa sumarizando as configurações de correlação em um campo de teleconectividade, que mostraria as regiões com as correlações negativas mais fortes. Seriam obtidos, assim, os padrões dominantes na atmosfera. O campo de teleconectividade resulta de uma matriz de correlação ao se calcular a correlação temporal entre anomalias de uma variável em um ponto de grade e anomalias dessa variável em todos os outros pontos. A teleconectividade Ti do ponto de grade i é o elemento de cada coluna da matriz que tem a maior correlação negativa entre o ponto i e todos os outros pontos j. Outra técnica que destaca os padrões dominantes de teleconexão é a de FOE, ou componentes principais, com a qual é possível obter, com base em uma grande quantidade de dados, informações a respeito dos principais modos de variabilidade na atmosfera. Os dados da variável a ser analisada podem ser convertidos em uma matriz de covariância ou correlação (com os dados em pontos de grade e variando no tempo), a qual é submetida à análise. Os resultados são obtidos em termos de autovetores e autovalores, em que os autovetores são ordenados em ordem decrescente de valores da porcentagem de variância, explicada em relação à variância total (autovalores). Uma série temporal das amplitudes dos modos é obtida pela projeção de cada FOE nos dados originais (detalhes podem ser encontrados em Jolliffe, 1986, e Jackson, 1991).

10.3 Principais padrões de teleconexão

10.3.1 Hemisfério Norte

Vários padrões de teleconexão foram identificados por Wallace e Gutzler (1981) em anomalias mensais, durante o inverno do HN. Por meio de análises de correlação de altura geopotencial em 500 hPa e pressão em superfície, foram identificados cinco padrões de teleconexão, chamados de Pacífico-América do Norte (PNA na sigla em inglês), Atlântico Oeste (AO), Atlântico Leste (AL), Eurásia (EU) e Pacífico Oeste (PO). Blackmon, Lee e Wallace (1984) aplicaram um filtro nos dados de geopotencial e usaram o mesmo método de análise de teleconexões de Wallace e Gutzler (1981) para obter as configurações em várias escalas de variabilidade. As flutuações com escala de tempo intrassazonal (30 a 90 dias) eram dominadas por uma estrutura de dipolo norte-sul geograficamente fixa, enquanto para escalas intermediárias (10-30 dias), a estrutura assemelhava-se a trens de ondas que se originam na entrada dos jatos, com uma propagação mais zonal. Os padrões da escala intermediária tinham um comportamento móvel (sem pontos fixos) ao longo de guias de onda preferenciais.

Wallace e Lau (1985) sugeriram que a geração e a manutenção dos padrões de teleconexão com escalas de tempo mais longas (30 a 90 dias) ocorrem devido à transferência de energia do escoamento médio climatológico para as perturbações, nas regiões das saídas dos jatos, em razão da instabilidade barotrópica. Essa possibilidade já havia sido apresentada em estudos numéricos de Simmons, Wallace e Branstator (1983). Os resultados de Nakamura, Tanaka e Wallace (1987) indicaram que as configurações de teleconexão no inverno boreal podem ser separadas em dois tipos, de acordo com a habilidade de extrair energia do ambiente. No caso das configurações que apresentam dipolos norte-sul no Pacífico Central e Atlântico Leste, e se encontram na região de saída dos jatos em altos níveis, a transferência de energia seria por instabilidade barotrópica. No segundo tipo, os centros do dipolo norte-sul encontram-se sobre o oeste do Pacífico e do Atlântico, ao longo das trajetórias dos distúrbios de alta frequência (*storm tracks*). Frederiksen e Webster (1988) discutiram a necessidade de uma teoria unificada de instabilidade barotrópica e baroclínica para explicar as configurações de teleconexões observadas. Essa teoria seria a de instabilidade tridimensional, a ser usada para examinar a ocorrência de anomalias de baixa frequência.

Padrões de teleconexão no HN são monitorados mensalmente por meio de índices publicados no *Climate Diagnostics Bulletin*, editado pelo CPC/NCEP (www.cpc.ncep.noaa.gov/products/CDB). Esses índices são calculados considerando a amplitude dos padrões, obtida com a análise de componentes principais. O modo dominante de variabilidade no Hemisfério Norte é a Oscilação do Ártico (OA), também chamada de modo anular do Hemisfério Norte (Thompson; Wallace, 2000). O padrão dessa oscilação é mostrado na Fig. 10.1A, na qual se nota a oposição de fase entre a região polar e as latitudes médias. Outro padrão importante no Hemisfério Norte é o Pacífico-América do Norte (*Pacific North America* – PNA). Suas características foram identificadas por Namias (1978), quando analisou uma situação anômala sobre os Estados Unidos, a qual causou seca no noroeste, associada a uma crista amplificada, e presença de ar muito frio no sudeste, associada a um cavado amplificado, sem, entretanto, mencionar tal teleconexão. Horel e Wallace (1981), em um estudo observacional, ao analisar a influência do aquecimento da TSM na atmosfera, identificaram a configuração PNA, discutindo o papel da propagação de ondas de Rossby a partir de forçantes tropicais para originar o trem de ondas associado. A configuração PNA é mos-

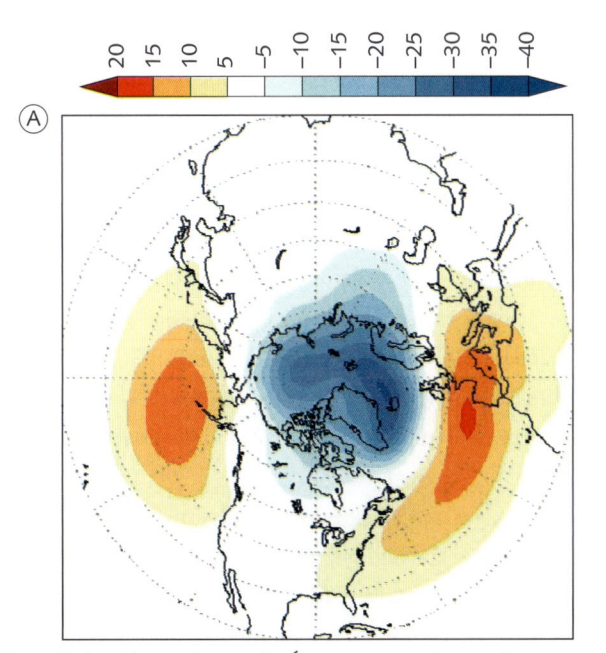

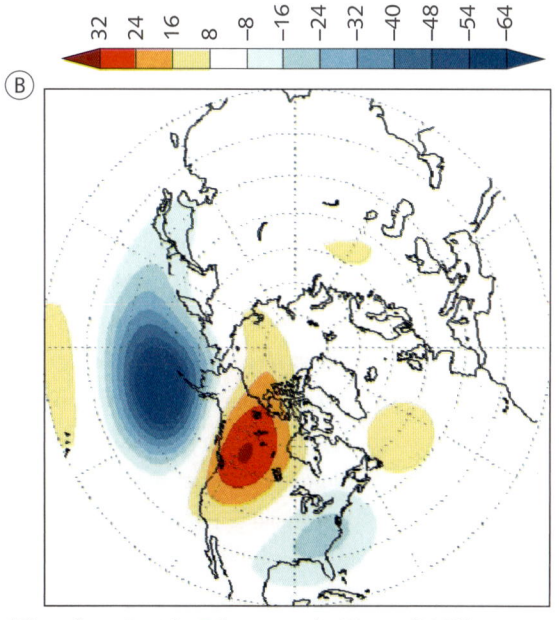

Fig. 10.1 (A) Oscilação do Ártico ou modo anular norte (NAM) e (B) padrão Pacífico-América do Norte (PNA)
Fonte: CPC/NCEP.

trada na Fig. 10.1B. Esse padrão tem influências sobre a precipitação e temperatura da América do Norte, devido à posição dos seus centros de ação: crista (cavado) sobre o noroeste (sudeste) da América do Norte na fase positiva e o oposto na fase negativa. Relações desse padrão com a precipitação e temperatura foram mostradas por Leathers, Yarnal e Palecki (1991).

Outro padrão de teleconexão no HN é o correspondente à Oscilação do Atlântico Norte (OAN). Esse padrão, identificado por Walker e Bliss (1932), foi analisado por Van Loon e Rogers (1978) e Rogers e Van Loon (1979), que discutiram os padrões de temperatura atmosférica associados. Os dois centros da OAN são associados à Baixa da Islândia ou Groenlândia e à Alta dos Açores (Fig. 10.2). Quando a Alta dos Açores e a Baixa da Islândia estão mais intensas do que o normal, a oscilação está na fase positiva. O oposto ocorre na fase negativa, com os dois centros enfraquecidos. Essas características estendem-se para os níveis mais altos da atmosfera e são identificadas também nos campos de anomalia de geopotencial em níveis médios e altos. Anomalias intensas dessa oscilação têm implicações sobre o Oceano Atlântico Norte e a Europa, e esse padrão é mais intenso nos meses de DJF, quando é inverno no HN. Na fase positiva, os ventos de oeste nas latitudes médias e os ventos alísios nas latitudes tropicais ficam mais fortes, o que implica invernos amenos e chuvosos sobre o norte da Europa e seca no Mediterrâneo. Na fase negativa, ocorre o oposto, com invernos chuvosos no Mediterrâneo e secas no norte da Europa. Uma descrição detalhada e as características associadas estão em Hurrel (2003).

10.3.2 Hemisfério Sul

Estudos de teleconexão no HS surgiram em maior número no final dos anos 1980 e início dos anos 1990 (Mo; White, 1985; Mo; Ghil, 1987; Kidson, 1991; Hsu; Lin, 1992; Berbery; Nogués-Paegle; Horel, 1992; Hoskins; Ambrizzi, 1993; Ambrizzi; Hoskins; Hsu, 1995; Cavalcanti, 1992). Mo e White (1985) aplicaram para o HS o mesmo método de correlação ponto a ponto usado por Wallace e Gutzler (1981) em dados de anomalias médias mensais de pressão ao nível do mar e geopotencial em 500 hPa, no período de 1972 a 1980. Os resultados mostraram relações opostas entre a região tropical e extratropical e também relações opostas entre latitudes médias e baixas e latitudes médias

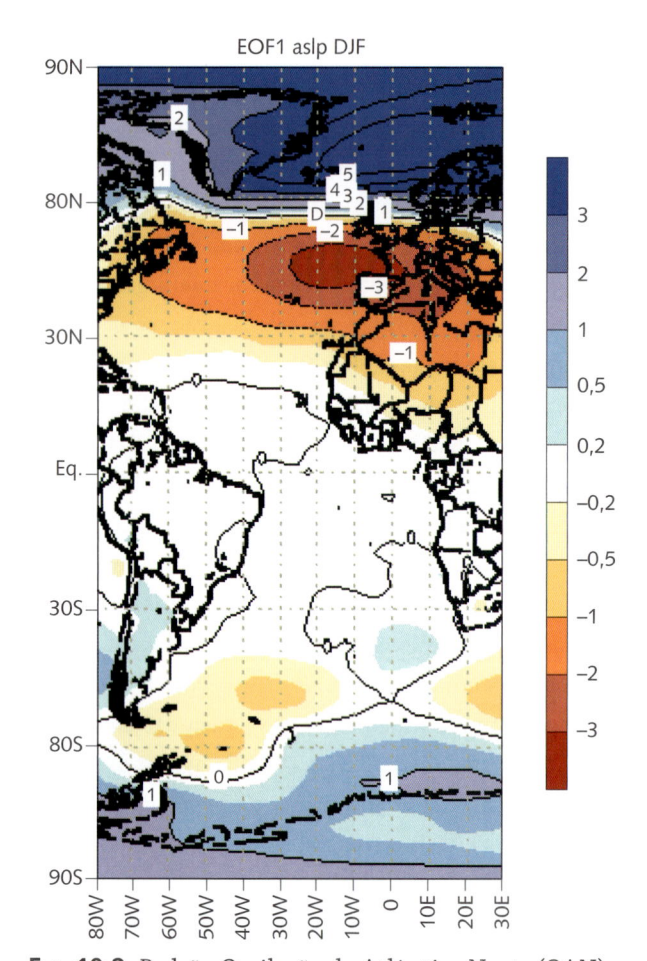

Fig. 10.2 Padrão Oscilação do Atlântico Norte (OAN)

e altas, que foram relacionadas ao deslocamento da corrente de jato. Mapas espaciais de correlação indicaram uma estrutura horizontal com número de onda 3, identificada em ambas as estações de verão e inverno, porém com os centros em diferentes posições. Ao calcular um índice para o número de onda 3, obtiveram mapas para compostos de índices positivo e negativo e sugeriram que a circulação atmosférica do HS apresenta transições entre circulações zonalmente simétricas e circulações de estrutura horizontal com número de onda 3. A dominância do número de onda 3 foi documentada em outras análises observacionais do HS, como em Van Loon e Jenne (1972), Trenberth (1980), Fraedrich e Lutz (1986) e Cavalcanti (1992, 2000).

O modo dominante de variabilidade no HS é o modo anular sul (*Southern Annular Mode* – SAM), também chamado de Oscilação Antártica (OAA), que mostra sinais opostos entre as regiões polares e as latitudes médias (Fig. 10.3). Há variabilidade sazonal na intensidade dos centros de ação nas latitudes médias, e nota-se a presença da onda 3 no padrão hemisférico. Um índice da

OAA foi proposto por Gong e Wang (1999), calculando-se a diferença entre a média zonal normalizada de pressão ao nível do mar nas latitudes de 40° S e 65° S. Esse modo também é obtido em análises de FOE e tem similaridades com o modo anular norte ou OA (Thompson; Wallace, 2000). As configurações obtidas com os dois métodos mostram as mesmas características.

O padrão anular também foi chamado de modo de latitudes altas e relacionado com a atividade de ciclones no HS, por Sinclair, Renwick e Kidson (1997). Na fase positiva, com ventos de oeste mais fortes, há mais ciclones nas regiões circumpolares e menos nas latitudes médias. O oposto ocorre na fase negativa desse modo de oscilação. Carvalho, Jones e Ambrizzi (2005) discutiram sobre influência das variabilidades interanual e intrassazonal da convecção tropical nas fases da OAA e sobre a relação dessa oscilação com o deslocamento do jato subtropical e polar e sua influência na trajetória dos ciclones extratropicais. Meneghini, Simmonds e Smith (2007) encontraram uma relação inversa/direta entre a precipitação sobre o sul/norte da Austrália e o índice de OAA, no período de 1958 a 2002. Influências sobre a precipitação e a temperatura na América do Sul são apresentadas na seção 10.5.

Um dos padrões bem identificados em estudos de variabilidade de baixa frequência é o Pacífico-América do

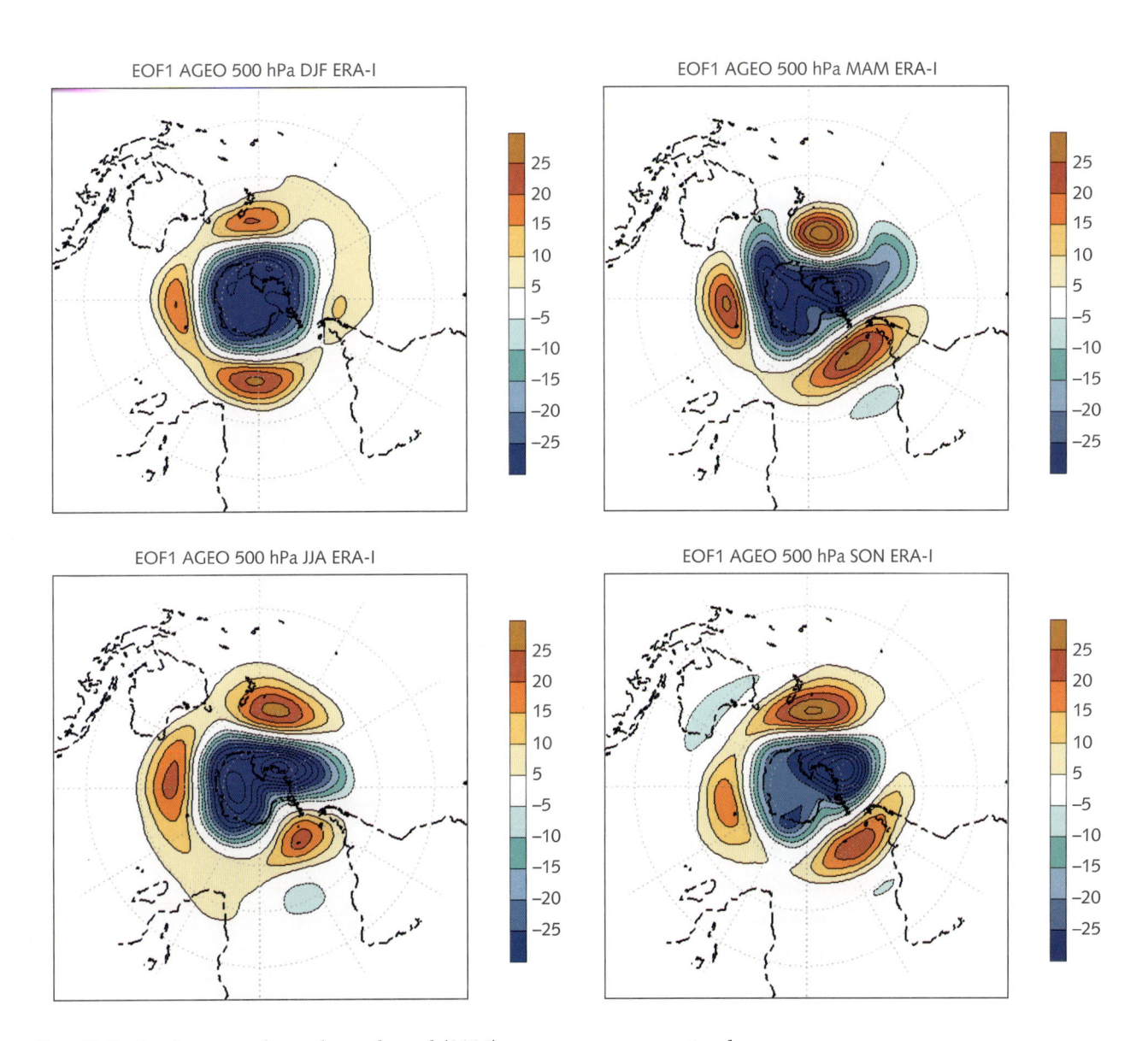

Fig. 10.3 Configuração do modo anular sul (SAM) para as quatro estações do ano

Sul (PSA na sigla em inglês), que conecta a região tropical da Indonésia/Pacífico com a América do Sul, em um padrão semelhante ao PNA. O padrão PSA, identificado por Mo e Ghil (1987), é analisado em vários outros estudos, como em Karoly (1989), Ghil e Mo (1991), Mo e Higgins (1998), Kidson (1999), Cavalcanti (2000), Mo e Paegle (2001), Castro e Cavalcanti (2001), Cunningham e Cavalcanti (2006), entre outros. Karoly (1989) identificou três centros de ação no HS, em H1: 35° S, 150° W; H2: 60° S, 120° W; e H3: 45° S, 60° W, os quais faziam parte de um trem de ondas semelhante ao PSA. Yuan e Li (2008) calcularam outro índice para o PSA tomando outros três pontos – H1: 50° S, 45° W; H2: 45° S, 170° W; e H3: 67,5° S, 120° W – e calcularam o IPSA = (H1 + H2 − H3)/3. A configuração do PSA também é obtida em análises de FOE, como em Mo e Higgins (1998), que apresentaram duas configurações de PSA (PSA-1 e PSA-2) para os dois primeiros modos de anomalias de função de corrente em 200 hPa filtradas na baixa frequência e subtraindo-se a média zonal. Os dois modos apresentam centros de ação ligeiramente deslocados e em fases opostas, que representam uma evolução do padrão com o tempo, e também a presença da onda 3 nas latitudes médias, com grandes amplitudes sobre o setor do Pacífico. Esses autores mostraram a relação da PSA com a convecção tropical no período de inverno do HS. Compostos de anomalias de ROL em casos de amplitudes máximas das configurações de PSA-1 e PSA-2 indicaram convecção na região da Indonésia em padrões semelhantes aos modos dominantes de anomalias de ROL obtidos de análises de FOE naquela região. Diferenças de anomalias de ROL e de função de corrente entre os casos com amplitudes máximas positivas e negativas do padrão de PSA, com *lags*, mostraram a evolução do padrão e a relação deste com a convecção tropical. Análises semelhantes foram realizadas por Cunningham e Cavalcanti (2006) para o verão do HS, discutindo a influência da configuração PSA na convecção da ZCAS.

As configurações do PSA obtidas pelos três métodos citados são mostradas na Fig. 10.4, em que se observa que os centros de ação são bem semelhantes. Fraedrich e Lutz (1986) identificaram também uma teleconexão que forma um dipolo leste-oeste, com centros sobre o leste do Pacífico Sul e o Atlântico Sul, chamada de teleconexão da América do Sul. Eles formularam um índice: IAS $=\frac{1}{2}\hat{z}\,(90°\,W)-\frac{1}{2}\hat{z}\,(40°\,W)$, aplicado à latitude de 50° S, onde z é a anomalia do geopotencial em 500 hPa. Correlação desse índice com anomalias de geopotencial em todos os pontos de grade é apresentada na Fig. 10.5, na qual se pode notar que esse dipolo faz parte do PSA. Alguns autores sugerem que a configuração do PSA pode se mover para leste ou oeste dependendo da localização da forçante tropical, como visto por Sun, Xue e Zhou (2013) em análises do impacto do El Niño Leste/Oeste na circulação atmosférica e no PSA. Por outro lado,

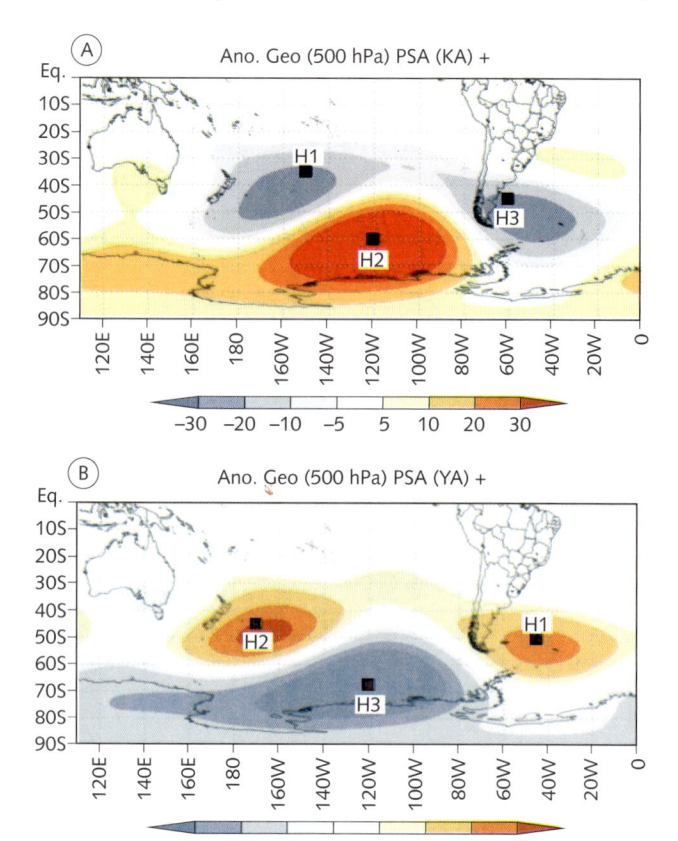

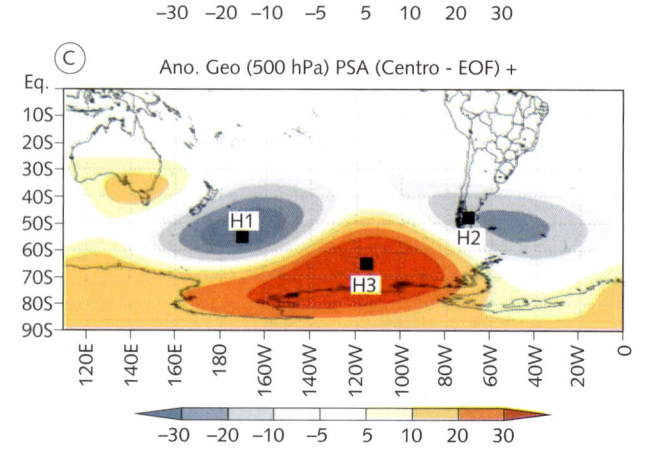

Fig. 10.4 Anomalia do geopotencial (mgp) em 500 hPa para o PSA na fase positiva, segundo critérios de (A) Karoly, (B) Yuan e Li e (C) centros da EOF
Fonte: Andrade (2017).

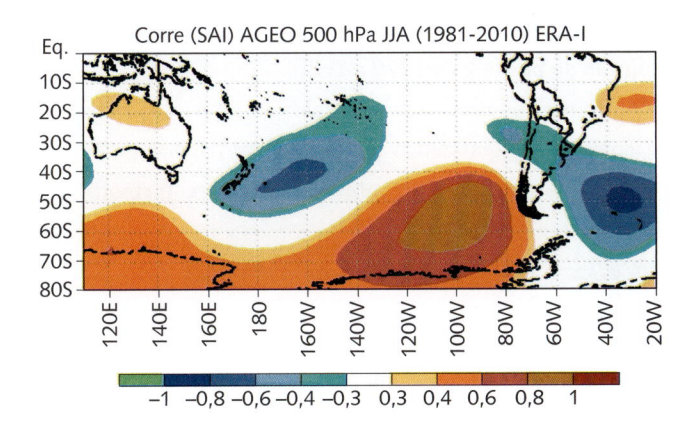

Fig. 10.5 Correlação do índice SA (Fraedrich; Lutz, 1986) com anomalia de geopotencial (500 hPa) em todos os pontos de grade

Ding et al. (2012), analisando a influência dos trópicos no modo anular sul, discutiram sobre a posição relativamente fixa da PSA associada à fonte de ondas de Rossby a leste da Austrália, que sofre a influência do jato subtropical. Entretanto, nesse caso, o padrão PSA foi identificado no padrão zonalmente assimétrico do modo anular, sendo assim uma combinação dos dois modos.

A configuração do PSA para as quatro estações do ano é apresentada na Fig. 10.6. O padrão foi obtido aplicando EOF nas anomalias zonais e sazonais seguindo o método de Mo e Higgins (1998), porém para o geopotencial em 500 hPa e sem filtragem. Apesar de a configuração do PSA ser mais organizada na variabilidade intrassazonal, mesmo na escala sazonal pode-se identificar o padrão. Assim como discutido por Mo e Higgins (1998), o PSA-2 apresenta um deslocamento com relação ao PSA-1, e pode ser considerado uma evolução temporal do padrão. Assim, a influência sobre a América do Sul é mais intensificada no PSA-2, quando um dos centros de ação está bem intenso sobre o sul da América do Sul.

Outra teleconexão existente no HS indica fases opostas de geopotencial, pressão e precipitação entre regiões ao sul da Austrália e da América do Sul. O índice transpolar, ou índice de Pittock (Pittock, 1980), é uma medida dessa teleconexão, discutida também por Rogers e Van Loon (1982), que encontraram uma correlação entre o Atlântico Sudoeste e a região a sudeste da Austrália. O índice de Pittock foi definido como a diferença de anomalias de pressão entre Hobart (43° S, 147° E), ao sul da Austrália, e Stanley (52° S, 58° W), ao sul da América do Sul, e representa o deslocamento do vórtice polar, também associado à onda 1. Um exemplo dessa teleconexão é mostrado na Fig. 10.7, na qual podem ser observados sinais opostos de geopotencial sobre o extremo sul da América do Sul e região da Nova Zelândia. Essa teleconexão também foi obtida por Kidson (1975) em análises de FOE.

10.4 Teleconexões e forçantes tropicais, extratropicais e internas

Conforme já assinalado, algumas teleconexões mostram configurações de trens de ondas que têm sido explicadas pela teoria de propagação de ondas de Rossby, em razão de uma forçante local. Uma perturbação que force o escoamento a deslocar-se latitudinalmente, com uma variação da força de Coriolis, vai gerar um trem de ondas (a teoria de propagação de ondas pode ser encontrada em Pedlosky, 2003). Uma convecção anômala na região tropical gera divergência em altos níveis e age como uma forçante dessas ondas de Rossby, que se propagam para os extratrópicos e geram configurações de teleconexões, estabelecendo a interação trópicos-extratrópicos. Esses trens de onda apresentam a forma de arco, ou seja, a onda propaga-se para os extratrópicos e, onde a velocidade de grupo meridional se anula, a onda propaga-se outra vez para os trópicos, sendo então absorvida ou refletida. Esses mecanismos são encontrados em Hoskins e Karoly (1981), que realizaram experimentos numéricos com modelos barotrópicos e baroclínicos, e com forçantes orográficas e térmicas, mostrando essas características dos trens de onda.

Berbery, Nogués-Paegle e Horel (1992) estudaram os padrões de teleconexão no HS para as estações de inverno e verão, na escala intrassazonal, e os mecanismos desses padrões, como a propagação de trens de ondas de Rossby seguindo guia de ondas pelas correntes de jato. Pela análise de mapas de correlação, Hsu e Lin (1992) documentaram os principais padrões de teleconexão globais, incluindo o HS, considerando variabilidade de baixa frequência, durante o inverno boreal e sua evolução no tempo, com estatísticas de correlação defasada. Hoskins e Ambrizzi (1993), por meio de simulações numéricas com um modelo barotrópico e da aplicação da teoria de ondas nas análises de seus resultados, reproduziram com sucesso os padrões de teleconexões obtidos por Hsu e Lin (1992). Seus resultados enfatizaram a atuação dos jatos de altos níveis como guias de ondas e a existência de regiões preferenciais de propagação. A Fig. 10.8 mostra um resumo dos principais guias de ondas encontrados pela análise de correlação defasada, com dados observacionais para o inverno (Fig. 10.8A) e o verão (Fig. 10.8B) austral, com base em médias climatológicas do período de 1979 a 1989.

Experimentos com modelos numéricos simples e complexos, realizados por Ambrizzi, Hoskins e Hsu (1995), associaram forçantes dinâmicas e termodinâ-

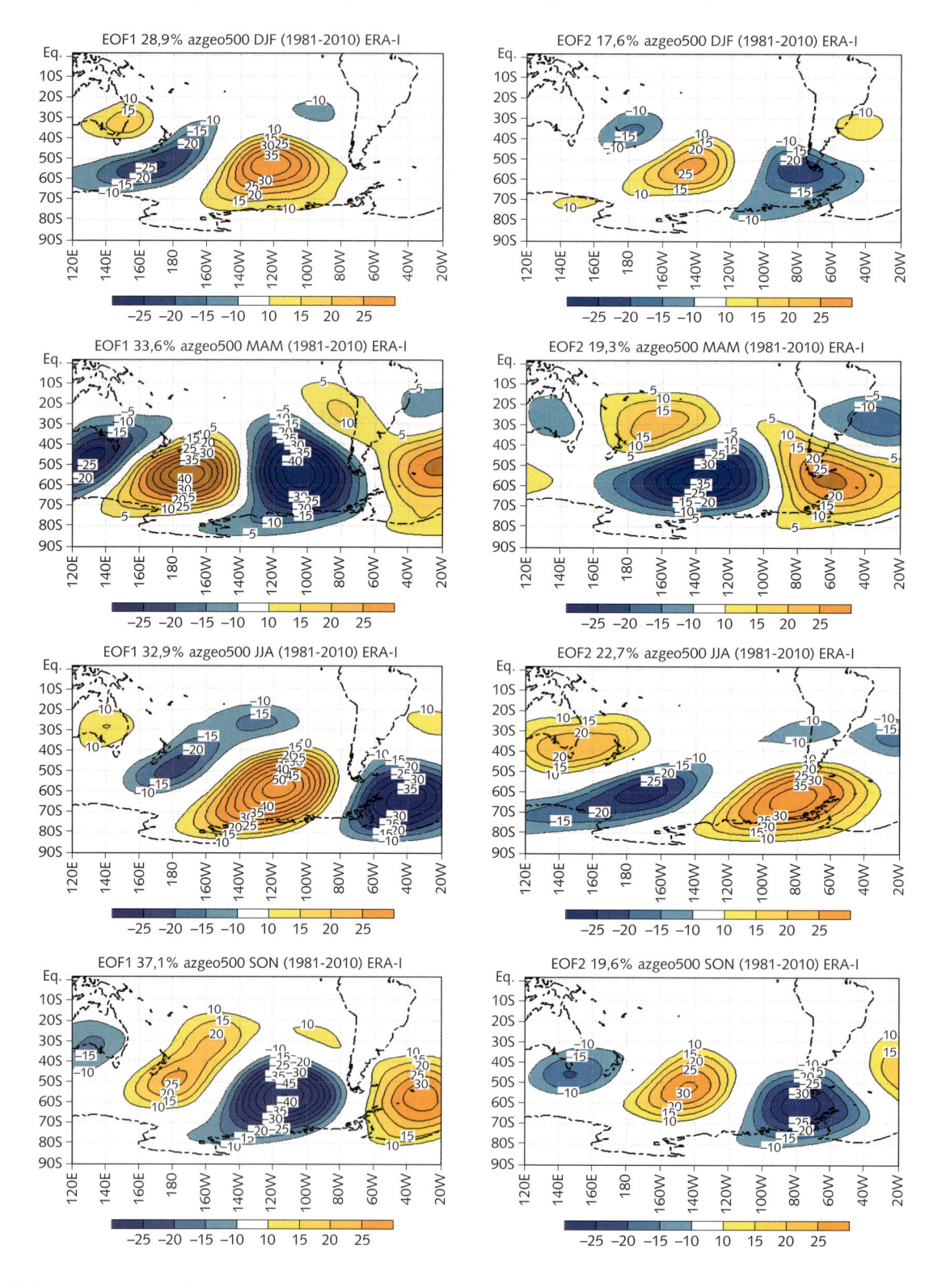

Fig. 10.6 PSA-1 e PSA-2 obtidos aplicando EOF às anomalias zonais das anomalias sazonais de geopotencial em 500 hPa

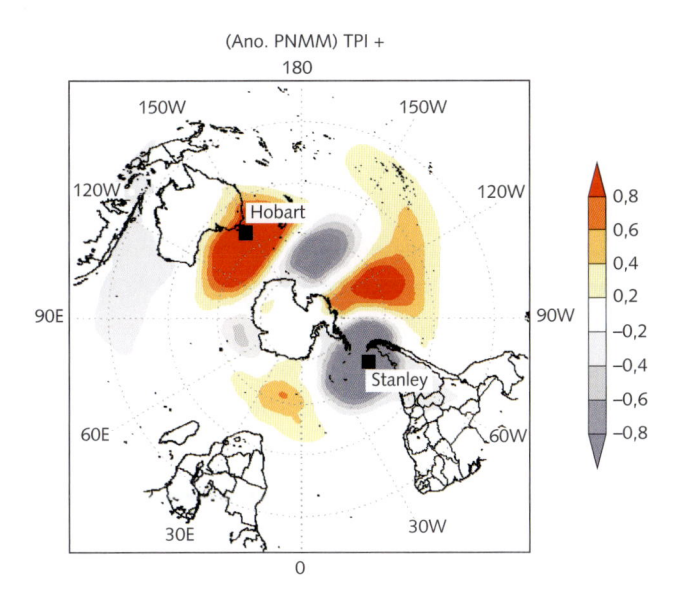

Fig. 10.7 Anomalia da pressão ao nível médio do mar (hPa) para o TPI positivo
Fonte: Andrade (2017).

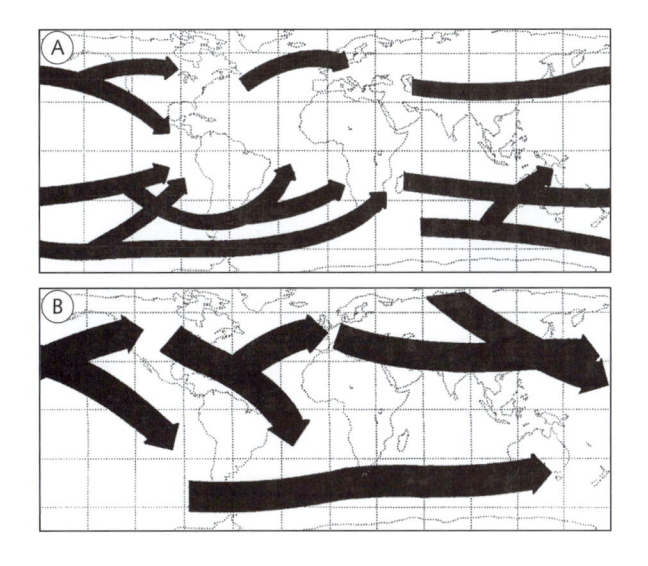

Fig. 10.8 Figura esquemática de guias de ondas obtidos por meio dos resultados de diversos mapas de correlação para as médias climatológicas de dez anos, para os meses de (A) JJA e (B) DJF

micas aos padrões de teleconexão obtidos nos estudos observacionais de Hoskins e Ambrizzi (1993). A Fig. 10.9 mostra, esquematicamente, um resumo dos principais guias de ondas e caminhos preferenciais de propagação de ondas de Rossby na alta troposfera, obtidos com a integração de um modelo barotrópico, ou seja, um modelo em que apenas o nível de 300 hPa é considerado. Nos experimentos foram utilizados os escoamentos climatológicos de dezembro-janeiro-fevereiro (Fig. 10.9A) e de junho-julho-agosto (Fig. 10.9B). As linhas que aparecem no fundo da figura são isolinhas do número de onda estacionário que, pela teoria de ondas, definem "teoricamente" os possíveis caminhos de propagação, a partir de diversos experimentos em que forçantes foram posicionadas em diferentes partes do globo.

Ao comparar as Figs. 10.8 e 10.9, vê-se que os resultados numéricos obtidos são bem similares àqueles das análises observacionais. Da teoria de ondas fica claro que as correntes de jato na alta troposfera agem como poderosos guias de ondas e podem orientar a direção de propagação de energia por longas distâncias. Nota-se também a perfeita inter-relação entre as análises observacionais, a teoria e a modelagem numérica nos estudos realizados. Assim, os estudos sobre teleconexões atmosféricas, com experimentos em modelos numéricos e observações, têm contribuído de maneira decisiva para a definição de como, em termos climatológicos, diversas regiões do globo podem estar conectadas.

Além dos padrões encontrados na literatura – por exemplo: PNA, Atlântico Oeste, Atlântico Leste, Eurásia e Pacífico Oeste –, observa-se na Fig. 10.8B um padrão denominado Asiático, para o HN, e outro, denominado padrão subpolar, para latitudes médias do HS. As possíveis conexões entre latitudes médias no HN e as regiões equatoriais dos Oceanos Pacífico Leste e Atlântico também são observadas, sugerindo uma relação inter-hemisférica, sendo essas regiões aquelas onde ventos de oeste predominam climatologicamente. Durante o inverno austral (Fig. 10.8A), são encontrados no HS o guia de onda subtropical e o guia de onda polar, ambos relacionados às respectivas correntes de jatos troposféricos. Propagações a partir desses guias de onda são também observadas, como, por exemplo, do guia de onda subpolar na direção do continente australiano, na direção do Pacífico Leste Equatorial e através do sul da África do Sul, na direção do Oceano Índico Equatorial. Observa-se uma importante conexão entre o Oceano Pacífico Leste e o Oceano Atlântico pelo cone sul da América do Sul, relacionada ao padrão Pacífico-América do Sul (PSA). Devido à presença de ventos climatológicos de leste em altos níveis durante o inverno, na região tropical, não se observa nenhuma região preferencial de propagação entre hemisférios.

No HS, as principais forçantes orográficas de ondas de Rossby são a Cordilheira dos Andes e as montanhas

Fig. 10.9 Resumo esquemático dos guias de ondas (setas grandes) e padrões de propagação preferenciais (setas finas) deduzidos de vários experimentos realizados com um modelo barotrópico, integrado com escoamentos climatológicos dos meses de (A) DJF e (B) JJA
Fonte: Ambrizzi, Hoskins e Hsu (1995) e Hoskins e Ambrizzi (1993).

na Antártica. Em James (1988), estudos com um modelo numérico barotrópico em experimentos com forçante orográfica apresentaram propagação de ondas de Rossby a partir dos Andes e um padrão de onda 1 ao redor do HS, associado à orografia da Antártica. Experimentos com um modelo baroclínico também apresentaram trens de onda com forçante orográfica dos Andes e uma configuração de onda 3 com a orografia da Antártica (Cavalcanti, 2000). Os centros de ação de onda 3 ocorreram em regiões onde foram identificados núcleos da corrente de jato de altos níveis.

Alguns padrões de teleconexão são identificados em associação com forçantes de TSM. O trabalho de Horel e Wallace (1981) foi um dos primeiros a documentar a associação entre anomalias de TSM equatorial e o padrão PNA, com um esquema dos principais padrões de anomalias na alta troposfera observados no HN durante o inverno boreal de um evento El Niño. Esse esquema foi ampliado por Karoly (1989) para o HS e o inverno austral, durante o qual, no estágio de desenvolvimento do evento El Niño, ocorre um par de anomalias de circulação anticiclônicas na alta troposfera nos subtrópicos, associadas à convecção equatorial anômala. Um fraco padrão de trem de ondas de anomalias estende-se para leste, cruzando o Pacífico Sul. Durante o verão austral, no estágio maduro do evento El Niño, há fortalecimento do par de anticiclones equatoriais anômalos. No HS, as anomalias de circulação são maiores do que no inverno precedente e com maior simetria zonal, com anomalias positivas em baixas latitudes e negativas em latitudes médias. Essas características são baseadas em composições de anomalias de circulação para eventos ENOS com início no final dos meses de outono e princípio do inverno no HS, e que se manifestam por aproximadamente 12 meses.

Os padrões de teleconexão na escala interanual e suas características em episódios ENOS, para o HS, foram discutidos por Kiladis e Mo (1998). O modo dominante de anomalias de geopotencial em 500 hPa, filtradas na escala maior que 50 dias para o HS, em análises de FOE, destacou o modo anular, associado à OA. O segundo modo realçou a variabilidade na região de frequentes bloqueios a sudoeste da América do Sul. O terceiro modo apresentou um padrão de onda 3 e o quarto modo, uma dominância de onda 3 e 1. Na escala intrassazonal (10 a 50 dias), configurações de trens de onda tipo PSA foram obtidas nas duas primeiras FOE, enquanto os modos 3 e 4 apresentaram uma combinação de ondas 3 e 4. A FOE 4 também indica uma participação da onda 1 na variabilidade intrassazonal.

Uma outra forçante de anomalias em configurações de teleconexão é associada a sistemas transientes. O papel dos sistemas transientes de escala sinótica em forçar o padrão PNA, no HN, foi analisado por Klasa, Derome e Sheng (1992). Nesse estudo foi feita uma análise da conversão de energia cinética dos transientes para o escoamento médio por meio dos vetores do fluxo de Eliassen Palm, e do papel das forçantes de vorticidade dos transientes para os modos de PNA positivo e negativo. Demonstrou-se que as anomalias mais fortes das forçantes transientes estavam localizadas nos mesmos centros de maior amplitude da configuração PNA no Pacífico. Durante as configurações de PNA bem desenvolvidas, a conversão de energia cinética na escala sinótica para o escoamento médio é realizada na região de saída da corrente de jato. Para PNA positivo, a conversão máxima dos transientes para o escoamento médio ocorre no Pacífico Leste e, para PNA negativo, o máximo é deslocado para oeste, no Pacífico Central.

Podem ocorrer impactos em latitudes extratropicais, a partir de fontes tropicais de calor, não necessariamente em razão apenas da geração de energia de baixa frequência.

Outras fontes de origem interna da dinâmica atmosférica também contribuem significativamente, como, por exemplo, escoamentos não uniformes afetam as propriedades de propagação local do meio, podendo agir como fontes de perturbação de energia. Próximo às regiões de saída das correntes de jato, pode haver crescimento de modos instáveis que vão atuar como forçantes de ondas ou contribuir para o crescimento de ondas já existentes. Em geral, as estruturas observadas são semelhantes aos trens de onda gerados nos trópicos. Isso significa que as ondas efetivamente forçadas pelos trópicos chegam à saída das correntes de jato e podem beneficiar-se dessa fonte interna. As análises de resultados de um modelo de circulação global realizadas por Branstator (1985) para um caso de ENOS mostraram que 40% da perturbação global de energia cinética eram derivados de fontes internas, e não das anomalias de TSM tropicais. Uma das consequências da presença de fontes internas e sua tendência de produzir estruturas similares àquelas geradas por fontes tropicais é a dificuldade em distinguir perturbações de baixa frequência iniciadas por fontes externas ou por fontes internas. Portanto, são necessários estudos mais completos para haver uma clara divisão.

Em uma escala espacial hemisférica e escala de tempo de apenas alguns dias, pode existir também uma associação entre padrões de teleconexão e a variabilidade de regiões de trajetórias de tempestades (*storm tracks* – ST), assim chamadas por constituírem os caminhos preferenciais de propagação de ondas baroclínicas. As relações entre distúrbios transientes associados a ondas baroclínicas e correntes de jato foram documentadas por Blackmon et al. (1977) e Trenberth (1991), entre outros. A relação entre ST e escoamentos médios climatológicos pode ser utilizada para um melhor entendimento das interações entre transientes de alta frequência e anomalias de circulação, que variam mais lentamente em escalas de tempo que podem ocorrer desde períodos subsazonais (Hoskins; James; White, 1983; Cai; Van den Dool, 1992) até para ciclos de ENOS (Held; Lyons; Nigam, 1989; Hoerling; Ting, 1994), estudos realizados, na sua maioria, com foco no HN.

10.5 Influências de teleconexões sobre a América do Sul

As principais configurações de teleconexões que afetam a América do Sul têm sido obtidas de padrões de variabilidade interanual e intrassazonal. As influências do ENOS sobre o Brasil estão no Cap. 7, e a variabilidade intrassazonal é apresentada no Cap. 6.

A região sul da América do Sul é afetada pela configuração de onda 3, quando uma das cristas ou cavados está a sudeste do continente. Essa estrutura também tem uma importante relação com eventos de bloqueio (Trenberth; Mo, 1985). A presença de um cavado persistente da onda 3, próximo ao sul da América do Sul, contribuiu para a ocorrência de enchentes em várias áreas do sul do Brasil em julho de 1995. Na fase oposta, a crista nessa posição contribuiu para a seca intensa na Região Sul em julho de 1989. Cavalcanti e Fleischfresser (1994) sugeriram a influência de anomalias de baixa frequência nos sistemas transientes sobre a América do Sul.

O modo anular sul (SAM) ou AAO influencia a precipitação e temperatura na América do Sul. A relação entre a AAO e a precipitação no sudeste da América do Sul foi mostrada em Silvestre e Vera (2003). No bimestre de junho-agosto foi encontrada correlação positiva entre precipitação e AAO, e em novembro-dezembro, uma correlação negativa em áreas da bacia do Prata. Portanto, na fase positiva da AAO haveria mais precipitação nessa região no inverno e menos no fim da primavera/começo de verão. O oposto ocorreria na fase negativa. Vasconcellos e Cavalcanti (2010) analisaram compostos de extremos de precipitação na Região Sudeste do Brasil na estação de verão (dezembro-janeiro-fevereiro) e identificaram a fase positiva da AAO nos casos de extremos chuvosos e a fase negativa nos extremos secos. As análises também mostraram um dipolo de precipitação entre o sudeste e sul do Brasil, que são consistentes com as análises de Silvestre e Vera (2003). Na fase negativa do SAM, há um enfraquecimento da ZCAS (Reboita; Ambrizzi; Da Rocha, 2009). Naquele estudo também foi encontrado um número maior de ciclones ao redor do hemisfério, deslocados para norte na fase negativa em comparação com a fase positiva. Análises mensais do SAM mostram que as influências sobre a temperatura e precipitação na América do Sul diferem de mês para mês, com relação à abrangência das áreas, e em alguns meses a influência do sinal é diferente (Vasconcellos; Pizzochero; Cavalcanti, 2019). Os meses que mostram anomalias opostas entre as duas fases são os meses de março, maio, julho, agosto, setembro e novembro, quando há anomalias positivas (negativas) de temperatura afetando o sul e sudeste do Brasil durante a fase negativa (positiva) do SAM. Com relação à precipitação, as anomalias indicam intensificação da ZCAS na fase positiva do SAM em novembro, janeiro e março, e um enfraquecimento na fase negativa em janeiro e março. As regiões ao sul do Brasil, Uruguai e parte da Argentina são afetadas com redução de precipitação na fase positiva de março a junho e em novembro-dezembro. Influências opostas são vistas na fase negativa, exceto em outubro.

A influência do PSA na América do Sul ocorre principalmente na variabilidade da ZCAS, e consequentemente nas anomalias de precipitação sobre o Sudeste e Sul do Brasil, pela atuação dos centros de ação (ciclônico e anticiclônico), que intensifica os movimentos ascendentes e descendentes. Vários estudos mostram essa influência na escala intrassazonal sobre o Brasil, principalmente na ZCAS, como Mo e Paegle (2001), Cunningham e Cavalcanti (2006), Carvalho et al. (2011) e Vera et al. (2018). O PSA tem uma influência maior na ZCAS quando esta se encontra na posição normal ou deslocada para o sul (Cunningham; Cavalcanti, 2006). Compostos de casos extremos de anomalias de ROL com variabilidade intrassazonal na região da ZCAS, quando esta se desenvolve em três posições diferentes, mostram a relação da convecção nessa região com a configuração PSA (Fig. 10.10).

Essas configurações também apresentam uma relação com a posição da convecção na região da Indonésia, que se comporta de maneira oposta à convecção na região da ZCAS. Quando a ZCAS está na sua posição climatológica ou deslocada para o sul (ZCAS2 e ZCAS3), anomalias positivas de ROL na Indonésia ocorrem a oeste daquelas que existem quando a ZCAS está deslocada para o norte de sua posição normal (ZCAS1). Nos três casos, é possível identificar o padrão PSA, mais organizado nos casos 2 e 3, e também a circulação ciclônica anômala representando a intensificação do cavado a sudoeste da convecção e o dipolo de ROL associado à ZCAS. Além da influência do PSA na ZCAS, um padrão de onda 4 no HS, com variabilidade intrassazonal, também foi associado à variabilidade de convecção na ZCAS (Cavalcanti; Cunningham, 2006). Essa relação foi atribuída à influência do cavado de onda 4 na convecção da ZCAS. No inverno também há influência do PSA sobre a convecção na região sudeste da América do Sul (SESA), como discutido em Alvarez et al. (2014), os quais apresentaram uma relação entre o índice chamado CSIS (*cold season intraseasonal variability*) e o geopotencial em 250 hPa. O índice é extraído da série normalizada das amplitudes da primeira FOE de OLR filtrada na banda de 10 a 90 dias. Enquanto o mecanismo para a existência de trens de onda de Rossby na banda intrassazonal de 30 a 90 dias é a convecção tropical, na banda de 10 a 30 dias não foi encontrada conexão dos trens de onda com os trópicos (Gonzalez; Vera, 2014). Análises de regressão de componentes principais de anomalias de OLR com anomalias de função corrente nas bandas de 10-30 dias e 30-90 dias também mostraram trens de onda de Rossby sobre o Pacífico (Vera et al., 2018). Nos dois casos há uma relação com o dipolo de precipitação sobre a América do Sul, da primavera até o outono. Entretanto, apenas os resultados na banda de 30 a 90 dias mostram uma relação com a convecção tropical do Pacífico. Influências da Oscilação Madden-Julian (OMJ) na América do Sul e probabilidades de precipitação sobre o continente em cada fase foram discutidas em Alvarez et al. (2016). Naquele estudo, as anomalias na circulação atmosférica foram associadas à propagação de energia de ondas de Rossby geradas na região de convecção da OMJ. A variabilidade intrassazonal da circulação atmosférica também tem uma influência nas ondas de calor da América do Sul, como mostrado em Cerne e Vera (2011). Nesses eventos também foram observados trens de onda de Rossby sobre o Pacífico, ligados à convecção tropical.

Na escala submensal também há influência, sobre a América do Sul, de trens de onda associados à configuração PSA. Müller, Ambrizzi e Nuñez (2005), utilizando análise observacional, mostraram que eventos de geadas generalizadas na região do pampa úmido da Argentina podem ser explicados pela interação de ondas de Rossby geradas por fontes tropicais e que se propagam dentro dos guias de onda dos jatos subtropical e polar. Experimentos numéricos e teóricos que confirmam esse estudo foram desenvolvidos por Müller e Ambrizzi (2007). Gelbrecht, Boers e Kurths (2018) mostraram uma relação de precipitação na Região Sudeste do Brasil (SEBRA) e no sudeste da América do Sul (SESA) com o padrão PSA, no período de novembro a fevereiro. Nessa relação, nota-se o dipolo norte-sul de precipitação sobre a América do Sul e a oposição de fase do PSA quando o dipolo também tem fases opostas. Estudos sobre precipitação extrema no sul e sudeste do Brasil também apresentaram o padrão de dipolo e configurações de trens de onda sobre o Pacífico e América do Sul (Cavalcanti et al., 2015, 2017; Coelho et al., 2015). Além de anomalias no fluxo de umidade para essas regiões, a ascensão ou subsidência do ar associadas a um cavado ou crista que fazem parte do trem de ondas contribuem como forçante dinâmica para os extremos de precipitação.

Algumas teleconexões que ocorrem no HN influenciam a precipitação no nordeste da América do Sul. Namias (1972) relacionou a variabilidade da precipitação no Nordeste do Brasil com a atividade ciclônica na região da Terra Nova e Groenlândia, durante o inverno e a primavera no HN. Essa é a região de um dos centros de ação da OAN. O outro centro dessa oscilação influi na circulação da Alta Subtropical do Atlântico Norte (ASAN), a qual, por sua vez, pode influenciar na intensidade dos alísios e, então, na ZCIT do Atlântico. Um estudo sobre a posição e a intensidade da ZCIT e sua relação com a OAN, com possíveis efeitos na precipitação do Nordeste do Brasil na estação chuvosa, foi realizado por Souza e Cavalcanti (2006, 2009). Um padrão intenso da OAN ou deslocamento dessa configuração para sudoeste ou nordeste influencia na posição da ASAN e na posição da ZCIT. Cavalcanti (2015) confirmou a existência desse padrão em análises de anomalias extremas de precipitação em abril na Região Nordeste. O padrão, o qual é visto nos campos de anomalias de pressão em DJF, em casos chuvosos e secos no mês de abril, corresponde ao segundo modo de variabilidade atmosférica no domínio do Oceano Atlântico Norte e Sul. A influência do PNA sobre o Atlântico e, consequentemente, o norte e nordeste da América do Sul foi sugerida por Nobre e Shukla (1996). Outros padrões de teleconexão, como Atlântico Norte-Leste Asiático (ANLA) e Pacífico Central-Leste EUA (PCLE), foram correlacionados com a precipitação no norte do Nordeste do Brasil em Nobre (1984).

10.6 Considerações finais

Neste capítulo foram apresentadas as principais teleconexões nos dois hemisférios e as influências sobre a América do Sul. Foram também discutidas as relações entre forçantes tropicais, extratropicais e internas na geração das teleconexões. As principais teleconexões no Hemisfério Sul que influenciam a América do Sul são o modo anular sul, o modo Pacífico-América do Sul (PSA) e o modo transpolar dado pelo TPI. Na região tropical, as teleconexões que afetam a América do Sul são principalmente o El Niño-Oscilação Sul (ENSO) e Oscilação de Madden-Julian (OMJ). As influências do Hemisfério Norte ocorrem principalmente na Região Nordeste do Brasil, através do segundo modo de variabilidade da atmosfera na região do Atlântico Norte, possivelmente associado à mudança dos centros de ação da Oscilação do Atlântico Norte (OAN). As influências do PNA e de outras teleconexões do Hemisfério Norte na América do Sul necessitam ser mais exploradas em futuros estudos. As principais teleconexões são bem representadas em modelos globais e devem ser consideradas em estudos de previsão de variabilidade climática, visando aplicações em vários setores, como agricultura e setor elétrico.

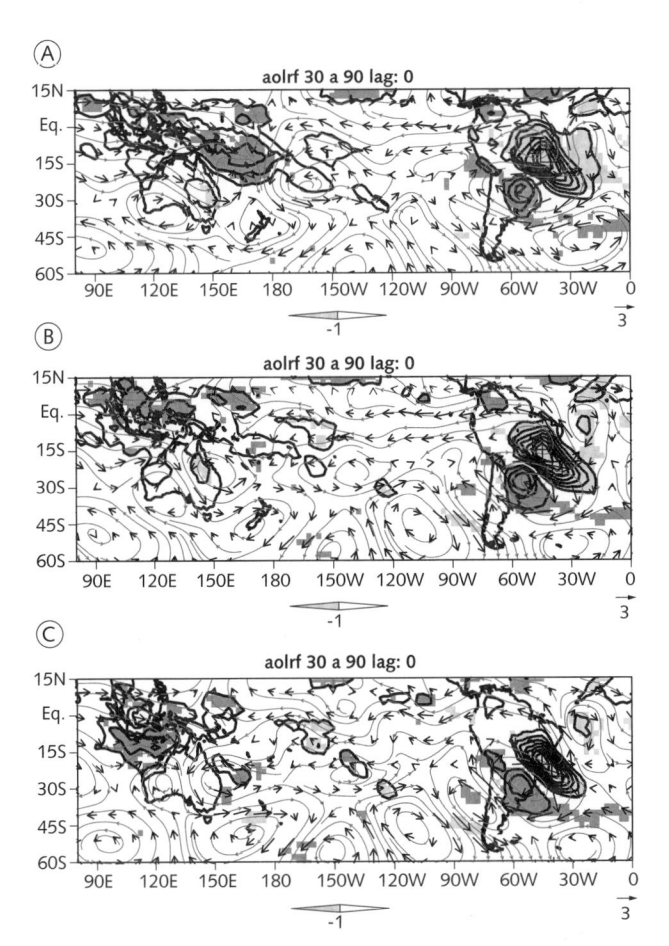

Fig. 10.10 Compostos de casos com forte atividade convectiva na região da ZCAS quando esta se encontra (A) deslocada para norte (ZCAS1), (B) na posição climatológica (ZCAS2) e (C) deslocada para sul (ZCAS3). As áreas sombreadas com cinza-escuro (+) e cinza-claro (−) indicam valores positivos ou negativos de anomalias de ROL estatisticamente significativos ao nível de 95%
Fonte: Cunningham e Cavalcanti (2006).

Referências bibliográficas

ALVAREZ, M. S.; VERA, C. S.; KILADIS, G. N.; LIEBMANN, B. Influence of the Madden Julian Oscillation on precipitation and surface air temperature in South America. *Clim. Dyn.*, v. 46, n. 1, p. 245-262, 2016. DOI: 10.1007/s00382-015-2581-6.

ALVAREZ, M. S.; VERA C. S; KILADIS, G. N.; LIEBMANN, B. Intraseasonal variability in South America during the cold season. *Clim. Dyn.*, v. 42, p. 3253-3269, 2014. DOI: 10.1007/s00382-013-1872-z.

AMBRIZZI, T.; HOSKINS, B.; HSU, H. H. Rossby wave propagation and teleconnection patterns in the austral winter. *J. Atmos. Sci.*, v. 52, p. 3661-3672, 1995.

ANDRADE, K. M. *O papel das teleconexões e de fatores regionais que influenciam a ocorrência de precipitação extrema associada a sistemas frontais sobre o Sudeste do Brasil.* Tese (Doutorado) – INPE. 2017. Disponível em: <http://urlib.net/8JMKD3MGP3W34P/3PT6RKP>.

BERBERY, E. H.; NOGUÉS-PAEGLE, J.; HOREL, J. D. Wavelike Southern Hemisphere extratropical teleconnetions. *J. Atmos. Sci.*, v. 49, p. 155-177, 1992.

BJERKNES, J. Atmospheric teleconnections from the equatorial Pacific. *Monthly Weather Review*, v. 97, p. 163-172, 1969.

BLACKMON, M. L.; LEE, Y. H.; WALLACE, J. M. Horizontal structure of 500mb height fluctuations with long, intermediate and short time scales. *J. Atmos. Sci.*, v. 41, p. 961-979, 1984.

BLACKMON, M. L.; WALLACE, J. M.; LAU, N. C.; MULLEN, S. L. An observational study of the Northern Hemisphere wintertime circulation. *J. Atmos. Sci.*, v. 34, p. 1040-1053, 1977.

BRANSTATOR, G. Analysis of general circulation model sea surface temperature anomaly simulations using a linear model, I, Forced solutions. *J. Atmos. Sci.*, v. 42, p. 2225-2241, 1985.

CAI, M.; VAN DEN DOOL, H. M. Low frequency waves and traveling storm tracks, II: Three dimensional structure. *J. Atmos. Sci.*, v. 49, p. 2506-2524, 1992.

CARVALHO, L. M. V.; JONES, C.; AMBRIZZI, T. Opposite phases of the Antarctic oscillation and relationships with intraseasonal to interannual activity in the tropics during the austral Summer. *Journal of Climate*, v. 18, p. 702-718, 2005.

CARVALHO, L. M. V.; SILVA, A. E.; JONES, C.; LIEBMANN, B.; SILVA DIAS, P. L.; ROCHA, H. R. Moisture transport and intraseasonal variability in the South America monsoon system. *Clim. Dyn.*, v. 36, 1865, 2011. DOI: https://doi.org/10.1007/s00382-010-0806-2.

CASTRO, C.; CAVALCANTI, I. F. A. A Zona de Convergência do Atlântico Sul e padrões de teleconexão. In: IX CONGRESSO LATINO-AMERICANO E IBÉRICO DE METEOROLOGIA; VII CONGRESSO ARGENTINO DE METEOROLOGIA, 2001, Buenos Aires. *Anais...* Buenos Aires: 2001.

CAVALCANTI, I. F. A. Teleconnection patterns orographically induced in model results and from observational data in the austral winter Southern Hemisphere. *Intern. J. Climatology*, v. 20, p. 1191-1206, 2000.

CAVALCANTI, I. F. A. Teleconexões no Hemisfério Sul e suas influências na circulação da América do Sul. In: CONGRESSO BRASILEIRO DE METEOROLOGIA, 7., 1992, São Paulo. *Anais...* São Paulo: SBMet, 1992. p. 3-7.

CAVALCANTI, I. F. A. The influence of extratropical Atlantic Ocean region on wet and dry years in North-Northeastern Brazil. *Front. Environ. Sci.*, v. 3, p. 1-10, April 2015. DOI: 10.3389/fenvs.2015.00034.

CAVALCANTI, I. F. A.; CUNNINGHAM, C. C. The wave four intraseasonal variability in extratropical S.H. and influences over South America. In: International Conference on Southern Hemisphere Meteorology and Oceanography, 8., 2006, Foz do Iguaçu-PR. *Proceedings...* Foz do Iguaçu: Amer. Meteor. Soc., 2006.

CAVALCANTI, I. F. A.; FLEISCHFRESSER, L. Anomalias persistentes no Hemisfério Sul. In: VIII CONGRESSO BRASILEIRO DE METEOROLOGIA; II CONGRESSO IBERO-AMERICANO DE METEOROLOGIA, 1994, Belo Horizonte-MG. *Anais...* Belo Horizonte: SBMet, 1994. p. 144-147.

CAVALCANTI, I. F. A.; MARENGO, J. A.; ALVES, L. M.; COSTA, D. F. On the opposite relation between extreme precipitation over west Amazon and southeastern Brazil: observations and model simulations. *International Journal of Climatology*, v. 37, n. 9, p. 3606-3618, 2017.

CAVALCANTI, I. F. A.; PENALBA, O. C.; GRIMM, A. M.; MENÉNDEZ, C. G.; SANCHEZ, E.; CHERCHI, A.; SORENSON, A.; ROBLEDO, F.; RIVERA, J.; PANTANO, V.; BETTOLLI, L. M.; ZANINELLI, P.;

ZAMBONI, L.; TEDESCHI, R.; DOMINGUEZ, M.; RUSCICA, R.; FLACH, R. Precipitation extremes over La Plata Basin – Review and new results from observations and climate simulation. *Journal of Hydrology*, v. 523, p. 211-230, 2015. DOI: 10.1016/j.jhydrol.2015.01.028.

CERNE, B.; VERA, C. Influence of the intraseasonal variability on heat waves in subtropical South America. *Clim. Dyn.*, v. 36, p. 2265-2277, 2011.

COELHO, C. S.; OLIVEIRA, C.; AMBRIZZI, T.; REBOITA, M.; CARPENEDO, C.; CAMPOS, J.; TOMAZIELLO, A.; PAMPUCH, L.; CUSTODIO, M. S.; DUTRA, L.; DA ROCHA, R.; REHBEIN, A. The 2014 Southeast Brazil austral summer drought: regional scale mechanisms and teleconnections. *Clim. Dyn.*, v. 46, p. 3737-3752, 2015.

CUNNINGHAM, C. C.; CAVALCANTI, I. F. A. Intraseasonal modes of variability affecting the South Atlantic Convergence Zone. *Int. J. Climatology*, v. 26, p. 1165-1180, 2006.

DING, Q.; STEIG, E. J.; BATTISTI, D. S.; WALLACE, J. M. Influence of the tropics on the Southern Annular Mode. *J. Clim.*, v. 25, p. 6330-6348, 2012. DOI: 10.1175/JCLI-D-11-00523.1.

FRAEDRICH, K.; LUTZ, M. Zonal teleconnections and longitude-time lag correlations of the 500mb geopotential along 50°S. *J. Atmos. Sci.*, v. 43, p. 2116-2126, 1986.

FREDERIKSEN, J. S.; WEBSTER, P. J. Alternative theories of atmospheric telecommunications and low-frequency fluctuations. *Reviews of Geophysics*, v. 26, p. 459-494, 1988.

GELBRECHT, M.; BOERS, N.; KURTHS, J. Phase coherence between precipitation in South America and Rossby waves. *Science Advances*, v. 4, n. 12, eaau3191, 19 Dec. 2018. DOI: 10.1126/sciadv.aau3191.

GHIL, M.; MO, K. Intraseasonal oscillations in the global atmosphere. Part I: Northern Hemisphere and Tropics. *J. Atmos. Sci.*, v. 48, p. 752-779, 1991.

GLANTZ, M. H. *Currents of change*: El Niño's impact on climate and society. Cambridge: Cambridge Univ. Press, 1996.

GONG, D.; WANG, S. Definitions of Antarctic Oscillation index. *Geophys. Res. Lett.*, v. 26, p. 459-462, 1999.

GONZALEZ, P. L. M.; VERA, C. S. Summer precipitation variability over South America on long and short intraseasonal timescales. *Clim. Dyn.*, v. 43, p. 1993-2017, 2014. DOI: https://doi.org/10.1007/s00382-013-2023-2.

HELD, I. M.; LYONS, S. W.; NIGAM, S. Transients and the extratropical response to El Niño. *J. Atmos. Sci.*, v. 46, p. 163-174, 1989.

HILDEBRANDSSON, H. H. *Quelques recherches sur les centres d'action de l'atmosphère*. Kungliga Svenska Vetenskapakadiems: Avhandlinger i Naturskyddarenden, 1897.

HOERLING, M. P.; TING, M. Organization of extratropical transients during El Niño. *Journal of Climate*, v. 7, p. 745-766, 1994.

HOREL, J. D.; WALLACE, J. M. Planetary-scale atmospheric phenomena associated with the Southern oscillation. *Monthly Weather Review*, v. 109, p. 813-829, 1981.

HOSKINS, B. J.; AMBRIZZI, T. Rossby wave propagation on a realistic longitudinally varying flow. *J. Atmos. Sci.*, v. 50, p. 1661-1671, 1993.

HOSKINS, B. J.; KAROLY, D. J. The steady linear response of a spherical atmosphere to thermal and orographic forcing. *J. Atmos. Sci.*, v. 38, p. 1179-1196, 1981.

HOSKINS, B. J.; JAMES, I. N.; WHITE, G.H. The shape, propagation and mean-flow interaction of large-scale weather systems. *J. Atmos. Sci.*, v. 40, p.1595-1612, 1983.

HSU, H. H.; LIN, S. H. Global teleconnections in the 250-mb streamfunction field during the Northern Hemisphere Winter. *Monthly Weather Review*, v. 120, p.1169-1190, 1992.

HURREL, J. W. The North Atlantic Oscillation: Climate significance and environmental impact. In: HURRELL, J. W.; KUSHNIR, Y.; OTTERSEN, G.; VISBECK, M. (Eds.). *Geophysical Monograph Series*, v. 134, 2003.

JACKSON, J. E. *User's guide to principal components*. New York: J. Wiley & Sons, 1991.

JAMES, I. N. On the forcing of planetary-scale Rossby waves by Antarctica. *Quart. J. Roy. Meteor. Soc.*, v. 114, p. 619-637, 1988.

JOLLIFFE, I. T. *Principal component analysis*. New York: Springer, 1986.

KAROLY, D. J. Southern Hemisphere circulation features associated with El Niño-Southern oscillation events. *Journal of Climate*, v. 2, p. 1239-1252, 1989.

KIDSON, J. W. Eigenvector analysis of monthly mean surface data. *Monthly Weather Review*, v. 103, p. 177-186, 1975.

KIDSON, J. W. Intraseasonal variations in the Southern Hemisphere circulation. *Journal of Climate*, v. 4, p. 939-953, 1991.

KIDSON, J. W. Principal modes of Southern Hemisphere low-frequency variability obtained from NCEP–NCAR reanalyses. *Journal of Climate*, v. 12, p. 2808-2830, 1999.

KILADIS, G. N.; MO, K. Interannual and intraseasonal variability in the Southern Hemisphere. In: KAROLY, D. J.; VINCENT, D. G. *Meteorology of the Southern Hemisphere*. Boston: Amer. Meteor. Soc., 1998. p. 307-336.

KLASA, M.; DEROME, J.; SHENG, J. On the interaction between the synoptic-scale eddies and the PNA teleconnection pattern. *Contributions to Atmospheric Physics*, v. 65, p. 211-222, 1992.

LEATHERS, D. J.; YARNAL, B.; PALECKI, M. A. The Pacific/North American teleconnection pattern and United States climate. Part I: Regional temperature and precipitation associations. *Journal of Climate*, v. 4, p. 517-528, 1991. DOI: https://doi.org/10.1175/1520-0442(1991)004<0517:TPATPA>2.0.CO;2.

LOCKYER, N.; LOCKYER, W. J. S. The behavior of the short-period atmospheric pressure variations over the earth's surface. *Proceedings of the Royal Society of London*, v. 73, p. 457-470, 1904.

MENEGHINI, B.; SIMMONDS, I.; SMITH, I. N. Association between Australian rainfall and the Southern Annular Mode. *Int. J. Climatol.*, v. 27, p. 109-121, 2007. DOI: 10.1002/joc.1370.

MO, K. C.; GHIL, M. Statistics and dynamics of persistent anomalies. *J. Atmos. Sci.*, v. 44, p. 877-901, 1987.

MO, K. C.; HIGGINS, R. W. The Pacific-South American modes and tropical convection during the Southern Hemisphere winter. *Monthly Weather Review*, v. 126, p. 1581-1596, 1998.

MO, K. C.; PAEGLE, J. N. The Pacific-South American modes and their downstream effects. *Intern. J. Climatology*, v. 21, p. 1211-1229, 2001.

MO, K. C.; WHITE, G. H. Teleconnections in the Southern Hemisphere. *Monthly Weather Review*, v. 113, p. 22-37, 1985.

MÜLLER, G. V.; AMBRIZZI, T. Teleconnection patterns and Rossby wave propagation associated to generalized frosts over Southern South America. *Climate Dynamics*, v. 29, p. 633-645, 2007.

MÜLLER, G. V.; AMBRIZZI, T.; NUÑEZ, M. Mean atmospheric circulation leading to generalized frosts in Central Southern South America. *Theor. Appl. Climatology*, v. 82, p. 95-112, 2005.

NAKAMURA, H.; TANAKA, M.; WALLACE, J. M. Horizontal structure and energetics of N.H. wintertime teleconnections. *J. Atmos. Sci.*, v. 44, p. 3377-3391, 1987.

NAMIAS, J. Influence of northern hemisphere general circulation on drought in northeast Brazil. *Tellus*, v. 24, p. 336-342, 1972.

NAMIAS, J. Multiple causes of the N. A. abnormal winter 1976-1977. *Monthly Weather Review*, v. 106, p. 279 295, 1978.

NOBRE, P. *Fonte de calor nos trópicos e escoamentos anômalos de larga escala associados com anomalias de precipitação no nordeste do Brasil*. 1984. Dissertação (Mestrado em Meteorologia) – INPE, São José dos Campos, 1984.

NOBRE, P.; SHUKLA, J. Variations of sea surface temperature, wind stress and rainfall over the tropical Atlantic and South America. *Journal of Climate*, v. 9, p. 2464-2479, 1996.

PEDLOSKY, J. *Waves in the ocean and atmosphere*: Introduction to wave dynamics. New York: Springer-Verlag, 2003.

PITTOCK, A. B. Patterns of climatic variation in Argentine and Chile – I: Precipitation, 1931-1960. *Monthly Weather Review*, v. 109, p. 1347-1361, 1980.

REBOITA, M. S.; AMBRIZZI, T.; DA ROCHA, R. P. Relationship between the SAM and the SH atmospheric systems. *Revista Brasileira de Meteorologia*, v. 24, p. 48-55, 2009.

ROGERS, J. C.; VAN LOON, H. Spatial variability of sea level pressure and 500mb height anomalies over the Southern Hemisphere. *Monthly Weather Review*, v. 110, p. 1375-1392, 1982.

ROGERS, J. C.; VAN LOON, H. The seesaw in Winter temperatures between Greenland and Northern Europe. Part II: Some oceanic and atmospheric effects in middle and high latitudes. *Monthly Weather Review*, v. 107, p. 509-519, 1979.

SILVESTRE, G. E.; VERA, C. S. Antarctic Oscillation signal on precipitation anomalies over southeastern South America. *Geophys. Res. Lett.*, v. 30, n. 21, p. 2115-2118, 2003. DOI: 10.1029/2003GL018277.

SIMMONS, A. J.; WALLACE, J. M.; BRANSTATOR, G. W. Barotropic wave propagation and instability, and atmospheric teleconnection patterns. *J. Atmos. Sci.*, v. 40, p. 1363-1392, 1983.

SINCLAIR, M. R.; RENWICK, J. A.; KIDSON, J. W. Low-frequency variability of Southern Hemisphere sea level pressure and weather system activity. *Monthly Weather Review*, v. 125, p. 2531-2543, 1997.

SOUZA, P.; CAVALCANTI, I. F. A. Atmospheric centres of action associated with the Atlantic ITCZ position. *Int. J. Climatology*, 2009. DOI: 10.1002/joc.1823.

SOUZA, P.; CAVALCANTI, I. F. A. Atmospheric circulation and sea surface temperature analysis, for cases of anomalous positioning of the Intertropical Convergence Zone associated with the North Atlantic Oscillation. In: International Conference on Southern Hemisphere Meteorology and Oceanography, 8., 2006, Foz do Iguaçu-PR. *Proceedings...* Foz do Iguaçu: Amer. Meteor. Soc., 2006.

SUN, D.; XUE, F.; ZHOU, T. Impacts of two types of El Niño on atmospheric circulation in the Southern Hemisphere. *Adv. Atmos. Sci.*, v. 30, 1732, 2013. DOI: https://doi.org/10.1007/s00376-013-2287-9.

THOMPSON, D. W. J.; WALLACE, J. M. Annular modes in the extratropical circulation. Part I: Month-to-month variability. *J. Climate*, v. 13, p. 1000-1016, 2000.

TRENBERTH, K. E. Planetary waves at 500mb in the Southern Hemisphere. *Monthly Weather Review*, v. 108, p. 1378-1389, 1980.

TRENBERTH, K. E. Storm tracks in the Southern Hemisphere. *J. Atmos. Sci.*, v. 48, p. 2159-2178, 1991.

TRENBERTH, K. E.; MO, K. C. Blocking in the Southern Hemisphere. *Monthly Weather Review*, v. 113, p. 3-21, 1985.

VAN LOON, H.; JENNE, R. L. The zonal harmonic standing waves in the Southern Hemisphere. *J. Geophys. Res.*, v. 77, p. 3846-3855, 1972.

VAN LOON, H.; ROGERS, J. C. The seesaw in winter temperatures between Greenland and Northern Europe. Part I: General description. *Monthly Weather Review*, v. 106, p. 296-310, 1978.

VASCONCELLOS, F. C.; CAVALCANTI, I. F. A. Extreme precipitation over Southeastern Brazil in the austral summer and relations with the Southern Hemisphere annular mode. *Atmospheric Science Letters*, v. 11, n. 1, p. 21-26, 2010.

VASCONCELLOS, F. C.; PIZZOCHERO, R. M.; CAVALCANTI, I. F. A. Month-to-Month Impacts of Southern Annular Mode Over South America Climate. *Anuário Do Instituto de Geociências* – UFRJ, v. 42, p. 783-792, 2019.

VERA, C. S.; ALVAREZ, M. S.; GONZALEZ, P. L. M.; LIEBMANN, B.; KILADIS, G. N. Seasonal cycle of precipitation variability in South America on intra-seasonal timescales. *Clim. Dyn.* v. 51, p. 1991-2001, 2018. DOI: 10.1007/s00382-017-3994-1.

WALKER, G. T. Correlation in seasonal variation of weather. *Mem. Ind. Meteor. Dept.*, v. 24, p. 275-332, 1924.

WALKER, G. T.; BLISS, E. W. World Weather V. *Mem. Roy. Meteor. Soc.*, v. 4, n. 36, p. 53-84, 1932.

WALLACE, J. M.; GUTZLER, D. S. Teleconnections in the geopotencial height field during the Northern Hemisphere winter. *Monthly Weather Review*, v. 109, p. 785-812, 1981.

WALLACE, J. M.; LAU, N. C. On the role of barotropic energy conversion in the general circulation. In: MANABE, S. (Ed.). *Issues in atmospheric and oceanic modeling* – Part A: Climate Dynamics. Orlando, FL: Academic Press, 1985. p. 33-74.

YUAN, X.; LI, C. Climate modes in southern high latitudes and their impacts on Antarctic sea ice. *J. Geophys. Res.*, v. 113, C06S91, 2008. DOI: 10.1029/2006JC004067.

11 | Bloqueios atmosféricos

Tércio Ambrizzi
Rosa Marques
Ernani Nascimento

A circulação atmosférica de latitudes médias em altos níveis é caracterizada predominantemente por um escoamento zonal de oeste que, por sua vez, conduz o deslocamento dos sistemas baroclínicos migratórios, tais como as frentes, os ciclones, os anticiclones e os *storm tracks*. Em contraste, sob condições de bloqueio, a presença de um anticiclone quase estacionário de grande amplitude nas latitudes médias obstrui a progressão normal dos sistemas sinóticos para leste.

Na situação típica de bloqueio, um anticiclone quente semiestacionário se estabelece em latitudes mais altas do que aquelas onde se localizam as altas subtropicais, sendo ocasionalmente acompanhado por uma baixa fria em seu flanco equatorial (Trenberth; Mo, 1985). Uma característica da circulação atmosférica em altos níveis associada à situação de bloqueio é a divisão da corrente de jato em dois ramos que contornam os flancos do bloqueio, promovendo um rompimento do padrão zonal que altera o deslocamento de oeste dos sistemas sinóticos. Os sistemas sinóticos tornam-se mais meridionalmente alongados e zonalmente confinados ao aproximarem-se pelo oeste de uma região de bloqueio, tornando-se estacionários em uma longitude ou desviando-se para nordeste (NE) ou sudeste (SE) enquanto contornam o bloqueio. Durante essa sequência de eventos, a posição latitudinal da corrente de jato é alterada, arrastando consigo a trajetória de perturbações atmosféricas transientes (*storm tracks*), que são aí fortalecidas (Blackmon; Mullen; Bates, 1986; Trenberth, 1986; Liu, 1994).

Vários pesquisadores têm estudado bloqueios, motivados pela possibilidade de melhorar e estender o prazo da previsão de tempo e pelo desafio de estabelecer uma teoria única que explique a formação, manutenção e dissipação do fenômeno. A maioria das investigações voltadas para explicar o bloqueio está direcionada para o Hemisfério Norte (HN), porém, atualmente já existem na literatura vários estudos focados no Hemisfério Sul (HS), o qual será enfatizado na presente revisão.

11.1 Bloqueios atmosféricos, descrição sinótica e critérios de identificação

Em seu estudo clássico, Willet (1949) indicou que a circulação atmosférica de grande escala em latitudes médias tende a variar entre duas situações distintas. Na primeira prevalece o escoamento zonal (circulação de alto índice zonal), em que os distúrbios baroclínicos transientes deslocam-se livremente para leste; na outra situação, o escoamento meridional é mais intenso (circulação de baixo índice zonal), e age como uma obstrução para o deslocamento dos transientes. A esse segundo padrão de circulação estão associados os bloqueios atmosféricos.

Entretanto, fica claro na literatura que não há uma definição objetiva e única para os bloqueios, que podem representar diferentes ideias para diferentes autores. Meteorologistas operacionais, lidando com previsão de tempo no dia a dia, e pesquisadores, em um âmbito mais acadêmico, tendem a interpretar os padrões de bloqueios a partir de pontos de vista distintos (Austin, 1980).

Numa descrição sinótica, o bloqueio corresponde a uma anomalia persistente de alta pressão, com deslocamento meridional característico em relação às trajetórias normais médias das perturbações atmosféricas nos subtrópicos e latitudes médias (Coughlan, 1983). Uma célula de alta pressão estacionária com estrutura barotrópica persiste em uma região onde os ventos de oeste são normalmente observados, ou seja, em latitudes significativamente mais altas que as equivalentes à posição climatológica dos anticiclones (*vide* Fig. 11.1A). Sob essa configuração, o escoamento de oeste em altos níveis sofre um desvio na direção das latitudes mais altas, contornando a anomalia de alta pressão e caracterizando o chamado padrão ômega – no caso do Hemisfério Sul, é uma letra Ω invertida.

Em alguns casos, uma anomalia de baixa pressão posiciona-se no flanco equatorial do anticiclone, e pode se fechar em uma baixa fria desprendida (*cut-off low*, em inglês), caracterizando um dipolo. Nessa situação, é observada também uma deflexão dos ventos de oeste no sentido das latitudes mais baixas, contornando o lado equatorial da baixa fria. Esse duplo máximo na componente zonal do vento surge como uma bifurcação do escoamento de oeste em níveis superiores (Fig. 11.1B). O estabelecimento de um padrão de bloqueio representa uma alteração significativa no escoamento da atmosfera nas latitudes médias e nos subtrópicos, tornando-o menos zonal. Seu impacto sinótico mais relevante é o de agir como uma barreira para a migração dos sistemas meteorológicos transientes provenientes de latitudes mais altas.

Por outro lado, devido ao seu caráter persistente, durante os períodos de bloqueio a previsibilidade do tempo na região afetada por esse sistema é aumentada (Okland; Lejeñas, 1987; Tibaldi et al., 1994).

É interessante destacar que, na investigação de padrões de bloqueios, é comum ressaltar a diferença entre *blocked flow* (escoamento bloqueado) e *blocking* (bloqueio). O escoamento bloqueado está associado a um padrão de circulação que satisfaz determinadas condições que caracterizam a obstrução, por um anticiclone, do escoamento de oeste em latitudes médias. Por sua vez, o termo bloqueio denomina um padrão de escoamento que, além de satisfazer os critérios que caracterizam um escoamento bloqueado, apresenta também um caráter persistente (Nascimento, 1998).

De uma forma geral, para se identificarem os bloqueios, são empregados métodos semelhantes aos utilizados pioneiramente por Rex (1950a, 1950b) – a partir da identificação de configurações nos campos de pressão

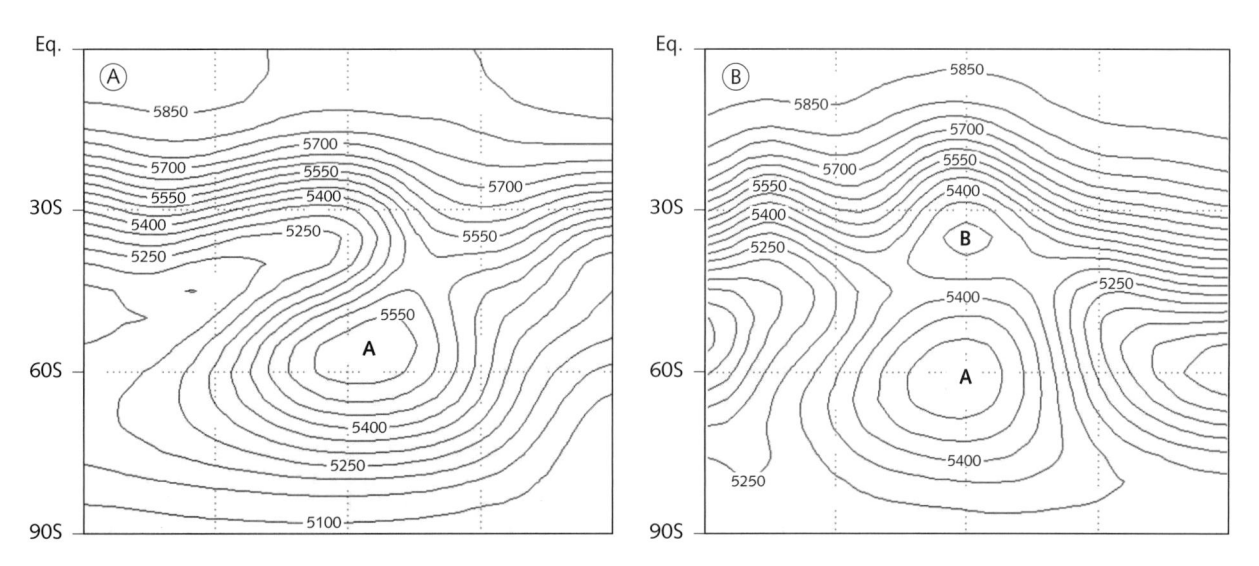

Fig. 11.1 Campos do geopotencial em 500 hPa para o Hemisfério Sul na presença de sistemas de bloqueio: (A) padrão ômega; e (B) padrão dipolo
Fonte: adaptado de Nascimento e Ambrizzi (2002).

(ou geopotencial) e de vento que satisfazem determinados critérios e enfocam as propriedades cinemáticas do escoamento –, ou então são usados critérios mais objetivos, como os inicialmente propostos por Dole (1978).

Entre os critérios não objetivos (ou seja, similares aos de Rex) utilizados para a identificação de bloqueios no Hemisfério Sul, citam-se os seguintes:

a] Van Loon (1956):
- O deslocamento do sistema de bloqueio, dado pelo movimento do centro de alta, não deve exceder 25° de longitude em 45° S durante todo o seu período.
- O centro do anticiclone de bloqueio deve estar pelo menos 10° de latitude mais ao sul do cinturão de altas pressões subtropicais.
- O bloqueio deve durar pelo menos seis dias.

b] Wright (1974):
- O escoamento básico de oeste (em 500 hPa) deve se dividir em dois ramos.
- A média de cinco dias da posição da crista em 500 hPa em 45° S (definindo a longitude do bloqueio) deve ter uma taxa de progressão de menos de 20° de longitude por semana, e não deve progredir mais do que 30° de longitude durante toda a duração do evento.
- A crista na longitude do bloqueio deve estar pelo menos 7° de latitude mais ao sul que a posição normal do cinturão de altas pressões subtropicais, e é mantida com apreciável continuidade.
- A duração do evento deve ser de pelo menos seis dias.

c] Casarin e Kousky (1982):
- O escoamento de oeste divide-se em dois ramos.
- As posições inicial e final do bloqueio são aquelas longitudes onde o módulo da vorticidade é máximo.
- O deslocamento total do bloqueio deve ser menor ou igual a 25° de longitude durante o período total do evento.
- A situação de bloqueio deve se manter no mínimo por seis dias consecutivos.

- A data inicial de cada situação de bloqueio é determinada pelo aparecimento da condição expressa no primeiro item. A data final é determinada pelo desaparecimento de uma, ou mais, das condições expressas no primeiro, terceiro e quarto item.

Esses trabalhos, seguindo a filosofia das investigações desenvolvidas para o Hemisfério Norte, tentam reduzir ao máximo a subjetividade na caracterização dos bloqueios. Nesse sentido, os critérios objetivos de identificação de bloqueios, como os índices zonais, por exemplo, são mais apropriados. Primeiramente, Dole (1978) avaliou se certos métodos quantitativos poderiam ser usados para analisar a estrutura e a evolução temporal dos bloqueios. Ele indicou que os bloqueios estariam relacionados a anomalias do campo de altura geopotencial em relação à climatologia.

Nessa linha, Charney, Shukla e Mo (1981) identificaram os eventos de bloqueio como acentuadas anomalias positivas do geopotencial em 500 hPa, estendendo-se por um período suficientemente longo. Desde os anos 1980 a 2000, a maioria dos índices desenvolvidos para detecção de bloqueios se baseia na subtração da altura geopotencial em 500 hPa em um ponto no equador e outro no polo de uma dada latitude central, como o índice de Lejeñas (1984) e Lejeñas e Okland (1983). Trenberth e Mo (1985) utilizaram um método de identificação envolvendo limiares de anomalias de altura geopotencial em 500 hPa e em 1.000 hPa. Já Kayano e Kousky (1990) criaram um índice para o Hemisfério Sul inteiramente baseado na diferença de pressão média ao nível do mar entre 35° S e 55° S, similar ao de Lejeñas e Okland (1983), dado por:

$$IP = PNM(35° S) - PNM(55° S)$$

em que IP é o índice de pressão e PNM é a pressão ao nível médio do mar.

Outro índice desenvolvido pelo Australian Bureau of Meteorology é o do vento zonal (u) em 250 hPa, definido como:

$$IU = 0,5\,[u(25° S) + u(30° S) + u(55° S) + (60° S) - u(40° S) - u(50° S) - 2u(45° S)]$$

Esses dois últimos índices foram aplicados separadamente em análises pentadais, e os critérios empregados para a identificação de escoamentos bloqueados foram:

$$IP = < 10 \text{ hPa e } IU > 35 \text{ ms}^{-1}$$

Para que uma região fosse considerada sob a ação de um bloqueio, esses critérios deveriam ser satisfeitos para três longitudes consecutivas (em uma malha com resolução longitudinal de 2,5). Kayano e Kousky (1990), após avaliarem o desempenho dos índices na identificação correta das situações de bloqueios entre 1979 e 1985, concluíram que o índice IP é fortemente influenciado pela orografia, tendendo a identificar erradamente episódios de bloqueios a leste dos Andes e sobre a África. Assim, esse índice seria mais apropriado para regiões oceânicas. O índice IU, por sua vez, não é afetado pela orografia, mas superestima as variações sazonais.

Tibaldi e Molteni (1990) modificaram ligeiramente o índice de Lejeñas e Okland (1983), propondo um cálculo de gradientes de altura geopotencial e aplicando critérios mais restritivos para a identificação de escoamentos bloqueados. Tibaldi et al. (1994) aplicaram esse mesmo índice para latitudes do Hemisfério Sul, definido da seguinte forma:

$$GHGS = \frac{Z(F_S) - Z(F_0)}{(F_S - F_0)}$$

$$GHGN = \frac{Z(F_0) - Z(F_N)}{(F_0 - F_N)}$$

em que:
$F_N = 55°\text{ S} + D$;
$F = 35°\text{ S} + D$;
$F_0 = 65°\text{ S} + D$;
$D_S = -3,75°, 0°$ ou $+$.

O escoamento em uma dada longitude é então definido como bloqueado se as seguintes condições (para o Hemisfério Sul) forem satisfeitas para pelo menos um valor de:

$$GHGN > 0,0$$
$$GHGS < -10 \text{ mgp/° latitude}$$

Esta última condição foi adicionada para que as baixas desprendidas localizadas anormalmente ao sul não fossem erroneamente identificadas como bloqueios.

Anderson (1993), investigando o *skill* do modelo MRF do então National Meteorological Center (atual NCEP) em prever eventos de bloqueios, utilizou um critério objetivo, baseando-se no fato de que os bloqueios tendem a gerar anomalias de leste no setor bloqueado do escoamento em latitudes médias. Esse critério consistiu na determinação da intensidade máxima das anomalias de leste, avaliando-se as funções de corrente em faixas latitudinais entre 37,6° e 69,8° de ambos os hemisférios. Uma anomalia de leste, apresentando um valor maior do que um dado limiar mínimo, estendendo-se longitudinalmente e durante mais de um dia, seria associada a uma situação de bloqueio.

Num estudo climatológico para o Hemisfério Sul, Sinclair (1996) empregou um outro critério objetivo para identificar bloqueios. Primeiramente, Sinclair identificou os centros de ação dos anticiclones como centros de anomalias positivas de geopotencial a partir das análises do modelo do ECMWF. Em seguida, com um código computacional, seguiu o movimento dos anticiclones baseando-se em três informações: seu deslocamento nos horários anteriores, a tendência do geopotencial e seu posicionamento na análise do ECMWF no horário seguinte. Com as informações sobre o movimento dos anticiclones, Sinclair caracterizou como bloqueios os sistemas anticiclônicos de latitudes médias posicionados onde normalmente se observa um escoamento de alto índice zonal de oeste, com duração de pelo menos cinco dias e que se deslocam menos de 20° de longitude durante seu ciclo de vida.

Devido à formação de altas pressões no polo e baixas pressões no equador, eventos de bloqueios também estão associados a anomalias positivas de temperatura. Em termos de circulação, a baixa pressão associada ao bloqueio, devida à circulação ciclônica adjacente, faz com que o ar de médias e baixas latitudes seja trazido para latitudes mais altas, e a circulação anticiclônica associada à alta pressão faz com que o ar mais quente de baixas e médias latitudes fique confinado na região do bloqueio e também o ar frio de altas latitudes seja levado em direção ao equador, o que, por sua vez, faz com que o gradiente meridional de temperatura, em escoamento não bloqueado, aponte na direção do equador (ar mais quente ao equador e ar mais frio ao polo) e se inverta (ar mais frio ao polo e ar mais quente ao equador).

Como bloqueios são anomalias barotrópicas (estão presentes em todos os níveis da troposfera), Pelly e Hoskins (2003a) observaram que os contrastes de temperatura devidos a eventos de bloqueios são mais facilmente identificados nos campos de temperatura potencial na tropopausa dinâmica ou na superfície de +2PVU (*potential vorticity unity*, ou unidades de vorticidade potencial) no Hemisfério Norte e −2PVU no Hemisfério Sul. Assim, o seguinte índice pode ser usado para detectar eventos de bloqueios e escoamento bloqueado (Pelly; Hoskins, 2003a):

$$B = \frac{2}{\Delta\varphi}\int_{\varphi_0}^{\varphi_0+\Delta\varphi/2}\theta\,d\varphi - \frac{2}{\Delta\varphi}\int_{\varphi_0-\Delta\varphi/2}^{\varphi_0}\theta\,d\varphi$$

em que, assim como para o índice de Tibaldi e Molteni (1990), $\varphi_0 = \varphi_c+\Delta$, que representa uma latitude central que pode variar em $\Delta = \pm 3{,}75°$; $\Delta\varphi = 30°$, que representa a típica escala meridional de um bloqueio; e θ representa o campo de temperatura potencial na tropopausa dinâmica. Os dois termos à direita da equação representam a média meridional da temperatura potencial a norte e a sul, respectivamente.

Esse índice consiste basicamente na diferença entre as médias meridionais de temperatura a norte e a sul de uma dada latitude central φ_0. A fim de suavizar os campos de θ, uma média zonal de $\Delta\lambda = 3°$ é utilizada antes dos cálculos do índice B, assim como esquematizado na Fig. 11.2.

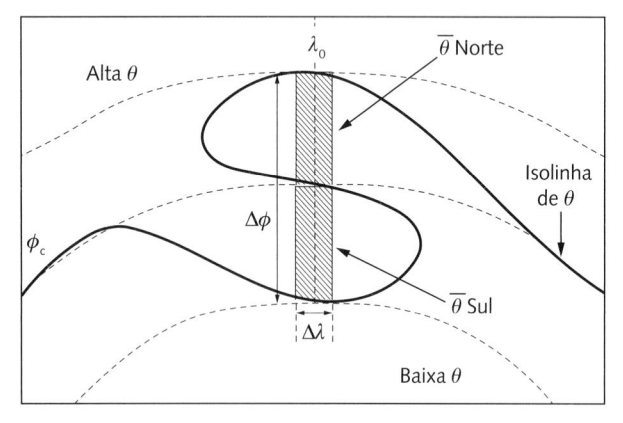

Fig. 11.2 Representação esquemática dos parâmetros para a identificação de bloqueios usando o campo de temperatura potencial θ na tropopausa dinâmica
Fonte: adaptado de Pelly e Hoskins (2003a) e Campos (2014).

Particularmente, os trabalhos que usam esse índice para o Hemisfério Norte (Pelly; Hoskins, 2003a; Barnes; Slingo; Woollings, 2012) e para o Hemisfério Sul (Berrisford; Hoskins; Tyrlis, 2007) utilizam a latitude média anual das *storm tracks*, que é derivada a partir do máximo da energia cinética transiente (energia cinética calculada usando o vento zonal filtrado na banda entre três e sete dias).

Devido à grande variabilidade latitudinal das *storm tracks* ao longo do ano, trabalhos recentes, como Oliveira e Ambrizzi (2016) e Berrisford, Hoskins e Tyrlis (2007), calculam os índices já mencionados para todas as latitudes dos Hemisférios Norte e Sul.

Como nem todos os eventos de escoamento bloqueado representam eventos de bloqueios, Barnes, Slingo e Woollings (2012), a fim de comparar a climatologia de bloqueios extraída de dados de reanálises e saídas de modelos de circulação geral da atmosfera do projeto CMIP5 (*Coupled Model Intercomparison Phase 5*), desenvolveram uma metodologia para detecção de bloqueios, apresentada na Fig. 11.3.

Nessa metodologia, primeiro calcula-se o índice B em todas as longitudes de uma dada latitude central, e identificam-se os eventos de fluxo bloqueado, chamados de longitudes bloqueadas instantâneas (LBI): no Hemisfério Sul, se B > 0, consideramos uma LBI, e no Hemisfério Norte, o oposto. Como um bloqueio tem certa extensão espacial de pelo menos W = 15°, lacunas entre duas LBIs de até L = 7,5° são consideradas como bloqueadas, formando assim um grupo de longitudes bloqueadas instantâneas (GLBI).

Com a lista inicial de GLBIs, critérios de persistência são aplicados. O primeiro critério é verificar se dois GLBIs se sobrepõem até P = 10° um dia antes e um dia depois; caso eles se sobreponham às LBIs que não estão "bloqueadas" entre as duas GLBIs nos dias t − 1 e t + 1, são considerados bloqueados. O segundo critério de persistência é verificar se esses GLBIs persistem pelo menos T dias e verificar se o ponto médio das GLBIs não se desloca X = 45° desde a sua gênese ao seu decaimento. Se esses critérios forem verificados, consideramos esses GLBIs como sendo eventos de bloqueios.

Barnes, Slingo e Woollings (2012) aplicaram esse mesmo critério para os índices baseados na altura geopotencial e na inversão do vento zonal para o Hemisfério Norte. Encontraram que o índice baseado na temperatura potencial tem uma melhor taxa de detecção que os outros índices.

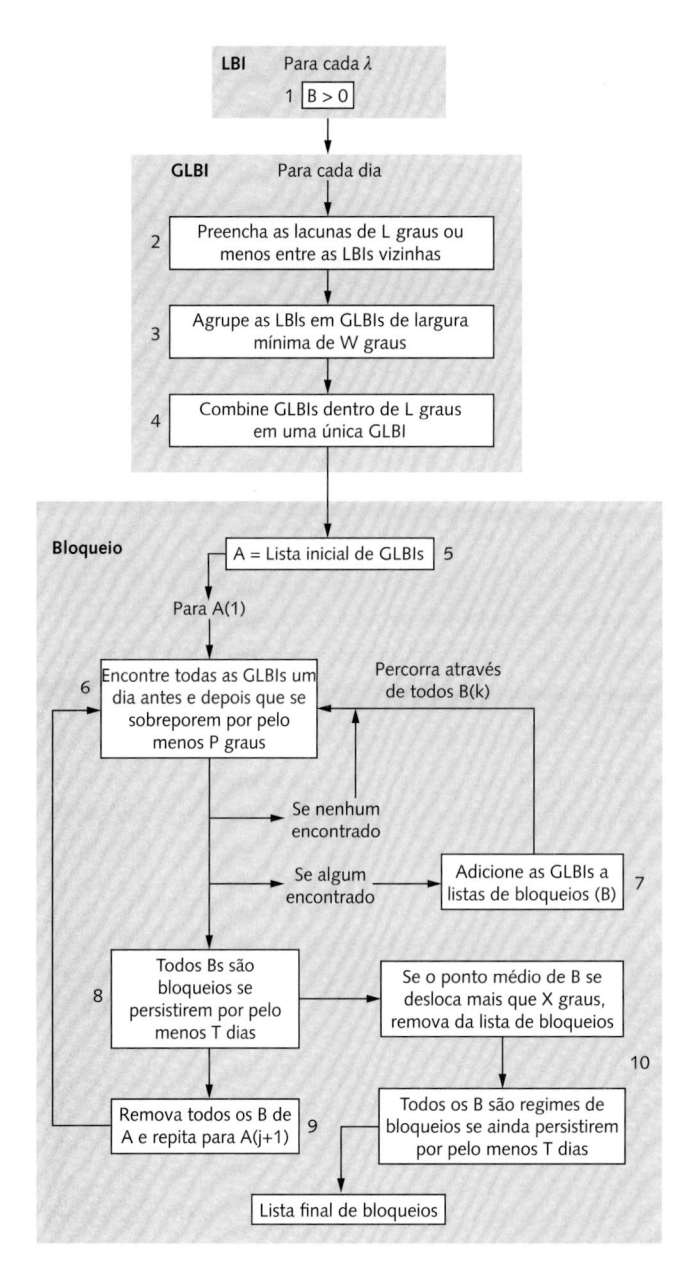

Fig. 11.3 Algoritmo para identificação de bloqueios
Fonte: adaptado de Barnes, Slingo e Woollings (2012) e Campos (2014).

Assim, evidencia-se um grande número de definições e critérios, subjetivos e objetivos, que são utilizados para a identificação de bloqueios. A metodologia proposta por Lejeñas e Okland (1983), apesar de provavelmente ser a mais utilizada, não pode ser considerada como um padrão universalmente aceito e empregado. Percebe-se, mesmo nas investigações que procuram caracterizar bloqueios de uma forma objetiva, que há ainda uma certa subjetividade intrínseca, especialmente no que diz respeito a dois aspectos associados à quase estacionariedade do sistema:

→ a determinação da duração mínima para que um escoamento referido como bloqueado seja considerado de fato um evento de bloqueio;

→ o deslocamento longitudinal máximo do anticiclone ao longo do ciclo de vida do sistema para que, definitivamente, represente um padrão de bloqueio.

11.2 Bloqueios no Hemisfério Sul: climatologia

Desde os trabalhos do final da década de 1940, os bloqueios no Hemisfério Norte sempre foram extensamente estudados e estão bem documentados, principalmente no que diz respeito à sua climatologia. Para o Hemisfério Sul, poucos trabalhos abordando o assunto foram publicados antes da década de 1980, podendo-se citar o de Van Loon (1956), considerado a investigação pioneira sobre bloqueios no hemisfério austral.

A partir dos anos 1980, um maior interesse foi enfocado no estudo da ação de bloqueios no Hemisfério Sul, basicamente motivado pela melhora significativa na representatividade dos campos meteorológicos nesse hemisfério. Esse interesse é evidenciado pelos trabalhos explorando a climatologia dos bloqueios, como Casarin e Kousky (1982), Coughlan (1983), Lejeñas (1984), Trenberth e Mo (1985), Kayano e Kousky (1990), Rutllant e Fuenzalida (1991), Tibaldi et al. (1994), Marques e Rao (1996), Marques (1996), Sinclair (1996), Fuentes (1997), Nascimento (1998), Nascimento e Ambrizzi (2002), Wiedenmann et al. (2002) e, mais recentemente, Mendes et al. (2005).

Como resultado de algumas comparações de regimes climatológicos de bloqueios nos dois hemisférios, algumas diferenças são caracterizadas:

→ A duração dos bloqueios no Hemisfério Sul (HS) é menor que no Hemisfério Norte (HN) (Van Loon, 1956; Trenberth, 1986; Tibaldi et al., 1994), e isso é atribuído à presença de ventos troposféricos de oeste, comparativamente mais intensos no HS nas latitudes altas e médias (Trenberth, 1986).

→ Escoamentos bloqueados em 500 hPa não são tão frequentes no HS quanto no HN (Lejeñas, 1984; Tibaldi et al., 1994); contudo, Coughlan (1983) mostrou que a frequência de bloqueios na região da Austrália-Nova Zelândia tem magnitude comparável à observada nas regiões preferenciais de bloqueio do HN.

→ Bloqueios no HS estão, em média, localizados em latitudes mais baixas que no HN (Lejeñas, 1984).

O papel exercido pela orografia de grande escala é considerado um dos mecanismos mais participativos na forçante de bloqueios no HN. Entretanto, a reduzida presença de orografia nas latitudes médias do HS sugere que a forçante térmica, particularmente a representada pelas variações longitudinais na temperatura da superfície do mar, seja pelo menos tão importante quanto a orografia (Coughlan, 1983). No que concerne às regiões preferenciais para a ocorrência de bloqueios no Hemisfério Sul, o setor leste da Austrália-Nova Zelândia (ANZ) é apontado como a região mais propícia para a ocorrência desses fenômenos (Marques; Rao, 1999). Além dessa região, outras duas são indicadas, desde os trabalhos pioneiros, como apresentando máximos secundários de ocorrência de bloqueios: o setor do Atlântico Sul a sudeste da costa da América do Sul, e no Oceano Índico a sudeste da costa da África. A variação sazonal da frequência de bloqueios no Hemisfério Sul também é outro aspecto climatológico importante. Tibaldi et al. (1994) salientaram que a frequência de bloqueios nesse hemisfério apresenta uma dependência sazonal menos intensa que a correspondente para o Hemisfério Norte. Contudo, dependendo da faixa latitudinal considerada, uma certa dependência é perceptível e foi identificada em alguns trabalhos.

A partir de uma série temporal de 14 anos (1980-1993), Marques e Rao (1996, 1999) mostraram que, para os setores a leste e oeste da América do Sul, a frequência dos bloqueios é maior durante os meses de inverno e primavera. Por outro lado, quando se analisou a variação mensal da frequência de bloqueios para cada região oceânica no HS, para os setores da ANZ e do Oceano Índico a dependência sazonal apresentou-se mais fraca, ou seja, a frequência se manteve alta em quase todo o ano na ANZ e baixa no Índico e Atlântico. Fuentes (1997), focalizando sua investigação na região próxima à América do Sul, indicou frequências maiores para os meses de outono e inverno na distribuição sazonal do número de casos de bloqueios entre as longitudes de 130° W e 0° W para o período entre 1979 e 1995, o que concorda com os resultados de Marques e Rao já mencionados. Em termos da variação interanual da frequência de bloqueios ao longo do HS, ela pode ter uma distribuição bem irregular de ano para ano. As análises para o período de 1980 a 1993 desenvolvidas por Marques (1996) evidenciam essa variabilidade.

Uma possível associação entre a frequência de bloqueios e as fases quente e fria do fenômeno ENOS (El Niño-Oscilação Sul), particularmente no setor do Pacífico, foi sugerida por Kayano e Kousky (1990). Nos anos de La Niña estudados, foi identificado um número maior de bloqueios na região da ANZ, e, em contrapartida, um número menor nos anos de El Niño. Utilizando uma série temporal maior, Marques (1996) obteve resultados semelhantes. Em particular, a autora mostrou que os bloqueios nos anos de La Niña são mais do que o dobro dos anos de El Niño, em torno de 180°. Um segundo máximo próximo à costa oeste da América do Sul mostra uma frequência ligeiramente maior para os anos de El Niño, assim como na região do Oceano Índico.

11.3 Bloqueios e os processos de alta e baixa frequência na atmosfera

Ao procurar entender os mecanismos que favorecem a formação e a manutenção dos bloqueios, torna-se necessário enfocar esses fenômenos a partir de uma escala maior do que a sinótica, na qual os bloqueios são vistos como ondas planetárias caracterizadas por sua quase estacionariedade e grande amplitude. Nesse sentido, a interação das ondas planetárias com processos de alta e baixa frequência na atmosfera torna-se um ponto crucial (Nakamura; Nakamura; Anderson, 1997) e indica a natureza altamente não linear associada ao fenômeno.

Em um dos trabalhos pioneiros sobre bloqueios, Rex (1950a, 1950b) sugeriu que a interação entre transientes de escala sinótica pode ser um mecanismo importante para a formação desses fenômenos. A grande quantidade de estudos realizados até hoje, enfocando o papel dos mecanismos de alta frequência na formação, manutenção e dissipação dos bloqueios, evidencia a relevância e a complexidade do assunto e colaborou para que os bloqueios se tornassem uma das estruturas atmosféricas mais investigadas. Estudos observacionais e/ou numéricos, como os de Hansen e Chen (1982), Illari e

Marshall (1983), Shutts (1983, 1986), Egger, Metz e Muller (1986), Metz (1986), Mullen (1987) e Holopainen e Fortelius (1987), ratificaram a importância do papel desempenhado pelos fluxos turbulentos, associados a perturbações sinóticas, na formação e manutenção dos bloqueios. Nakamura e Wallace (1993) indicaram que a amplificação de alguns anticiclones de bloqueios se segue a uma atividade anormalmente alta de perturbações migratórias de alta frequência, estando associadas à ciclogênese explosiva (Colucci, 1985; Colucci; Alberta, 1996). Em outro estudo, Tsou e Smith (1990) discutiram a interação entre uma crista de bloqueio em amplificação e as perturbações migratórias. Eles concluíram que os transientes exercem uma realimentação positiva que age para reforçar a crista de bloqueio.

Em outra importante abordagem, Charney e De Vore (1979) indicaram que as anomalias altamente persistentes na circulação atmosférica estariam associadas com a ocorrência de múltiplos estados de equilíbrio para uma dada forçante externa. Eles encontraram mais de um estado de equilíbrio estável para padrões de escoamento forçados por topografia e assimetrias de temperatura.

Alguns estados de equilíbrio apresentaram configuração com acentuada componente de onda (baixo índice zonal) e ressonantes, análoga a um padrão de bloqueio. Charney e De Vore sugeriram que a transição entre os distintos estados de equilíbrio (como, por exemplo, de um estado de equilíbrio de alto índice zonal para um com baixo índice zonal, representando o estabelecimento de um bloqueio) se daria por interações não lineares com perturbações de escalas menores em relação às quais esses estados estariam baroclinicamente instáveis. Por esse motivo, eles se referiram a esses estados de equilíbrio como "metaestáveis". A instabilidade associada às perturbações de escalas menores agiria como uma forçante adicional que permitiria ao escoamento migrar de um estado de equilíbrio para outro.

Charney, Shukla e Mo (1981), na busca de subsídios observacionais que sustentassem a teoria de Charney e De Vore (1979) e utilizando um conjunto de dados do Hemisfério Norte referente a 15 invernos consecutivos, indicaram que mais da metade dos episódios de bloqueios selecionados poderia ser, ao menos qualitativamente, explicável como um dos estados de equilíbrio calculados.

Por outro lado, outra linha de pesquisa aborda o aspecto da formação dos bloqueios procurando evidências de que também os mecanismos de baixa frequência na atmosfera desempenham um papel importante (Austin, 1980; Karoly, 1983; Lindzen, 1986; Lejeñas; Doos, 1987; Lejeñas; Madden, 1992; Nakamura, 1994; Naoe; Matsuda; Nakamura, 1997; Nakamura; Nakamura; Anderson, 1997; Nascimento; Ambrizzi, 2002).

Nakamura (1994) indicou, em uma abordagem observacional, que a amplificação de intensos bloqueios sobre a Europa possui uma correspondência com a propagação de ondas de Rossby quase estacionárias através do Atlântico Norte, e mostrou que um trem de ondas emanando corrente abaixo da faixa latitudinal bloqueada se torna evidente à medida que a crista de bloqueio enfraquece. Assim, Nakamura defendeu a ideia de que uma absorção da atividade de onda e sua re-emissão (em associação com a obstrução da propagação das ondas de Rossby) levariam, respectivamente, à formação e à diminuição do intenso anticiclone de bloqueio sobre a Europa. Naoe, Matsuda e Nakamura (1997) confirmaram esse resultado ao abordar, com o auxílio de um modelo barotrópico, a propagação de ondas de Rossby em um escoamento bloqueado de inverno no Hemisfério Norte. Alguns anos depois, Nascimento e Ambrizzi (2002) realizaram um estudo semelhante para o Hemisfério Sul, mostrando, para situações que antecedem um bloqueio, que existe um máximo de fluxo de atividade de onda no setor longitudinal onde, no período seguinte, o bloqueio se formaria. Esse resultado é melhor observado na Fig. 11.4. Essa figura mostra anomalias de vorticidade relativa e fluxo de atividade de onda referentes ao dia 20 de integração de um modelo barotrópico com uma forçante elíptica localizada em 0° e 95° E para um período pré-bloqueio (uma semana antes do evento), período de bloqueio (média durante o evento) e pós-bloqueio (uma semana após o evento). É possível verificar, através da Fig. 11.4B (painel superior), a existência de um máximo na magnitude do vetor no setor longitudinal, onde o bloqueio se formará no período seguinte. Esse aspecto indica uma possível sensibilidade, ou mesmo participação, da atividade das ondas de Rossby barotrópicas ao disparo dos bloqueios.

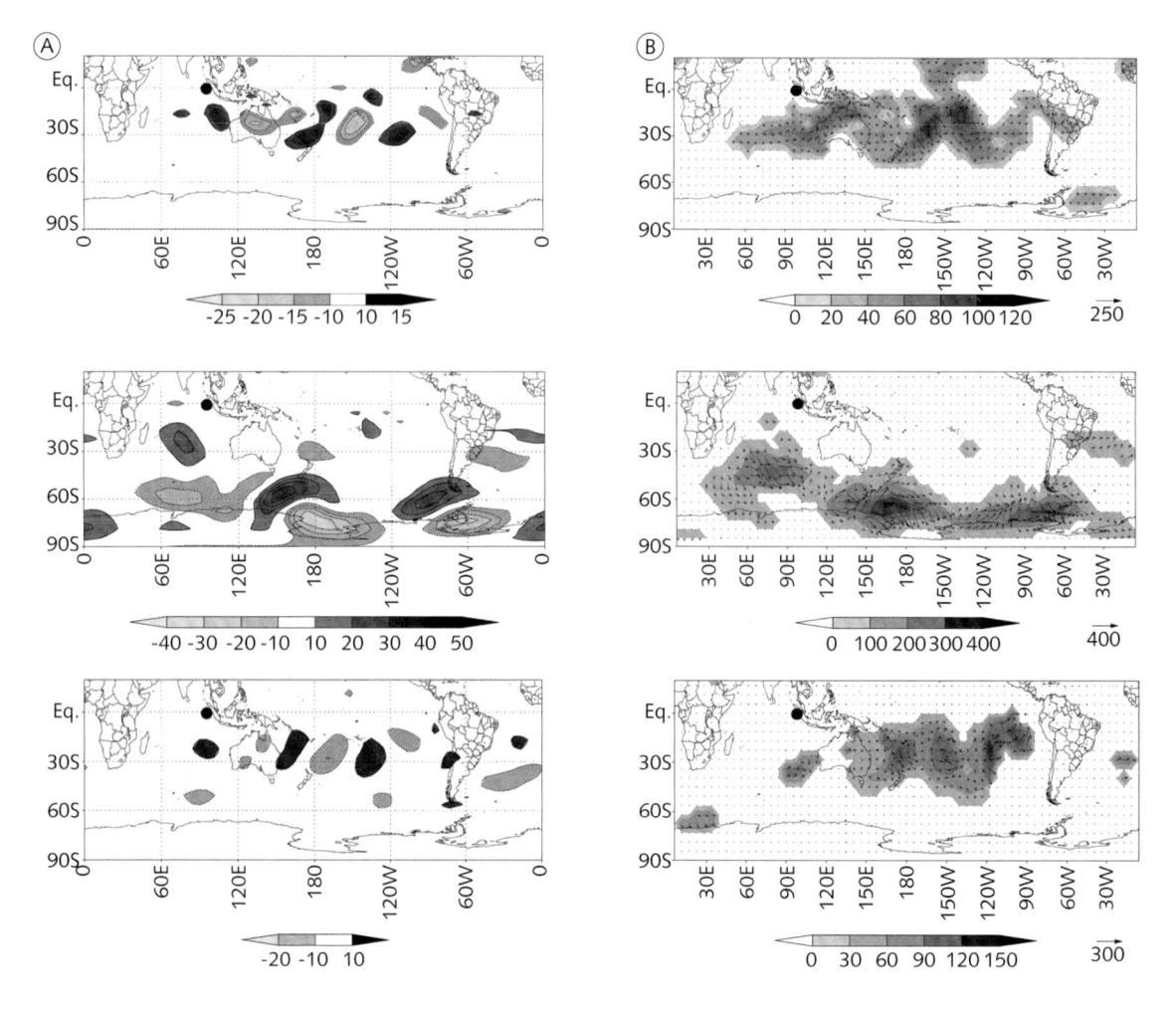

Fig. 11.4 Campos de (A) anomalias de vorticidade relativa (10^{-6} s^{-1}) e (B) fluxo de atividade de onda (direção e magnitude do vetor, m^2 s^{-2}), referentes ao dia 20 de integração do modelo barotrópico com a forçante elíptica localizada em 0° e 95° E (círculo preto na figura). Períodos: pré-bloqueio (painel superior), bloqueio (painel central) e pós-bloqueio (painel inferior). Somente são mostrados os campos de fluxo de atividade de onda iguais a ou acima de 10% da magnitude do vetor de referência abaixo da figura
Fonte: Nascimento e Ambrizzi (2002).

Apesar das dificuldades existentes em separar a interação de altas e baixas frequências na atmosfera, Nakamura, Nakamura e Anderson (1997), a partir da investigação da evolução temporal de 30 bloqueios mais intensos observados sobre a Europa e o Pacífico Norte, isolaram os mecanismos de alta frequência dos de baixa frequência, para avaliar o quanto cada um contribuía na amplificação desses sistemas. Eles mostraram que o papel desempenhado pelos fluxos turbulentos associados às perturbações migratórias não é o mecanismo principal para a amplificação das intensas cristas de bloqueio sobre a Europa, explicando menos de 50% do processo. Para essa região, a maior parte da amplificação foi atribuída à dinâmica de baixa frequência, como proposto no trabalho de Nakamura (1994) e discutido anteriormente. Por outro lado, Nakamura, Nakamura e Anderson (1997) mostraram que a dinâmica de baixa frequência desempenha um papel secundário na formação dos intensos anticiclones de bloqueio no setor do Pacífico Norte. As perturbações transientes em evolução na região das *storm tracks* do Pacífico Norte impuseram uma significativa realimentação positiva para a intensificação dos bloqueios, explicando mais de 75% do processo.

Como discutido em parágrafos anteriores, bloqueios estão associados à propagação de trens de ondas de Rossby, com fonte em uma região remota, e geralmente atingem a região na qual se forma a alta de bloqueio, onde a onda se torna evanescente (é absorvida) ou quebra.

Eventos de quebra de ondas de Rossby, além de causar perturbações na baixa atmosfera (troposfera), também causam anomalias na média atmosfera, no nível da tropopausa dinâmica (Pelly; Hoskins, 2003a), onde sua assinatura pode ser vista como anomalias de vorticidade (Hitchman; Huesmann, 2007) ou como anomalias de temperatura potencial (Pelly; Hoskins, 2003b; Berrisford; Hoskins; Tyrlis, 2007). Devido à sua característica quase estacionária, eventos de quebra de ondas de Rossby estão associados ao transporte irreversível de parcelas de ar equatoriais ao polo com parcelas de ar polar (Hitchman; Huesmann, 2007).

Alguns autores, estudando bloqueios para o Hemisfério Sul e usando o índice B, consideraram que nem todos os eventos persistentes de quebras de ondas de Rossby podem ser considerados bloqueios. Berrisford, Hoskins e Tyrlis (2007) apenas consideraram eventos de quebra de onda que ocorrem ao longo das latitudes climatológicas das *storm tracks* como representando eventos de bloqueios, e alguns eventos de quebra de onda que ocorrem ao sul do jato polar como *high latitude blocking* (bloqueio de altas latitudes). Já os eventos de quebra de ondas que ocorrem em baixas latitudes, a norte do jato subtropical, os autores não consideraram como bloqueios.

Estudos mais recentes, como Rodrigues e Woollings (2017) e Rodrigues et al. (2019), consideram eventos de quebra de ondas de Rossby que ocorrem sobre o Oceano Atlântico Sul Subtropical, próximo à costa leste da bacia do Prata, como bloqueios, embora esses eventos não se enquadrem nos critérios tradicionais de divisão do jato e da formação de uma baixa desprendida ao equador da alta.

Esses bloqueios de médias e baixas latitudes próximo à bacia do Prata estão diretamente associados à propagação de trens de ondas excitados sobre o Oceano Pacífico, devido à convecção causada por eventos de El Niño e La Niña (Rodrigues; Woollings, 2017). Em outras escalas de tempo, os bloqueios ocorridos sobre o Atlântico Subtropical podem ser associados à Oscilação de Madden-Julian, a qual excita trens de ondas na região do Oceano Índico que se propagam até quebrarem sobre o Oceano Atlântico Subtropical (Rodrigues et al., 2019).

Quando bloqueios ocorrem próximo à costa leste da América do Sul subtropical, nos meses de verão (novembro-março), causa supressão da Zona de Convergência do Atlântico Sul (ZCAS). Devido à formação da alta aproximadamente em 45° S, sistemas transientes como ciclones e frentes não conseguem avançar na direção equatorial, desviando-se para leste e afastando-se do continente, o que faz com que o fluxo de umidade, canalizado pelo jato de baixos níveis, não se posicione na região da ZCAS, mas ocorra mais para o sul da climatologia e transporte a umidade da Amazônia para latitudes mais altas, sendo esse um dos possíveis mecanismos da seca do verão de 2013/2014 (Rodrigues et al., 2019; Coelho et al., 2016).

Esses resultados mostram-se, de uma forma geral, consistentes com a ideia de que os bloqueios são um exemplo claro de que a atmosfera desconhece fronteiras entre as escalas, no que diz respeito à transferência de energia. Conforme sugerido por Frederiksen (1982), os bloqueios atmosféricos parecem ser integrantes de um conjunto de processos que correspondem a um meio-termo entre o que é conhecido como variabilidade atmosférica de baixa frequência (como os padrões de teleconexão) e os mecanismos de alta frequência que regem e modulam as perturbações migratórias (como a ciclogênese). Nesse sentido, muitas vezes torna-se difícil, por exemplo, definir se os bloqueios pertencem à escala de tempo ou de clima.

11.4 Considerações finais

Este capítulo explora de forma geral o conceito dos bloqueios atmosféricos, e foram descritos sua atuação em sistemas sinóticos, os vários critérios de identificação e até mesmo sua importância em desviar ondas de Rossby que se propagam em um estado básico atmosférico. Através da análise da climatologia dos bloqueios atmosféricos para o Hemisfério Sul, pode-se constatar que existem regiões que são preferências para sua formação, como, por exemplo, o setor leste da Austrália-Nova Zelândia.

Conforme discutido anteriormente, os mecanismos que favorecem a formação e mesmo a manutenção dos bloqueios ainda não são bem entendidos, pois envolvem a interação das ondas planetárias com processos de alta e baixa frequência na atmosfera, indicando a natureza altamente não linear associada ao fenômeno. Dessa forma, os modelos de previsão de tempo ainda têm dificuldades para prever o início de um bloqueio, embora atualmente tenham aumentado sua habilidade de mantê-lo, uma vez detectado. O caráter não linear desse fenômeno atmosférico faz com que ainda sejam necessários estudos mais profundos sobre interação entre escalas temporais e mesmo espaciais, para melhorarmos sua previsão.

Referências bibliográficas

ANDERSON, J. L. The climatology of blocking in a numerical forecast model. *Journal of Climate*, v. 6, p. 1041-1056, 1993.

AUSTIN, J. F. The blocking of middle latitude westerly winds by planetary waves. *Quart. J. Royal. Meteo. Soc.*, v. 106, p. 327-350, 1980.

BARNES, E. A.; SLINGO, J.; WOOLLINGS, T. A methodology for the comparison of blocking climatologies across indices, models and climate scenarios. *Clim. Dyn.*, v. 38, p. 2467-2481, 2012.

BERRISFORD, P.; HOSKINS, B. J.; TYRLIS, E. Blocking and Rossby wave breaking on the dynamical tropopause in the Southern Hemisphere. *Journal of the Atmospheric Sciences*, v. 64, n. 8, p. 2881-2898, 2007.

BLACKMON, M. L.; MULLEN, S. L.; BATES, G. T. The climatology of blocking events in a perpetual January simulation of a spectral general circulation model. *Journal of the Atmospheric Sciences*, v. 43, p. 1379-1405, 1986.

CAMPOS, J. L. P. S. *Inter-Relação entre a Temperatura da Superfície do Mar e eventos de bloqueios atmosféricos*. 2014. 53 p. Dissertação (Mestrado) – Departamento de Ciências Atmosféricas, IAG/USP, 2014.

CASARIN, D. P.; KOUSKY, V. E. Um estudo observacional sobre os sistemas de bloqueio no Hemisfério Sul. In: II Cong. Bras. Meteo., 2., Pelotas, RS, 1982. *Anais...* 1982. p. 225-253.

CHARNEY, J. G.; DE VORE, J. G. Multiple flow equilibria in the atmosphere. *J. Atmos. Sci.*, v. 36, p. 1205-1216, 1979.

CHARNEY, J. G.; SHUKLA, J.; MO, K. C. Comparison of a barotropic blocking theory with observation. *J. Atmos. Sci.*, v. 38, p. 762-779, 1981.

COELHO, C. A. S.; OLIVEIRA, C. P.; AMBRIZZI, T.; REBOITA, M. S.; CARPENEDO, C. B.; CAMPOS, J. L. P. S.; TOMAZIELLO, A. C. N. et al. The 2014 southeast Brazil austral summer drought: regional scale mechanisms and teleconnections. *Climate Dynamics*, v. 46, n. 11-12, p. 3737-3752, 2016.

COLUCCI, S. J. Explosive cyclogenesis and large scale circulation changes: implications for atmospheric blocking. *J. Atmos. Sci.*, v. 42, p. 2701-2717, 1985.

COLUCCI, S. J.; ALBERTA, T. L. Planetary scale climatology of explosive cyclogenesis and blocking. *Mon. Wea. Rev.*, v. 124, p. 2509-2520, 1996.

COUGHLAN, M. J. A comparative climatology of blocking action in the two hemispheres. *Aust. Met. Mag.*, v. 31, p. 3-13, 1983.

DOLE, R. M. The objective representation of blocking patterns. In: Colóquio NCAR/CQ-6+1978-ASP, 406--426, 1978.

EGGER, J.; METZ, W.; MULLER, G. Forcing of planetary scale blocking anticyclones by synoptic scale eddies. In: BENZI, R.; SALTZMAN, B.; WIIN-NIELSEN, A. C. (Eds.). *Advances in Geophysics*, 29. (Anomalous Atmospheric Flow and Blocking). 1986. p. 183-198.

FREDERIKSEN, J. S. A unified three-dimensional instability theory of the onset of blocking and cyclogenesis. *J. Atmos. Sci.*, v. 39, p. 969-982, 1982.

FUENTES, M. V. *Climatologia de bloqueios próximos a América do Sul e seus efeitos*. 1997. 70 p. Dissertação (Mestrado) – Instituto Nacional de Pesquisas Espaciais, São José dos Campos, São Paulo, 1997.

HANSEN, A. P.; CHEN, T. C. A spectral energetics study of atmospheric blocking. *Mon. Wea. Rev.*, v. 110, p. 1146-1165, 1982.

HITCHMAN, M. H.; HUESMANN, A. S. A Seasonal Climatology of Rossby Wave Breaking in the 320–2000-K Layer. *Journal of the Atmospheric Sciences*, v. 64, n. 6, 2007.

HOLOPAINEN, E. O.; FORTELIUS, C. High-frequency transient eddies and blocking. *J. Atmos. Sci.*, v. 40, p. 1632-1645, 1987.

ILLARI, L.; MARSHALL, J. C. On the interpretation of eddy fluxes during a blocking episode. *J. Atmos. Sci.*, v. 40, p. 2232-2242, 1983.

KAROLY, D. J. Atmospheric teleconnections, forced planetary waves and blocking. *Aust. Meteo. Mag.*, v. 31, p. 51-56, 1983.

KAYANO, M. T.; KOUSKY, V. E. Southern Hemisphere Blocking: A comparison Between to Indices. *Meteorology and Atmospheric Physics*, v. 42, p. 165-170, 1990.

LEJEÑAS, H. Characteristics of Southern Hemisphere blocking as determined from a time series of observational data. *Quarterly Journal of Royal Meteorological Society*, v. 110, p. 967-979, 1984.

LEJEÑAS, H.; DOOS, B. R. The behavior of the stationary and traveling planetary scale waves during blocking – A Northern Hemisphere data study. *J. Meteo. Soc. Japan*, v. 65, p. 709-725, 1987.

LEJEÑAS, H.; MADDEN, R. A. Traveling planetary-scale waves and blocking. *Mon. Wea. Rev.*, v. 120, p. 2821-2830, 1992.

LEJEÑAS, H.; OKLAND, H. Characteristics of Northern Hemisphere blocking as determined from a long time series of observational data. *Tellus*, 35A, 350-362, 1983.

LINDZEN, R. S. Stationary planetary waves, blocking and interannual variability. In: BENZI, R.; SALTZMAN, B.; WIIN-NIELSEN, A. C. (Eds.). *Advances in Geophysics*, 29. (Anomalous Atmospheric Flow and Blocking). 1986. p. 251-273.

LIU, Q. On the definition and persistence of blocking. *Tellus*, 46A, 286-298, 1994.

MARQUES, R. F. C. *Bloqueio Atmosférico no Hemisfério Sul*. 1996. Tese (Doutorado) – Instituto Nacional de Pesquisas Espaciais, INPE, São José dos Campos, SP, 1996.

MARQUES, R. F. C.; RAO, V. B. A diagnosis of a long-lasting blocking event over the Southeast Pacific Ocean. *Mon. Wea. Rev.*, v. 127, p. 1761-1776, 1999.

MARQUES, R. F. C.; RAO, V. B. Bloqueio Atmosférico no Hemisfério Sul durante o período de 1980 a 1993. In: *Climanálise Especial*. INPE, 1996. Cap. 8.

MENDES, M. C. D.; TRIGO, R. M.; CAVALCANTI, I. F. A.; DACAMARA, C. C. Bloqueios Atmosféricos de 1960 a 2000 sobre o Oceano Pacífico Sul: impactos climáticos e mecanismos físicos associados. *Rev. Bras. Met.*, v. 20, p. 175-190, 2005.

METZ, W. Transient cyclone-scale vorticity forcing of blocking highs. *J. Atmos. Sci.*, v. 43, p. 1467-1483, 1986.

MULLEN, S. L. Transient eddy forcing of blocking flows. *J. Atmos. Sci.*, v. 44, p. 3-22, 1987.

NAKAMURA, H. Rotational evolution of potential vorticity associated with a strong blocking flow configuration over Europe. *Geophys. Res. Lett.*, v. 21, p. 2003-2006, 1984.

NAKAMURA, H.; WALLACE, J. M. Synoptic behaviour of baroclinic eddies during blocking onset. *Mon. Wea. Rev.*, v. 121, p. 1982-1903, 1993.

NAKAMURA, H.; NAKAMURA, M.; ANDERSON, J. L. The role of high and low frequency dynamics in blocking formation. *Mon. Wea. Rev.*, v. 125, p. 2074-2093, 1997.

NAOE, H.; MATSUDA, Y.; NAKAMURA, H. Rossby wave propagation in idealized and realistic zonally varying flows. *J. Meteo. Soc. Japan*, v. 75, p. 687-700, 1997.

NASCIMENTO, E. L. *Influência dos bloqueios atmosféricos na propagação de ondas de Rossby em escoamentos de Inverno no Hemisfério Sul*. 1998. Dissertação (Mestrado) – Instituto Astronômico, Geofísico e de Ciências Atmosféricas, Universidade de São Paulo – IAG/USP, 1998.

NASCIMENTO, E. L.; AMBRIZZI, T. The influence of atmospheric blocking on the Rossby wave propagation in Southern Hemisphere flows. *J. Meteo. Soc. Japan*, v. 80, p. 139-159, 2002.

OKLAND, H.; LEJEÑAS, H. Blocking and persistence. *Tellus*, 39A, 33-38, 1987.

OLIVEIRA, F. N. M.; AMBRIZZI, T. The effects of ENSO-types and SAM on the large-scale southern blockings. *International Journal of Climatology*, v. 37, p. 3057-3070, 2016.

PELLY, J. L.; HOSKINS, B. J. A new perspective on blocking. *J. Atmos. Sci.*, v. 60, p. 743-755, 2003a.

PELLY, J. L.; HOSKINS, B. J. How well does the ECMWF Ensemble Prediction System predict blocking?. *Quarterly Journal of the Royal Meteorological Society*, v. 129, p. 1683-1702, 2003b. DOI: 10.1256/qj.01.173.

REX, D. F. Blocking action in the middle troposphere and its effect upon regional climate. Part I: An aerological study of blocking action. *Tellus*, 2, 196-211, 1950a.

REX, D. F. Blocking action in the middle troposphere and its effect upon regional climate. Part II: The climatology of blocking action. *Tellus*, 2, 275-301, 1950b.

RODRIGUES, R. R.; WOOLLINGS, T. Impact of atmospheric blocking on South America in austral summer. *Journal of Climate*, v. 30, n. 5, p. 1821-1837, 2017.

RODRIGUES, R. R.; TASCHETTO, A. S.; GUPTA, A. S.; FOLTZ, G. R. Common cause for severe droughts in South America and marine heatwaves in the South Atlantic. *Nature Geoscience*, v. 12, n. 8, p. 620-626, 2019.

RUTLLANT, J.; FUENZALIDA, H. Synoptic aspects of the central Chile rainfall variability associated with the Southern Oscillation. *Int. J. Climat.*, v. 11, p. 63-76, 1991.

SHUTTS, G. J. A case study of eddy forcing during an Atlantic blocking episode. In: BENZI, R.; SALTZMAN, B.; WIIN-NIELSEN, A. C. (Eds.). *Advances in Geophysics*, 29. (Anomalous Atmospheric Flow and Blocking). 1986. p. 135-162.

SHUTTS, G. J. The propagation of eddies in diffluent jestreams: eddy vorticity forcing of blocking flow fields. *Quart. Jou. Roy. Meteo. Soc.*, v. 109, p. 737-761, 1983.

SINCLAIR, M. R. A climatology of anticyclones and blocking for the Southern Hemisphere. *Monthly Weather Review*, v. 124, p. 245-263, 1996.

TIBALDI, S.; MOLTENI, F. On the operational predictability of blocking. *Tellus*, 42A, 343-365, 1990.

TIBALDI, S.; TOSI, E.; NAVARRA, A.; PEDULLI, L. Northern and Southern Hemisphere seasonal variability of blocking frequency and predictability. *Monthly Weather Review*, v. 122, p. 1971-2003, 1994.

TRENBERTH, K. E. The signature of a blocking episode on the general circulation in the Southern Hemisphere. *Journal of the Atmospheric Sciences*, v. 43, p. 2061-2069, 1986.

TRENBERTH, K. E.; MO, K. C. Blocking in the Southern Hemisphere. *Monthly Weather Review*, v. 113, p. 3-21, 1985.

TSOU, C.-H.; SMITH, P. J. The role of synoptic/planetary scale interactions during the development of a blocking anticyclone. *Tellus*, 42, 174-193, 1990.

VAN LOON, H. Blocking action in the Southern Hemisphere. Part I. *Notos*, v. 5, p. 171-175, 1956.

WIEDENMANN, J. M; LUPO, A. R.; MOKHOV, I.; TIKHONOVA, E. A. The climatology of blocking anticyclones for the Northern and Southern Hemisphere block intensity as a diagnostic. *J. Climate*, v. 15, p. 3459-3473, 2002.

WILLET, H. C. Long period fluctuations of the general circulation of the atmosphere. *J. Meteo.*, v. 6, p. 34-50, 1949.

WRIGHT, A. D. *Blocking action in the Australian Region*. Canberra, Department of Science Bureau of Meteorology, 1974. 29 p.

Sobre os autores

Alice Marlene Grimm
Doutorado em Meteorologia pelo Instituto Astronômico e Geofísico da Universidade Estadual Paulista – Unesp (1992). Atualmente é professora da Universidade Federal do Paraná.

Charles Jones
PhD em Ciências Atmosféricas pela Universidade da Califórnia, Davis, EUA (1994). Atualmente é pesquisador no Institute for Computational Earth System Science, Universidade da Califórnia, Santa Bárbara (EUA).

Ernani de Lima Nascimento
PhD em Meteorologia pela Universidade de Oklahoma/EUA (2002). Atualmente é professor adjunto nos cursos de graduação e pós-graduação em Meteorologia da Universidade Federal de Santa Maria (RS).

Fernanda Cerqueira Vasconcellos
Doutora em Meteorologia pelo Instituto Nacional de Pesquisas Espaciais – INPE (2012). Atualmente é docente na graduação e pós-graduação em Meteorologia da Universidade Federal do Rio de Janeiro (UFRJ).

Gilberto Fisch
Doutor em Meteorologia pelo Instituto Nacional de Pesquisas Espaciais – INPE (1995), pesquisador titular (aposentado) do Instituto de Aeronáutica e Espaço (IAE/DCTA) e atualmente professor titular da Universidade de Taubaté (UNITAU).

Iracema Fonseca de Albuquerque Cavalcanti
PhD em Meteorologia pela Universidade de Reading, Reino Unido (1991). Atualmente é pesquisadora sênior (aposentada) do CPTEC/INPE. Professora no curso de pós-graduação em Meteorologia do INPE.

José Antonio Marengo Orsini
PhD em Meteorologia pela Universidade de Wisconsin, Madison, EUA (1991). Atualmente é pesquisador titular e coordenador geral de pesquisa e desenvolvimento do CEMADEN (Centro Nacional de Monitoramento e Alertas de Desastres Naturais), CCST/INPE. Professor no curso de pós-graduação do INPE.

Leila Maria Véspoli de Carvalho
Doutorado em Meteorologia pelo Instituto Astronômico e Geofísico da Universidade Estadual Paulista – Unesp (1992). Professora do Departamento de Geografia da Universidade da Califórnia, Santa Bárbara (EUA) e do DCA/IAG/USP.

Lincoln Muniz Alves
Doutorado em Meteorologia pelo INPE (2016). Atualmente é pesquisador do CCST/INPE.

Luís Ricardo Lage Rodrigues
Doutorado em Física pela Universidade de Barcelona, Espanha (2009). Atualmente é pesquisador do CCST/INPE.

Manoel Alonso Gan
Doutorado em Meteorologia pelo INPE (1992). Atualmente é pesquisador do CPTEC/INPE. Professor no curso de pós-graduação em Meteorologia do INPE.

Mary Toshie Kayano
Doutorado em Meteorologia pelo INPE (1986). Atualmente é pesquisadora sênior do CPTEC/INPE. Professora no curso de pós-graduação em Meteorologia do INPE.

Michelle Simões Reboita
Doutora em Meteorologia pela Universidade de São Paulo – USP (2008). Atualmente é docente da Universidade Federal de Itajubá (UNIFEI) e pesquisadora do Grupo de Estudos Climáticos (GrEC) da USP.

Nelson Jesuz Ferreira
PhD pela Universidade de Wisconsin, Madison, EUA (1987). Atualmente é pesquisador titular (aposentado) do CPTEC/INPE e professor colaborador no curso de pós-graduação em Meteorologia do INPE.

Pedro Leite da Silva Dias
PhD em Ciências Atmosféricas pela Colorado State University (1979). Atualmente é diretor do LNCC e professor do DCA/IAG/USP.

Renata Tatsch Eidt
Doutoranda na área de Oceanografia Física pelo programa de Mudanças Climáticas da Universidade de Bolonha (Unibo), Itália. Mestre em Meteorologia pelo Instituto Nacional de Pesquisas Espaciais (INPE), com graduação em Oceanografia pela Universidade Federal do Rio Grande (FURG).

Rita Valéria Andreoli
Doutorado em Meteorologia pelo INPE (2002). Atualmente é pesquisadora/professora da Escola Superior de Tecnologia da Universidade do Estado do Amazonas (UEA) e da pós-graduação em Clima e Ambiente da UEA/INPA.

Rosa de Fátima Cruz Marques
Doutorado em Meteorologia pelo INPE (1996). Atualmente é pesquisadora no Instituto de Aeronáutica e Espaço (IAE), Divisão de Ciências Atmosféricas (ACA).

Tércio Ambrizzi
PhD em Meteorologia pela Universidade de Reading, Inglaterra (1993). É professor titular do Departamento de Ciências Atmosféricas da Universidade de São Paulo e membro da Academia Brasileira de Ciências.

Vadlamudi Brahmananda Rao
PhD em Meteorologia pela Universidade de Andhra, Índia (1969). Atualmente é pesquisador emérito do INPE.